高等学校工程管理系列经典教材



# 工程招投标与合同管理

李丽红　主　编
李　硕　副主编

# CONSTRUCTION PROJECT TENDERING & CONTRACT MANAGEMENT

大连理工大学出版社

**图书在版编目(CIP)数据**

工程招投标与合同管理 / 李丽红主编. — 大连 : 大连理工大学出版社，2013.8
高等学校工程管理系列经典教材
ISBN 978-7-5611-8093-8

Ⅰ.①工… Ⅱ.①李… Ⅲ.①建筑工程—招标—高等学校—教材②建筑工程—投标—高等学校—教材③建筑工程—经济合同—管理—高等学校—教材 Ⅳ.①TU723

中国版本图书馆 CIP 数据核字(2013)第 176543 号

大连理工大学出版社出版
地址:大连市软件园路 80 号 邮政编码:116023
发行:0411-84708842 邮购:0411-84703636 传真:0411-84701466
E-mail:dutp@dutp.cn URL:http://www.dutp.cn
大连日升印刷厂印刷 大连理工大学出版社发行

幅面尺寸:180mm×255mm 印张:13.5 字数:320 千字
2013 年 8 月第 1 版 2013 年 8 月第 1 次印刷

责任编辑:邵 婉 责任校对:杨柏林
封面设计:波 朗

ISBN 978-7-5611-8093-8 定 价:25.00 元

# 高等学校工程管理系列经典教材
# 编委会成员名单

# 序

新一版“高等学校工程管理系列经典教材”又一次整装出发！

我国工程管理专业自 1999 年开始招生已经走过了 12 年，我们的工程管理系列教材自 1998 年问世也已经走过了 13 年；2003 年第二次作了大规模升级整合，主要选取一批多次再版的优秀精品教材。现在，又一次升级改造的“高等学校工程管理系列经典教材”面世！我们继承原有特色，一套好的教材源于多年教学第一线的淬炼和修改，源于教师多年的点滴积累和心得，更源于专业师生多年的认可和使用；我们发挥专业特点，一套适用的教材首先来自于专业教师“发黄发旧”的讲义或讲稿、来自于基于工程管理“工作过程”的系统分析和实践分工，更来自于我们对卓越的“管理工程师”培养的理解和期许；我们要做得更好，一套高层次的教材不仅融入理论的把握、实践的积淀和教师的辛苦，更需要普遍的共识和认可。新一版“高等学校工程管理系列经典教材”基于我们新的努力和探索，基于沈阳建筑大学工程管理专业作为国家工程管理专业人才培养模式创新实验区、作为国家级教学团队、作为国家级特色专业的建设和成果总结。

我们主要面向建设工程领域，面向就在我们周边热火朝天的城市建设、基础设施建设和房地产开发等领域。人类赖以生存的现代工程建设产品（建筑物、构筑物等）的建成，往往需要消耗大量的人力、物力资源和需要一定的建造时间，更需要专业优化和管理。伴随着社会经济生产的发展和物质文化生活水平的不断提高，人类对工程建设产品的功能和质量要求越来越高，同时又期望工程建设周期尽可能短、投资尽可能少、效益尽可能好，更期望高水平的专业监督和管理。特别是近年来，随着经济体制改革、产业结构升级优化和改善民生的不断深入，我国基本建设投资和工程建设管理体制发生了深刻的变化。工程建设投资主体多元化、投资决策分权化和工程发包方式多样化以及工程建设承包市场国际化的进一步发展，使得工程建设领域对具有合理知识结构、较高业务素质和较强管理能力的高级管理人才的需求越来越大，也使得我们有责任创新工程管理高层次人才培养，满足社会对工程管理专业人才的需要。

我们主要面向应用型高层次专业人才培养，面向高等学校工程管理专业教育的基础和实践。高等学校工程管理学科领域肩负着培养和造就大批具备工程技术、经济与法律的基本知识，掌握现代管理科学理论、方法和手段，能够在现代工程建设领域从事工程项目决策和工程项目全过程及重要节点管理的高级管理人才的艰巨任务。提高高等教育人才培养质量，教材建设是一个绝对基础又十分关键的因素。

本次的全新修订，在大连理工大学出版社的倡导下，由辽宁地区设置工程管理专业的部分高校专家组成了工程管理系列经典教材编委会(简称编委会)，由沈阳建筑大学管理学院院长、工程管理专业负责人刘亚臣教授任主任委员。在编委会的精心组织下，通过编委们的辛勤劳动，将陆续出版能够完整涵盖工程管理学科知识体系的系列精品教材。从近5年国内许多高校的使用情况反馈来看，该套系列教材的知识体系科学、完整，具有较高的学术理论水平和较强的教学适用性，教材的质量得到广大同行和读者们的充分认可。我们会继续坚持并发展!

正是基于以上的理解和努力，在总结教材编写和使用经验以及采纳各高校师生使用反馈意见和建议的基础上，本编委会决定对"高等学校工程管理系列经典教材"进一步调整升级，形成新的"高等学校工程管理系列经典教材"，共包括：《土木建筑工程概论》、《土木工程施工技术》、《工程经济学》、《工程项目融资》、《工程估价》、《工程建设法学》、《工程招投标与合同管理》、《工程项目管理》、《国际工程管理》、《工程管理信息系统》、《工程项目咨询概论》、《建筑企业管理》、《房地产开发与经营》、《工程管理概论》、《建设监理概论》、《工程伦理学》等16本教材。其中部分图书为国家规划教材和省部级精品教材。

新系列教材的作者们，力求最大限度地汲取本学科领域的最新科研成果，强化现代工程建设管理基本理论知识的科学性、系统性和操作技术的针对性、实用性，使其成为我国高等学校工程管理专业人才培养的经典系列教材，为工程管理学科和专业发展，为工程建设领域培养高级管理人才做出贡献。

新系列教材的编写，再次得到大连理工大学出版社和沈阳建筑大学、大连理工大学、辽宁工程技术大学、辽宁大学、辽宁石油化工大学、沈阳工业大学、辽宁工业大学、辽宁省住房和城乡建设厅主管部门及相关企业领导、专家们的大力支持，在此深表谢意。

走过12年的工程管理专业在我国仍是一个崭新的学科领域，其学科内涵和理论与实践知识体系尚在不断发展之中，加之时间有限，尽管作者们做出了极大努力，但新系列教材不妥之处仍在所难免，恳请各位同行和读者提出宝贵意见。

**工程管理系列经典教材编委会**

2011年1月于沈阳建筑大学管理学院

# 前 言

建设工程招投标与合同管理是工程建设过程中非常重要的工作，也是建筑施工企业（承包方）主要的生产经营活动之一。施工企业是否中标获得施工任务，并通过完善的合同管理及其他方面的管理而取得好的经济效益，关系到企业的生存与发展。因此，招投标与合同管理在施工企业整个经营管理活动中具有十分重要的地位和作用。

我们按照课程教学的要求，根据招投标及合同管理方面的法律法规及规范，结合搜集整理的国内外相关的参考资料以及多年的教学实践，编写了这本教材。本教材共分四篇：基础篇、建筑工程招投标篇、建筑工程合同管理篇、国际工程的招投标与合同管理篇。本教材可作为工程管理、工程造价、房地产经营管理等专业的教材和参考书籍，也可作为从事工程招投标与合同管理的工程技术人员的自学教材和参考书。本教材的特点主要体现在：

(1)新。教材参照 2007 年《标准施工招标文件》（第 56 号令）、2011 年实施的《建设项目工程总承包合同示范文本》、2012 年实施的《招标投标法实施条例》、刚刚推广实施的《建设工程工程量清单计价规范》(GB5050—2013)和《建设工程施工合同（示范文本）》(2013 版)等最新文件，探讨了近几年新出现的承发包模式、招投标变化及高额索赔等社会现象。

(2)钻。以往的教材涵盖了施工、设计、监理等多项建设活动的招投标内容，合同管理的内容偏重于施工合同类型与合同索赔。由于招投标活动的近似性，本教材紧紧围绕施工活动的招投标过程进行了详细的阐释和分析，弱化了对设计与监理招投标的分析和介绍，紧密结合施工单位的实际情况，细化了施工索赔的方法和技巧，突出了教材的专用性和实用性。

(3)全。本教材从合同法和建筑市场承发包模式入手，从与工程管理专业紧密相关的施工招投标的视角，对合同类型、合同变更与索赔等与工程实践密切相关的方面进行了阐释和分析，内容全面清晰。另外，教材的编写者既包括法律学教授，又包括有工程管理造价多年实践的老师；既有博士、教授，又有律师，编写队伍知识面“全”。

本书由李丽红副教授(博士)担任主编，李硕教授(律师)担任副主编。主编提出写作的总体思路和主要设想以及各章节目录。编写人员的具体分工如下：第一篇：李硕教授；第二篇：李丽红副教授；第三篇：李丽红副教授和栾岚老师；第四篇：李微博士和陆征然博士。李丽红副教授对全书统撰定稿。研究生耿博慧进行了大量的招投标、合同管理方面的资料查阅和整理工作。

在策划和编写过程中，沈阳建筑大学管理学院齐宝库教授、刘亚臣教授等许多老师对全书的结构和内容提出了许多宝贵的意见，在此致以深深的谢意。写作过程中，我们直接或间接地参阅、借鉴和引用了大量国内外有关专著、教科书、论文和媒体的相关报道，在此对有关著作或文章的原作者表示最诚挚的谢意。

由于我们的水平有限，书中难免存在不当之处，恳请专家、学者、同行及广大读者批评指正。

编　者

2013 年 7 月

# 目　录

## 第一篇　基础篇


第 1 章　合同法律制度…… 3
1.1　合同的订立与效力 …… 3
1.1.1　合同的订立 …… 3
1.1.2　合同的效力 …… 7
1.2　合同的履行与担保…… 10
1.2.1　合同的履行…… 10
1.2.2　合同的担保…… 13
1.3　合同的变更与转让…… 16
1.3.1　合同的变更…… 16
1.3.2　合同的转让…… 17
1.4　违约责任…… 17
1.4.1　违约责任及其特点…… 17
1.4.2　违约责任的承担…… 18
1.4.3　违约责任的免除…… 19
1.5　诉讼时效…… 20
1.5.1　诉讼时效的概念…… 20
1.5.2　诉讼时效期间…… 20
1.5.3　诉讼时效的中断和中止…… 20
复习题 …… 21

第 2 章　建筑市场 …… 22
2.1　建筑市场的主体与环境…… 22
2.1.1　建筑市场的主体 …… 22
2.1.2　建筑市场的环境…… 24

2.2 建筑市场的承包模式…… 26
2.2.1 平行承发包模式…… 26
2.2.2 施工总承包模式…… 27
2.2.3 施工总承包管理模式…… 28
2.2.4 工程总承包模式…… 28
复习题 …… 33

## 第二篇 建筑工程招投标篇

第3章 工程项目招标 …… 37
3.1 概 述…… 37
3.1.1 建设项目招标的范围…… 37
3.1.2 建设工程招标种类…… 39
3.1.3 建设工程招标方式…… 40
3.2 工程项目施工招标程序…… 42
3.2.1 招标活动的准备工作…… 42
3.2.2 资格预审公告或招标公告的编制与发布…… 45
3.2.3 资格审查…… 47
3.2.4 编制和发售招标文件…… 49
3.2.5 踏勘现场与召开投标预备会…… 50
3.2.6 建设项目施工投标…… 51
3.2.7 开 标…… 54
3.2.8 评 标…… 55
3.2.9 定 标…… 60
3.2.10 投诉与处理 …… 62
3.3 工程施工招标文件的编制…… 62
3.4 无标底招标…… 65
3.4.1 无标底招标的特点…… 65
3.4.2 无标底招标的评标办法…… 66
3.4.3 无标底招标在我国实行存在的问题…… 67
3.5 招标控制价的编制…… 68
3.5.1 招标控制价与标底的关系…… 68
3.5.2 招标控制价的概念及相关规定…… 69

3.5.3 招标控制价的编制要点 …… 71
3.5.4 招标控制价的计价与组价 …… 72
复习题 …… 74

**第 4 章 工程施工投标 …… 75**
4.1 投标组织与施工投标程序 …… 75
4.1.1 投标组织 …… 75
4.1.2 施工投标程序 …… 76
4.2 投标的决策与技巧 …… 83
4.2.1 投标前期决策 …… 83
4.2.2 目标选择的决策 …… 84
4.2.3 投标的技巧 …… 86
4.3 投标施工组织设计 …… 89
4.3.1 投标施工组织设计概述 …… 89
4.3.2 施工组织设计的作用 …… 90
4.3.3 施工组织设计的内容 …… 90
4.3.4 施工组织设计的编制依据 …… 91
复习题 …… 92

**第 5 章 施工项目投标报价 …… 93**
5.1 投标报价的组成和计算 …… 93
5.1.1 投标报价的概念和编制原则 …… 93
5.1.2 投标报价的编制依据 …… 94
5.1.3 投标报价的组成和编制方法 …… 94
5.2 标底与投标报价计价模式 …… 102
5.2.1 标底 …… 102
5.2.2 投标报价模式 …… 105
5.3 投标报价的决策 …… 107
复习题 …… 108

**第 6 章 施工合同的签订和审查 …… 109**
6.1 合同的谈判和签订 …… 109
6.1.1 合同的谈判 …… 109

6.1.2 合同的签订 …… 112
6.2 合同审查 …… 116
6.2.1 合同审查的方法 …… 116
6.2.2 合同审查事项 …… 116
6.2.3 施工合同审查的要点 …… 117
复习题 …… 119

## 第三篇 建筑工程合同管理篇

第7章 施工合同管理 …… 123
7.1 施工合同的概述 …… 123
7.1.1 施工合同的概念 …… 123
7.1.2 施工合同的分类 …… 123
7.2 施工合同的履约管理 …… 127
7.2.1 施工合同履约的概念及原则 …… 127
7.2.2 施工合同履约的方法 …… 128
复习题 …… 131

第8章 施工合同索赔 …… 132
8.1 工程索赔起因 …… 132
8.2 索赔的程序与依据 …… 135
8.2.1 索赔的程序 …… 135
8.2.2 索赔的依据 …… 137
8.3 索赔费用 …… 139
8.3.1 索赔费用的组成 …… 139
8.3.2 索赔费用计算的原则和方法 …… 140
8.4 工期索赔 …… 141
8.4.1 工期索赔的分析 …… 141
8.4.2 工期索赔的计算 …… 142
8.5 承包人在施工索赔中应注意的问题 …… 142
8.5.1 树立承包方索赔意识 …… 142
8.5.2 承包方索赔机会分析 …… 143
8.5.3 提高索赔成功率的关键 …… 143

8.6 工程反索赔 …… 144
8.6.1 反索赔的类型 …… 145
8.6.2 反索赔的特征 …… 145
8.6.3 反索赔的做法 …… 146
8.6.4 索赔与反索赔的区别与联系 …… 148
8.6.5 工程索赔与伙伴合作关系 …… 150
复习题…… 150

**第9章 工程合同争议处理**…… 151
9.1 工程合同常见的争议 …… 151
9.1.1 合同争议的特点 …… 151
9.1.2 工程合同争议产生的原因 …… 152
9.1.3 工程合同争议的分类 …… 152
9.2 工程合同争议的解决方式 …… 153
9.2.1 工程合同争议的解决方法 …… 153
9.2.2 建设工程争议评审制度 …… 154
9.3 工程合同纠纷的处理 …… 155
9.3.1 建筑工程施工合同纠纷的特点 …… 156
9.3.2 当前建筑工程施工合同纠纷存在的主要问题 …… 156
9.3.3 如何处理建筑工程施工合同纠纷及进行合同管理 …… 157
复习题…… 158

**第四篇 国际工程的招投标与合同管理篇**

**第10章 国际工程的招标与投标** …… 161
10.1 国际采购的原则…… 161
10.2 国际通行的工程采购方式…… 161
10.2.1 国际竞争性招标方式…… 161
10.2.2 国际竞争性招标程序…… 162
10.3 国际项目的投标与报价…… 165
复习题…… 168

**第11章 国际建设工程承包合同管理** …… 169
11.1 FIDIC合同条件概述…… 169
11.1.1 国际通用合同条件内容…… 169

11.1.2 FIDIC 合同条件的部分内容 …… 171
11.2 FIDIC 土木工程施工合同(红皮书) …… 182
11.2.1 FIDIC 土木工程施工合同发展历程 …… 182
11.2.2 FIDIC 土木工程施工合同适用范围 …… 182
11.2.3 FIDIC 土木工程施工合同主要内容 …… 183
11.3 国际土木工程合同管理案例——小浪底工程 …… 188
11.3.1 对 FIDIC 合同条件有关特点和使用的认识 …… 189
11.3.2 FIDIC 有关条款在小浪底国际土建项目的应用 …… 191
复习题 …… 198

**参考文献** …… 199

# 第一篇

# 基础篇

# 第 1 章

# 合同法律制度

《中华人民共和国合同法》所称合同，是指平等主体的自然人、法人、其他组织之间设立、变更、终止民事权利义务关系的协议。《合同法》中的合同分为15类，即买卖合同；供用电、水、气、热力合同；赠与合同；借款合同；租赁合同；融资租赁合同；承揽合同；建设工程合同；运输合同；技术合同；保管合同；仓储合同；委托合同；行纪合同；居间合同。

## 1.1 合同的订立与效力

### 1.1.1 合同的订立

合同的订立是指两个或两个以上的当事人，依法就合同的主要条款经过协商一致达成协议的法律行为。当事人订立合同，应当具有相应的民事权利能力和民事行为能力。当事人依法可以委托代理人订立合同。

**1. 合同的形式**

当事人订立合同，有书面形式、口头形式和其他形式。法律法规规定采用书面形式的，或当事人约定采用书面形式的，应当采用书面形式。

(1)书面形式

书面形式是指合同书、信件和数据电文(包括电报、电传、传真、电子数据交换和电子邮件)等可以有形地表现所载内容的形式。书面合同的优点在于有据可查、权利义务记载清楚、便于履行，发生纠纷时容易举证和分清责任。书面合同是实践中广泛采用的一种合同形式。建设工程合同应当采用书面形式。

①合同书，是书面合同的一种，也是合同中常见的一种。合同书有标准合同书与非标准合同书之分。标准合同书是指合同条款由当事人一方预先拟订，对方只能表示同意或者不同意的合同书，也即格式条款合同；非标准合同书是指合同条款完全由当事人双方协商一致所签订的合同书。

②信件，是当事人就要约与承诺的内容相互往来的普通信函。信件的内容一般记载

于纸张上，因而也是书面形式的一种。它与通过电脑及其网络手段而产生的信件不同，后者被称为电子邮件。

③数据电文。包括电报、传真、电子数据交换和电子邮件等。其中，电报和传真是通过电子方式来传递信息的，它们的最终传递结果总是产生一份书面材料。而电子数据交换和电子邮件虽然也是通过电子方式传递信息，可以产生以纸张为载体的书面资料，但也可以被储存在磁带、磁盘或接收者选择的其他非纸张的中介物上。

(2)口头形式

口头形式是指当事人用谈话的方式订立的合同，如当面交谈、电话联系等。口头合同形式一般运用于标的数额较小和即时结清的合同。例如，到商店、集贸市场购买商品，基本上都是采用口头合同形式。以口头形式订立合同，其优点是建立合同关系简便、迅速，缔约成本低。但在发生争议时，难以取证、举证，不易分清当事人的责任。

(3)其他形式

其他形式是指用除书面形式、口头形式以外的方式来表现合同内容的形式。主要包括默示形式和推定形式。默示形式是指当事人既不用口头形式、书面形式，也不用实施任何行为，而是以消极的不作为的方式进行的意思表示。默示形式只有在法律有特别规定的情况下才能运用。推定形式是指当事人不用语言、文字，而是通过某种有目的的行为表达自己意思的一种形式，从当事人的积极行为中，可以推定当事人已进行意思表示。

**2. 合同的内容**

合同的内容由当事人约定，一般包括：当事人的名称或姓名和住所；标的；数量；质量；价款或者报酬；履行的期限、地点和方式；违约责任；解决争议的方法。

《合同法》在分则中对建设工程合同(包括工程勘察、设计、施工合同)内容作了专门规定。

(1)勘察、设计合同的内容。包括提交基础资料和文件(包括概预算)的期限、质量要求、费用以及其他协作条件等条款。

(2)施工合同的内容。包括工程范围、建设工期、中间交工工程的开工和竣工时间、工程质量、工程造价、技术资料交付时间、材料和设备供应责任、拨款和结算、竣工验收、质量保修范围和质量保证期、双方相互协作等条款。

**3. 合同订立的程序**

当事人订立合同，需要经过要约和承诺两个阶段。

(1)要约

①要约及其有效的条件。要约是希望和他人订立合同的意思表示。要约应当符合如下规定：a. 内容具体确定；b. 表明经受要约人承诺，要约人即受该意思表示约束。也就是说，要约必须是特定人的意思表示，必须是以缔结合同为目的，必须具备合同的主要条款。

有些合同在要约之前还会有要约邀请。所谓要约邀请，是希望他人向自己发出要约的意思表示。要约邀请并不是合同成立过程中的必经程序，它是当事人订立合同的预备行为，这种意思表示的内容往往不确定，不含有合同得以成立的主要内容和相对人同意后受其约束的表示，在法律上无需承担责任。寄送的价目表、拍卖公告、招标公告、招股说明书、商业广告等为要约邀请。商业广告的内容符合要约规定的，视为要约。

②要约的生效。要约到达受要约人时生效。如采用数据电文形式订立合同，收件人指定特定系统接收数据电文的，该数据电文进入该特定系统的时间，视为到达时间；未指定特定系统的，该数据电文进入收件人的任何系统的首次时间，视为到达时间。

③要约的撤回和撤销。要约可以撤回，撤回要约的通知应当在要约到达受要约人之前或者与要约同时到达受要约人。

要约可以撤销。撤销要约的通知应当在受要约人发出承诺通知之前到达受要约人。但有下列情形之一的，要约不得撤销：a.要约人确定了承诺期限或者以其他形式明示要约不可撤销；b.受要约人有理由认为要约是不可撤销的，并已经为履行合同做了准备工作。

④要约的失效。有下列情形之一的，要约失效：a.拒绝要约的通知到达要约人；b.要约人依法撤销要约；c.承诺期限届满，受要约人未做出承诺；④受要约人对要约的内容作出实质性变更。

(2)承诺

承诺是受要约人同意要约的意思表示。除根据交易习惯或者要约表明可以通过行为做出承诺的之外，承诺应当以通知的方式做出。

①承诺的期限。承诺应当在要约确定的期限内到达要约人。要约没有确定承诺期限的，承诺应当依照下列规定到达：a.除非当事人另有约定，以对话方式做出的要约，应当即时做出承诺；b.以非对话方式做出的要约，承诺应当在合理期限内到达。

以信件或者电报做出的要约，承诺期限自信件载明的日期或者电报交发之日开始计算。信件未载明日期的，自投寄该信件的邮戳日期开始计算。以电话、传真等快速通讯方式做出的要约，承诺期限自要约到达受要约人时开始计算。

②承诺的生效。承诺于承诺通知到达要约人时生效。承诺不需要通知的，根据交易习惯或者要约的要求做出承诺的行为时生效。采用数据电文形式订立合同的，承诺到达的时间适用于要约到达受要约人时间的规定。

受要约人在承诺期限内发出承诺，按照通常情形能够及时到达要约人，但因其他原因承诺到达要约人时超过承诺期限的，除要约人及时通知受要约人因承诺超过期限不接受该承诺的以外，该承诺有效。

③承诺的撤回。承诺可以撤回，撤回承诺的通知应当在承诺通知到达要约人之前或者与承诺通知同时到达要约人。

④逾期承诺。受要约人超过承诺期限发出承诺的，除要约人及时通知受要约人该承诺有效的以外，为新要约。

⑤要约内容的变更。承诺的内容应当与要约的内容一致。有关合同标的、数量、质量、价款或者报酬、履行期限、履行地点和方式、违约责任和解决争议方法等的变更，是对要约内容的实质性变更。受要约人对要约的内容做出实质性变更的，为新要约。

承诺对要约的内容做出非实质性变更的，除要约人及时表示反对或者要约表明承诺不得对要约的内容做出任何变更的以外，该承诺有效，合同的内容以承诺的内容为准。

**4. 合同的成立**

承诺生效时合同成立。

(1)合同成立的时间

当事人采用合同书形式订立合同的，自双方当事人签字或者盖章时合同成立。当事人采用信件、数据电文等形式订立合同的，可以在合同成立之前要求签订确认书。签订确认书时合同成立。

(2)合同成立的地点

承诺生效的地点为合同成立的地点。采用数据电文形式订立合同的，收件人的主营业地为合同成立的地点；没有主营业地的，其经常居住地为合同成立的地点。当事人另有约定的，按照其约定。当事人采用合同书形式订立合同的，双方当事人签字或者盖章的地点为合同成立的地点。

(3)合同成立的其他情形

合同成立的情形还包括：

①法律、行政法规规定或者当事人约定采用书面形式订立合同，当事人未采用书面形式，但一方已经履行主要义务，对方接受的；

②采用合同书形式订立合同，在签字或者盖章之前，当事人一方已经履行主要义务，对方接受的。

**5. 格式条款**

格式条款是当事人为了重复使用而预先拟订，并在订立合同时未与对方协商的条款。

(1)格式条款提供者的义务

采用格式条款订立合同，有利于提高当事人双方合同订立过程的效率，减少交易成本，避免合同订立过程中因当事人双方一事一议而可能造成的合同内容的不确定性。但由于格式条款的提供者往往在经济地位方面具有明显的优势，在行业中居于垄断地位，因而导致其在拟订格式条款时，会更多地考虑自己的利益，而较少考虑另一方当事人的权利或者附加种种限制条件。为此，提供格式条款的一方应当遵循公平的原则确定当事人之间的权利义务关系，并采取合理的方式提请对方注意免除或限制其责任的条款，按照对方的要求，对该条款予以说明。

(2)格式条款无效

提供格式条款一方免除自己责任、加重对方责任、排除对方主要权利的，该条款无效。此外，《合同法》规定的合同无效的情形，同样适用于格式合同条款。

(3)格式条款的解释

对格式条款的理解发生争议的，应当按照通常理解予以解释。对格式条款有两种以上解释的，应当做出不利于提供格式条款一方的解释。格式条款和非格式条款不一致的，应当采用非格式条款。

**6. 缔约过失责任**

缔约过失责任发生于合同不成立或者合同无效的缔约过程。其构成条件：一是当事人有过错。若无过错，则不承担责任。二是有损害后果的发生。若无损失，亦不承担责任。三是当事人的过错行为与造成的损失有因果关系。

当事人在订立合同过程中有下列情形之一，给对方造成损失的，应当承担损害赔偿责任：

(1)假借订立合同，恶意进行磋商；

(2)故意隐瞒与订立合同有关的重要事实或者提供虚假情况；

(3)有其他违背诚实信用原则的行为。

当事人在订立合同过程中知悉的商业秘密，无论合同是否成立，不得泄露或者不正当地使用。泄露或者不正当地使用该商业秘密给对方造成损失的，应当承担损害赔偿责任。

### 1.1.2 合同的效力

合同的效力是指合同具有法律约束力，即合同对当事人及第三人有约束力。当事人必须全面正确履行合同，任何一方不得擅自变更或解除合同；任何一方违反合同，必须承担法律责任；同时，合法成立的合同不受任何人的非法干涉。

**1. 合同生效**

合同生效与合同成立是两个不同的概念。合同的成立，是指双方当事人依照有关法律对合同的内容进行协商并达成一致的意见。合同成立的判断依据是承诺是否生效。合同生效，是指合同产生法律上的效力，具有法律约束力。在通常情况下，合同依法成立之时，就是合同生效之日，二者在时间上是同步的。但有些合同在成立后，并非立即产生法律效力，而是需要其他条件成就之后，才开始生效。

(1)合同生效的时间

依法成立的合同，自成立时生效。依照法律、行政法规规定应当办理批准、登记等手续的，待手续完成时合同生效。

(2)附条件和附期限的合同

①附条件的合同。当事人对合同的效力可以约定附条件。附生效条件的合同，自条件成就时生效。附解除条件的合同，自条件成就时失效。当事人为自己的利益不正当地阻止条件成就的，视为条件已成就；不正当地促成条件成就的，视为条件不成就。

②附期限的合同。当事人对合同的效力可以约定附期限。附生效期限的合同，自期限届至时生效。附终止期限的合同，自期限届满时失效。

**2. 效力待定合同**

效力待定合同是指合同已经成立，但合同效力能否产生尚不能确定的合同。效力待定合同主要是由于当事人缺乏缔约能力、财产处分能力或代理人的代理资格和代理权限存在缺陷所造成的。效力待定合同包括：限制民事行为能力人订立的合同和无权代理人代订的合同。

(1)限制民事行为能力人订立的合同

根据我国《民法通则》，限制民事行为能力人是指10周岁以上不满18周岁的未成年人，以及不能完全辨认自己行为的精神病人。限制民事行为能力人订立的合同，经法定代理人追认后，该合同有效，但纯获利益的合同或者与其年龄、智力、精神健康状况相适应而订立的合同，不必经法定代理人追认。

由此可见，限制民事行为能力人订立的合同并非一律无效，在以下几种情形下订立的合同是有效的：①经过其法定代理人追认的合同，即为有效合同；②纯获利益的合同，即限制民事行为能力人订立的接受奖励、赠与、报酬等只需获得利益而不需其承担任何义务的合同，不必经其法定代理人追认，即为有效合同；③与限制民事行为能力人的年龄、智力、精神健康状况相适应而订立的合同，不必经其法定代理人追认，即为有效合同。

与限制民事行为能力人订立合同的相对人可以催告法定代理人在1个月内予以追认。法定代理人未作表示的，视为拒绝追认。合同被追认之前，善意相对人有撤销的权利。撤销应当以通知的方式做出。

(2)无权代理人代订的合同

无权代理人代订的合同主要包括行为人没有代理权、超越代理权限范围或者代理权终止后仍以被代理人的名义订立的合同。

①无权代理人代订的合同对被代理人不发生效力的情形。行为人没有代理权、超越代理权或者代理权终止后以被代理人名义订立的合同，未经被代理人追认，对被代理人不发生效力，由行为人承担责任。

与无权代理人签订合同的相对人可以催告被代理人在1个月内予以追认。被代理人未作表示的，视为拒绝追认。合同被追认之前，善意相对人有撤销的权利。撤销应当以通知的方式做出。

无权代理人代订的合同是否对被代理人发生法律效力，取决于被代理人的态度。与无权代理人签订合同的相对人催告被代理人在1个月内予以追认时，被代理人未作表示或表示拒绝的，视为拒绝追认，该合同不生效。被代理人表示予以追认的，该合同对被代理人发生法律效力。在催告开始至被代理人追认之前，该合同对于被代理人的法律效力处于待定状态。

②无权代理人代订的合同对被代理人具有法律效力的情形。行为人没有代理权、超越代理权或者代理权终止后以被代理人名义订立合同，相对人有理由相信行为人有代理权的，该代理行为有效。这是《合同法》针对表见代理情形所做出的规定。所谓表见代理，是善意相对人通过被代理人的行为足以相信无权代理人具有代理权的情形。

在通过表见代理订立合同的过程中，如果相对人无过错，即相对人不知道或者不应当知道(无义务知道)无权代理人没有代理权时，使相对人相信无权代理人具有代理权的理由是否正当、充分，就成为是否构成表见代理的关键。如果确实存在充分、正当的理由并足以使相对人相信无权代理人具有代理权，则无权代理人的代理行为有效，即无权代理人通过其表见代理行为与相对人订立的合同具有法律效力。

③法人或者其他组织的法定代表人、负责人超越权限订立的合同的效力。法人或者其他组织的法定代表人、负责人超越权限订立的合同，除相对人知道或者应当知道其超越权限的以外，该代表行为有效。这是因为法人或者其他组织的法定代表人、负责人的身份应当被视为法人或者其他组织的全权代理人，他们完全有资格代表法人或者其他组织为

民事行为而不需要获得法人或者其他组织的专门授权，其代理行为的法律后果由法人或者其他组织承担。但是，如果相对人知道或者应当知道法人或者其他组织的法定代表人、负责人在代表法人或者其他组织与自己订立合同时超越其代表（代理）权限，仍然订立合同的，该合同将不具有法律效力。

④无处分权的人处分他人财产合同的效力。在现实经济活动中，通过合同处分财产（如赠与、转让、抵押、留置等）是常见的财产处分方式。当事人对财产享有处分权是通过合同处分财产的必要条件。无处分权的人处分他人财产的合同一般为无效合同。但是，无处分权的人处分他人财产，经权利人追认或者无处分权的人订立合同后取得处分权的，该合同有效。

**3. 无效合同**

无效合同是指其内容和形式违反了法律、行政法规的强制性规定，或者损害了国家利益、集体利益、第三人利益和社会公共利益，因而不为法律所承认和保护、不具有法律效力的合同。无效合同自始没有法律约束力。在现实经济活动中，无效合同通常有两种情形，即整个合同无效（无效合同）和合同的部分条款无效。

（1）无效合同的情形

有下列情形之一的，合同无效：

①一方以欺诈、胁迫的手段订立合同，损害国家利益；

②恶意串通，损害国家、集体或第三人利益；

③以合法形式掩盖非法目的；

④损害社会公共利益；

⑤违反法律、行政法规的强制性规定。

（2）合同部分条款无效的情形

合同中的下列免责条款无效：

①造成对方人身伤害的；

②因故意或者重大过失造成对方财产损失的。

免责条款是当事人在合同中规定的某些情况下免除或者限制当事人所负未来合同责任的条款。在一般情况下，合同中的免责条款都是有效的。但是，如果免责条款所产生的后果具有社会危害性和侵权性，侵害了对方当事人的人身权利和财产权利，则该免责条款将不具有法律效力。

**4. 可变更或者撤销的合同**

可变更、可撤销合同是指欠缺一定的合同生效条件，但当事人一方可依照自己的意思使合同的内容得以变更或者使合同的效力归于消灭的合同。可变更、可撤销合同的效力取决于当事人的意思，属于相对无效的合同。当事人根据其意思，若主张合同有效，则合同有效；若主张合同无效，则合同无效；若主张合同变更，则合同可以变更。

（1）合同可以变更或者撤销的情形

当事人一方有权请求人民法院或者仲裁机构变更或者撤销的合同有：

①因重大误解订立的。②在订立合同时显失公平的。一方以欺诈、胁迫的手段或者

乘人之危，使对方在违背真实意思的情况下订立的合同，受损害方有权请求人民法院或者仲裁机构变更或者撤销。当事人请求变更的，人民法院或者仲裁机构不得撤销。

(2)撤销权的消灭

撤销权是指受损害的一方当事人对可撤销的合同依法享有的、可请求人民法院或仲裁机构撤销该合同的权利。享有撤销权的一方当事人称为撤销权人。撤销权应由撤销权人行使，并应向人民法院或者仲裁机构主张该项权利。而撤销权的消灭是指撤销权人依照法律享有的撤销权由于一定法律事由的出现而归于消灭的情形。

有下列情形之一的，撤销权消灭：

①具有撤销权的当事人自知道或者应当知道撤销事由之日起 1 年内没有行使撤销权；

②具有撤销权的当事人知道撤销事由后明确表示或者以自己的行为放弃撤销权。

由此可见，当具有法律规定的可以撤销合同的情形时，当事人应当在规定的期限内行使其撤销权，否则，超过法律规定的期限时，撤销权归于消灭。此外，若当事人放弃撤销权，则撤销权也归于消灭。

(3)无效合同或者被撤销合同的法律后果

无效合同或者被撤销的合同自始没有法律约束力。合同部分无效，不影响其他部分效力的，其他部分仍然有效。合同无效、被撤销或者终止的，不影响合同中独立存在的有关解决争议方法的条款的效力。

合同无效或被撤销后，履行中的合同应当终止履行；尚未履行的，不得履行。对当事人依据无效合同或者被撤销的合同而取得的财产应当依法进行如下处理：

①返还财产或折价补偿。当事人依据无效合同或者被撤销的合同所取得的财产，应当予以返还；不能返还或者没有必要返还的，应当折价补偿。

②赔偿损失。合同被确认无效或者被撤销后，有过错的一方应赔偿对方因此所受到的损失。双方都有过错的，应当各自承担相应的责任。

③收归国家所有或者返还集体、第三人。当事人恶意串通，损害国家、集体或者第三人利益的，因此取得的财产收归国家所有或者返还集体、第三人。

## 1.2 合同的履行与担保

### 1.2.1 合同的履行

合同的履行是指合同生效后，双方当事人按照合同规定的各项条款，完成各自承担的义务和实现各自享受的权利，使双方当事人的合同目的得以实现的行为。

合同的履行是合同法律约束力的首要表现，是合同法律制度的核心内容。合同的订立是合同履行的前提，合同的效力则以合同的履行为内容，又是合同履行的依据。合同的担保是促使合同履行，保障债权得以实现的法律制度，而合同的变更、转让、解除则是为了保护当事人的合法权益，允许当事人根据主客观情况的变化而变更和消灭合同关系，使合同履行适应客观形势需要。而违约责任是对当事人不履行合同或不适当履行合同的补救手段，又是促使当事人履行合同的法律措施。

**1. 合同履行的原则**

合同履行的原则主要包括全面适当履行原则和诚实信用原则。

(1)全面适当履行原则

全面履行是指合同订立后，当事人应当按照合同约定，全面履行自己的义务，包括履行义务的主体、标的、数量、质量、价款或者报酬以及履行的期限、地点、方式等。适当履行是指当事人应按照合同规定的标的及其质量、数量，由适当的主体，在适当的时间、适当的地点，以适当的履行方式履行合同义务，以保证当事人的合法权益。

(2)诚实信用原则

诚实信用是指当事人讲诚实、守信用，遵守商业道德，以善意的心理履行合同。当事人不仅要保证自己全面履行合同约定的义务，并应顾及对方的经济利益，为对方履行创造条件，发现问题及时协商解决。以较小的履约成本，取得最佳的合同效益。还应根据合同的性质、目的和交易习惯履行通知、协助、保密等义务。

**2. 合同履行的一般规则**

合同生效后，当事人就质量、价款或者报酬、履行地点等内容没有约定或者约定不明确的，可以协议补充；不能达成补充协议的，按照合同有关条款或者交易习惯确定。依照上述规定仍不能确定的，适用下列规定：

(1)质量要求不明确的，按照国家标准、行业标准履行；没有国家标准、行业标准的，按照通常标准或者符合合同目的的特定标准履行。

(2)价款或者报酬不明确的，按照订立合同时履行地的市场价格履行；依法应当执行政府定价或者政府指导价的，按照规定履行。

(3)履行地点不明确，给付货币的，在接受货币一方所在地履行；交付不动产的，在不动产所在地履行；其他标的，在履行义务一方所在地履行。

(4)履行期限不明确的，债务人可以随时履行，债权人也可以随时要求履行，但应当给对方必要的准备时间。

(5)履行方式不明确的，按照有利于实现合同目的的方式履行。

(6)履行费用的负担不明确的，由履行义务一方负担。

**3. 合同履行的特殊规则**

(1)价格调整

《合同法》规定，执行政府定价或政府指导价的，在合同约定的交付期限内政府价格调整时，按照交付时的价格计价。逾期交付标的物的，遇价格上涨时，按照原价格执行；价格下降时，按照新价格执行。逾期提取标的物或者逾期付款的，遇价格上涨时，按照新价格执行；价格下降时，按照原价格执行。

(2)代为履行

代为履行是指由合同以外的第三人代替合同当事人履行合同。与合同转让不同，代为履行并未变更合同的权利义务主体，只是改变了履行主体。《合同法》规定：

①当事人约定由债务人向第三人履行债务的，债务人未向第三人履行债务或者履行债务不符合约定，应当向债权人承担违约责任。

②当事人约定由第三人向债权人履行债务，第三人不履行债务或者履行债务不符合约定，债务人应当向债权人承担违约责任。

(3)提前履行

合同通常应按照约定的期限履行，提前或迟延履行属违约行为，因此，债权人可以拒绝债务人提前履行债务，但提前履行不损害债权人利益的除外，此时，因债务人提前履行债务给债权人增加的费用，由债务人负担。

(4)部分履行

合同通常应全部履行，债权人可以拒绝债务人部分履行债务，但部分履行不损害债权人利益的除外，此时，因债务人部分履行债务给债权人增加的费用，由债务人负担。

**4. 合同履行中的抗辩权**

抗辩权是指在双务合同中，当事人一方有依法对抗对方要求或否认对方权利主张的权利。所谓双务合同，是指双方当事人互相享有权利，同时又互相负有义务的合同。

当事人互负债务，没有先后履行顺序的，应当同时履行。一方在对方履行之前有权拒绝其履行要求。一方在对方履行债务不符合约定时，有权拒绝其相应的履行要求。当事人互负债务，有先后履行顺序，先履行一方未履行的，后履行一方有权拒绝其履行要求。先履行一方履行债务不符合约定的，后履行一方有权拒绝其相应的履行要求。

应当先履行债务的当事人，有确切证据证明对方有下列情形之一的，可以中止履行：①经营状况严重恶化；②转移财产、抽逃资金，以逃避债务；③丧失商业信誉；④有丧失或者可能丧失履行债务能力的其他情形。但当事人没有确切证据中止履行的，应当承担违约责任。当事人依照上述规定中止履行的，应当及时通知对方。当对方提供适当担保时，应当恢复履行。中止履行后，对方在合理期限内未恢复履行能力并且未提供适当担保的，中止履行的一方可以解除合同。

**5. 合同履行中债权人的代位权和撤销权**

合同当事人的财产是当事人履行合同最根本的担保。当事人的财产增减可能会影响对方当事人债权的实现。如果当事人财产增减不当并且实际构成对对方债权实现的威胁时，债权人可以依法行使代位权与撤销权，以维护债务人的财务状况并确保债务得到清偿。

(1)债权人的代位权

债权人的代位权是指债权人为了保障其债权不受损害，而以自己的名义代替债务人行使债权的权利。

因债务人怠于行使其到期债权，对债权人造成了损害，债权人可以向人民法院请求以自己的名义代位行使债务人的债权。代位权的行使范围以债权人的债权为限。债权人行使代位权的必要费用，由债务人负担。

(2)债权人的撤销权

债权人的撤销权是指债权人对债务人所做的危害其债权的民事行为，有请求法院予以撤销的权利。

因债务人放弃其到期债权或者无偿转让财产，对债权人造成了损害，债权人可以请求人民法院撤销债务人的行为。债务人以明显不合理的低价转让财产，对债权人造成损害，并且受让人知道该情形，债权人也可以请求人民法院撤销债务人的行为。

撤销权的行使范围以债权人的债权为限。债权人行使撤销权的必要费用，由债务人负担。撤销权自债权人知道或者应当知道撤销事由之日起一年内行使，五年内没有行使撤销权的，该撤销权消灭。

## 1.2.2　合同的担保

合同的担保是指依照法律规定，或由当事人双方经过协商一致而约定的，为保障合同债权实现的法律措施。根据《中华人民共和国担保法》的规定，债权人需要以担保方式保障其债权实现时，可以设定保证、抵押、质押、留置和定金五种方式的担保。在工程项目建设标的金额较大的主要合同中如果有担保，施工合同、监理合同通常采用保证担保方式；设计合同采用定金担保方式；贷款合同采用抵押或质押担保方式；运输合同、加工承揽合同采用留置担保方式。

### 1. 保证

保证是指第三人为债务人的债务履行作担保，由保证人和债权人约定，当债务人不履行债务时，保证人按照约定履行债务或者承担责任的行为。

按照《担保法》的规定，具有代为清偿债务能力的法人、其他组织者或者公民可以作为保证人，除下列几种以外：①国家机关(特殊情况除外)；②学校、幼儿园、医院等以公益为目的的事业单位、社会团体；③企业法人的分支机构、职能部门。

保证合同的主要条款有：①被保证的主债权种类、数额；②债务人履行债务的期限；③保证的方式；④保证担保的范围；⑤保证的期间；⑥双方认为需要约定的其他事项。保证担保的范围包括主债权及利息、违约金、损害赔偿金和实现债权的费用。保证人承担保证责任的期限范围，即保证期间，可由当事人自由约定，保证人与债权人未约定的，一般为主债务履行期届满之日起 6 个月。保证人依法就连续发生的债权作保证，未约定保证期间的，保证人可以随时书面通知债权人终止保证合同，但保证人对于通知到达债权人之前所发生的债权，承担保证责任。

(1)保证的方式和形式

①一般保证

一般保证是指当事人在保证合同中约定，在债务人不能履行债务时，由保证人承担保证责任。被保证的当事人严重违约导致对方的合法利益受到侵害时，首先由合同被保证人承担赔偿责任，保证人只承担损害赔偿的不足部分。

②连带责任保证

当事人在保证合同中约定保证人与债务人对债务承担连带责任。债务人在主合同规定的债务履行期届满没有履行债务的，债权人可以要求债务人履行债务，也可以要求保证人在其保证范围内承担保证责任。当事人对保证方式没有约定或者约定不明确的，按照连带责任保证承担保证责任。

通常对企业法人出具的担保称为“保证书”，银行出具的担保称为“保函”。投标担保和履约担保通常可以采用保证书或保函形式；支付担保和预付款担保一般要求采用保函形式。

(2)保证责任

①一般保证的保证人在主合同纠纷经审判或者仲裁后，并就债务人财产依法强制执行仍不能履行债务，保证人对债权人必须承担保证责任。有以下情形之一的，债权人可要求保证人提前承担保证责任：a.债务人住所变更，致使债权人要求其履行债务发生重大困难的；b.人民法院受理债务人破产案件，中止执行程序的；c.保证人以书面形式放弃法定权利的。

②连带责任保证的债务人在主合同规定的债务履行期届满没有履行债务的，债权人可以要求债务人履行债务，也可以要求保证人在其保证范围内承担保证责任。

③两个以上保证人对同一债务同时或分别提供保证时，各保证人应当按照保证合同约定的份额或范围承担保证责任。没有约定保证份额的，各保证人之间为连带责任，债权人可以要求任何一个保证人承担全部保证责任。已经承担保证责任的保证人，有权向债务人追偿，或者要求承担连带责任的其他保证人清偿其应当承担的份额。

④保证期间，债权人依法将主债权转让给第三人的，保证人在原保证担保的范围内继续承担保证责任。但保证合同事先约定仅对特定的债权人承担保证责任或者禁止债权转让的除外。

⑤保证期间，债权人许可债务人转让债务的，应当取得保证人的书面同意，否则保证人不再承担保证责任。但债务人部分转让债务的，保证人仍承担未转让部分的保证责任。

⑥保证期间，主合同当事人协议变更主合同内容的，应当取得保证人书面同意，否则保证人不再承担保证责任。但主合同数量、价款、币种、利率等变更未征得保证人同意的，如果合同变更减轻了主债务人的债务，保证人仍承担保证责任；如果加重了主债务人的债务，保证人对加重部分不承担责任。主合同履行期限变更未经保证人同意的，保证期间不变。债权人与债务人协议变更主合同内容，但并未实际履行的，保证人仍应承担保证责任。

(3)保证责任的免除

①一般保证的债权人在保证期间没有提起诉讼或申请仲裁，或者连带保证的债权人在保证期间未要求保证人承担保证责任的，免除保证人的保证责任。

②一般保证的保证人在主债权履行期限届满后，向债权人提供了债务人可供执行财产的真实情况，债权人放弃或怠于行使权利导致该财产不能被执行的，保证人可以提出免除其相应价值的责任。

③保证期间法院受理债务人破产案件的，因债权人未及时通知，导致保证人不能预先行使追偿权的，保证人在其可能受偿的范围内免除保证责任。

④同一债权既有保证又有物的担保的，债权人怠于行使担保物权，致使担保物的价值

减少或者毁损、灭失的，视为债权人放弃部分或全部物的担保，保证人在债权人放弃权利范围内减少或免除保证责任。

⑤由于主合同当事人双方串通，骗取保证人提供保证的，或者主合同债权人采取欺诈、胁迫等手段，使保证人在违背真实意思的情况下提供保证的，保证人不承担民事责任。

**2. 抵押**

抵押是指债务人或者第三人以其特定财产在不转移占有的前提下，将该财产作为对债权的担保。当债务人不履行债务时，债权人有权依法以该财产折价或者以拍卖、变卖该财产的价款优先受偿。在这里，债务人或者第三人被称为抵押人，债权人被称为抵押权人，提供担保的财产为抵押物。

(1)抵押物

抵押人只能提供法律规定可以抵押的财产作担保，根据《担保法》的规定，可以用于抵押的财产有：①抵押人所有的房屋和其他地上定着物；②抵押人所有的机器、交通运输工具和其他财产；③抵押人依法有权处分的国有的土地使用权、房屋和其他地上定着物；④抵押人依法有权处分的国有的机器、交通运输工具和其他财产；⑤抵押人依法承包并经发包方同意抵押的荒山、荒沟、荒丘、荒滩等荒地的土地使用权；⑥依法可以抵押的其他财产。

不能作为抵押物的财产有：①土地所有权；②耕地、宅基地、自留地、自留山等集体所有的土地使用权；③学校、幼儿园、医院等以公益为目的的事业单位、社会团体的教育设施、医疗卫生设施和其他社会公益设施；④所有权、使用权不明或有争议的财产；⑤依法被查封、扣押、监管的财产；⑥依法不得抵押的其他财产。

(2)抵押合同

抵押合同的内容包括：①被担保的主债权种类、数额；②债务人履行债务的期限；③抵押物的名称、数量、质量、状况、所在地、所有权权属或者使用权权属；④抵押担保的范围；⑤当事人认为需要约定的其他事项。

当事人在抵押合同中约定，在债务履行期届满抵押权人未受清偿时，抵押物的所有权归债权人所有的内容无效。抵押合同自登记或签订之日起生效。

(3)抵押的效力

抵押担保的范围主要包括主债权及利息、违约金、损害赔偿金和实现抵押权的费用。抵押合同另有规定的，按照约定。在抵押期间，抵押物的出租、转让、保管要按法律法规的规定进行。

(4)抵押权的实现

债务履行期届满抵押权人未受清偿的，可以与抵押人协商以拍卖、变卖该抵押物的价款受偿，或以抵押物折价取得抵押物，但因此而损害顺序在后的担保物权人或其他债权人的利益的，其他债权人可以行使代位权或撤销权。当事人不能就抵押权实现方式达成一致的，抵押权人可以提起诉讼。同一抵押物上存在多个抵押时，按照抵押物登记或签订的先后顺序清偿，顺序相同的，按照债权比例清偿。为债务人抵押担保的第三人，在抵押权人实现抵押权后，有权向债务人追偿。

**3. 质押**

质押是指债务人或第三人将其特定财产移交债权人占有，作为债权的担保。债务人不履行债务时，债权人有权依法将其特定财产折价或以拍卖、变卖的价款优先受偿。在这里，债务人或第三人被称为出质人，债权人被称为质权人，用于作为担保的财产被称为质物。

(1)质押的形式

①动产质押。动产质押是指债务人或第三人将其动产移交债权人占有，将该动产作为债权的担保。原则上，除不动产及法律禁止流通的动产外，其他一切动产都可设定质押。

②权利质押。其标的为具有财产内容并可以转让的权利，包括：a. 汇票、支票、本票、债券、存款单、仓单、提单；b. 依法可以转让的股份、股票；c. 依法可以转让的商标专用权、专利权、著作权中的财产权；d. 依法可以质押的其他权利。

(2)质押合同

质押合同的内容有：①被担保的主债权种类、数额；②债务人履行债务的期限；③质物的名称、数量、质量、状况；④质物移交的时间；⑤质押担保的范围。质押合同自质物移交质权人占有或出质登记，或权利凭证交付之日起生效。

(3)质权人的权利和义务

质权人对质物享有占有权和留置权，并有收取孳息的权利，还可以就质物拍卖、变卖后所得的价款优先受偿。同时质权人有妥善保管质物和返还质物的义务。因保管不善导致质物灭失或损毁的，应当承担民事责任。质权人在质权存续期间，未经出质人同意，擅自使用、出租、处分质物而给出质人造成损失的，应当承担赔偿责任。债务履行期限届满，债务人履行债务或者出质人提前清偿所担保的债权的，质权人应当返还质物。

**4. 留置**

留置是指债权人按照合同约定占有债务人的动产，债务人不按照合同约定的期限履行债务的，债权人有权依照法律规定留置该财产，以该财产折价或以拍卖、变更该财产的价款优先受偿。

**5. 定金**

定金是指当事人一方为了担保合同的履行而预先向对方支付一定数额的金钱。

定金合同的内容有：①应当约定定金的数额，但不得超过主合同标的额的 20%；②应当约定交付定金的期限；③应当明确当事人交付的金钱具有定金性质。债务人履行债务后，定金应当抵作价款或者收回。给付定金的一方不履行约定的债务的，无权要求返还定金；收受定金的一方不履行约定的债务时，应当双倍返还定金。

## 1.3 合同的变更与转让

### 1.3.1 合同的变更

合同的变更是指对已经依法成立的合同，尚未履行或尚未完全履行前，当事人根据客观情况的变化，依照法律规定的条件和程序，对合同的内容进行修改或补充。当事人之间存在着有效的合同关系，并协商一致，可以变更合同。当事人对合同变更的内容约定不明确，令人难以判断约定的新内容与原合同内容的本质区别，则推定为未变更。

### 1.3.2 合同的转让

合同转让是当事人一方取得另一方同意后将合同的权利义务转让给第三方的法律行为。合同转让是合同变更的一种特殊形式，它不是变更合同中规定的权利义务内容，而是变更合同主体。

**1. 债权转让**

债权人可以将合同的权利全部或者部分转让给第三人，并列出了三种不得转让的债权：①根据合同性质不得转让；②按照当事人约定不得转让；③依照法律规定不得转让。

若债权人转让权利，债权人应当通知债务人。未经通知，该转让对债务人不发生效力。除非经受让人同意，债权人转让权利的通知不得撤销。债权让与后，该债权由原债权人转移给受让人，受让人取代让与人（原债权人）成为新债权人，依附于主债权的从债权也一并移转给受让人，例如抵押权、留置权等。为保护债务人利益，不致其因债权转让而蒙受损失，凡债务人对让与人的抗辩权（例如同时履行的抗辩权等），可以向受让人主张。

**2. 债务转让**

应当经债权人同意，债务人才能将合同的义务全部或者部分转移给第三人。

债务人转移义务后，原债务人可享有的对债权人的抗辩权也随债务转移而由新债务人享有，新债务人可以主张原债务人对债权人的抗辩权。与主债务有关的从债务，例如附随于主债务的利息债务，也随债务转移而由新债务人承担。

**3. 债权债务一并转让**

当事人一方经对方同意，可以将自己在合同中的权利和义务一并转让给第三人。权利和义务一并转让的处理，适用上述有关债权人和债务人转让的有关规定。

当事人订立合同后合并的，由合并后的法人或其他组织行使合同权利，履行合同义务。当事人订立合同后分立的，除另有约定外，由分立的法人或其他组织对合同的权利和义务享有连带债权，承担连带债务。

## 1.4 违约责任

### 1.4.1 违约责任及其特点

违约责任是指合同当事人不履行或不适当履行合同，应依法承担的责任。与其他责任制度相比，违约责任有以下主要特点：

(1)以有效合同为前提。与侵权责任和缔约过失责任不同,违约责任必须以当事人双方事先存在的有效合同关系为前提。如果双方不存在合同关系,或者虽订立过合同,但合同无效或已被撤销,那么,当事人不可能承担违约责任。

(2)以违反合同义务为要件。违约责任是当事人违反合同义务的法律后果。因此,只有当事人违反合同义务,不履行或者不适当履行合同时,才应承担违约责任。

(3)可由当事人在法定范围内约定。违约责任主要是一种赔偿责任,因此,可由当事人在法律规定的范围内自行约定。只要约定不违反法律,就具有法律约束力。

(4)是一种民事赔偿责任。首先,它是由违约方向守约方承担的民事责任,无论是违约金还是赔偿金,均是平等主体之间的支付关系;其次,违约责任的确定,通常应以补偿守约方的损失为标准,贯彻损益相当的原则。

## 1.4.2 违约责任的承担

### 1. 违约责任的承担方式

当事人一方不履行合同义务或者履行合同义务不符合约定的,应当承担继续履行、采取补救措施或者赔偿损失等违约责任。

(1)继续履行。继续履行是指在合同当事人一方不履行合同义务或者履行合同义务不符合合同约定时,另一方合同当事人有权要求其在合同履行期限届满后继续按照原合同约定的主要条件履行合同义务的行为。继续履行是合同当事人一方违约时,其承担违约责任的首选方式。

①违反金钱债务时的继续履行。当事人一方未支付价款或者报酬的,对方可以要求其支付价款或者报酬。

②违反非金钱债务时的继续履行。当事人一方不履行非金钱债务或者履行非金钱债务不符合约定的,对方可以要求履行,但有下列情形之一的除外:a. 法律上或者事实上不能履行;b. 债务的标的不适于强制履行或者履行费用过高;c. 债权人在合理期限内未要求履行。

(2)采取补救措施。如果合同标的物的质量不符合约定的,应当按照当事人的约定承担违约责任。对违约责任没有约定或者约定不明确的,可以协议补充;不能达成补充协议的,按照合同有关条款或者交易习惯确定。依照上述办法仍不能确定的,受损害方根据标的的性质以及损失的大小,可以合理选择要求对方承担修理、更换、重作、退货、减少价款或者报酬等违约责任。

(3)赔偿损失。当事人一方不履行合同义务或者履行合同义务不符合约定的,在履行义务或者采取补救措施后,对方还有其他损失的,应当赔偿损失。损失赔偿额应当相当于因违约所造成的损失,包括合同履行后可以获得的利益,但不得超过违反合同一方订立合同时预见到或者应当预见到的因违反合同可能造成的损失。

当事人一方违约后,对方应当采取适当措施防止损失的扩大;没有采取适当措施致使损失扩大的,不得就扩大的损失要求赔偿。当事人因防止损失扩大而支出的合理费用,由违约方承担。

经营者对消费者提供商品或者服务有欺诈行为的,依照《消费者权益保护法》的规定承担损害赔偿责任。

(4)违约金。当事人可以约定一方违约时应当根据违约情况向对方支付一定数额的违约金,也可以约定因违约产生的损失赔偿额的计算方法。约定的违约金低于造成的损失的,当事人可以请求人民法院或者仲裁机构予以增加;约定的违约金过分高于造成的损失的,当事人可以请求人民法院或者仲裁机构予以适当减少。

当事人就迟延履行约定违约金的,违约方支付违约金后,还应当履行债务。

(5)定金。当事人可以依照《担保法》约定一方向对方给付定金作为债权的担保。债务人履行债务后,定金应当抵作价款或者收回。给付定金的一方不履行约定的债务的,无权要求返还定金;收受定金的一方不履行约定的债务的,应当双倍返还定金。

当事人既约定违约金,又约定定金的,一方违约时,对方可以选择适用违约金或者定金条款。

**2. 违约责任的承担主体**

(1)合同当事人双方违约时违约责任的承担。当事人双方都违反合同的,应当各自承担相应的责任。

(2)因第三人原因造成违约时违约责任的承担。当事人一方因第三人的原因造成违约的,应当向对方承担违约责任。当事人一方和第三人之间的纠纷,依照法律规定或者依照约定解决。

## 1.4.3 违约责任的免除

违约责任的免除是指在合同履行过程中,出现法律规定或合同约定的免责事由,从而导致合同不能履行的,可以免除合同当事人的违约责任。免责事由包括法定的免责事由(主要指不可抗力)和约定的免责事由(主要指当事人约定的免责条款)。

**1. 不可抗力**

不可抗力是指当事人在订立合同时不能预见,对其发生和后果不能避免并不能克服的事件。一般包括:①自然灾害,如火灾、地震等;②政府行为,如政府征用、发布新政策法规等;③社会异常事件,如罢工、战争等。

因不可抗力不能履行合同的,根据不可抗力的影响,可以全部或部分免除当事人的违约责任。但是当事人迟延履行后发生不可抗力的不能免责。遭遇不可抗力的一方当事人具有及时通知义务和提供证明义务。

**2. 免责条款**

免责条款是指当事人在合同中约定的排除或限制其未来民事责任的合同条款。在一般情况下,免责条款由处于优势地位的一方当事人预先拟订,相对方往往是无奈地接受,这种免责格式条款是我国法律规制的重点。

# 1.5 诉讼时效

## 1.5.1 诉讼时效的概念

诉讼时效是权利人在法定期间内不向人民法院或仲裁机关请求保护民事财产权利，就丧失了请求人民法院依诉讼程序强制义务人履行义务的权利的法律制度。可见，诉讼时效期间是权利人向人民法院或仲裁机关请求保护其民事权利的法定有效期间。在法定有效期间内，权利人行使其合法权利的时候，法律就予以保护；超过了法定有效期间，权利人的合法权利就不再受法律的保护。负有义务的人可因诉讼时效期间届满而不再履行其义务，如已经履行的，也无权请求返还。诉讼时效具有强制性和普遍性等特点。

## 1.5.2 诉讼时效期间

按照法律规定，诉讼时效期间的起算，"自当事人知道或者应当知道其权利受到侵害之日起计算。"合同权利的诉讼时效期间可以分为三种：

(1)一般合同，其诉讼时效期间为 2 年。

(2)租赁合同中有关出租人请求租金债权保护，保管合同中有关寄存人请求返还寄存物债权保护的诉讼时效期间为 1 年。

(3)国际货物买卖合同与技术进出口合同，其诉讼时效期间为 4 年。

诉讼时效届满后，义务人虽可拒绝履行其义务，权利人请求权的行使仅发生障碍，权利本身及请求权并不消灭。当事人超过诉讼时效后起诉的，人民法院应当受理。受理后查明无中止、中断及延长事由的，判决驳回其诉讼请求。

## 1.5.3 诉讼时效的中断和中止

**1. 诉讼时效的中断**

诉讼时效的中断是指时效期间进行中，因一定事实的发生，使已经进行的期间归于无效，待该事实终止后，时效重新计算。具体而言，诉讼时效中断的事由包括：

(1)请求

请求，也称诉外请求，是指权利人向义务人表示其行使请求权的意思。请求可以弥补我国诉讼时效期间较短的缺陷。

(2)起诉

起诉，是提起诉讼的简称，是指权利人向人民法院提起诉讼，以实现其请求权。

(3)承认

承认，是指义务人对权利人承认其权利存在的意思表示。《民法通则》第 140 条中规定的“同意履行义务”，实际上就是“承认”。在债务人承认的情况下，无论债务人在承认之前是否知道时效已经完成，都不允许再主张时效届满。

**2. 诉讼时效的中止**

诉讼时效的中止，是指在诉讼时效进行中，因发生法定事由使权利人不能行使请求权，暂时停止计算诉讼时效期间，待阻碍诉讼时效进行的法定事由消除后，继续进行诉讼时效期间的计算。

(1)诉讼时效的中止与中断的区别

①诉讼时效中断可发生在诉讼时效开始后完成前的任何时间；而诉讼时效中止只能发生在诉讼时效期间的最后6个月。

②诉讼时效中止不是由当事人的行为引起的，不能由当事人自己的意志决定；而诉讼时效的中断是当事人自己决定的。

③诉讼时效中断的法律后果是中断事由消灭后诉讼时效重新起算；而诉讼时效中止的法律后果是中止事由消灭后时效继续进行。

(2)中止的事由

具体而言，诉讼时效中止的事由包括：

①不可抗力，即不能预见、不能避免、不能克服的客观情况；

②权利被侵害的无民事行为能力人、限制民事行为能力人没有法定代理人，或者法定代理人死亡、丧失代理权、丧失行为能力；

③继承开始后未确定继承人或者遗产管理人；

④权利人被义务人或者其他人控制无法主张权利；

⑤其他导致权利人不能主张权利的客观情形，如当事人之间有家庭关系存在，包括无行为能力人或限制行为能力人与法定监护人的关系和婚姻关系的存在。

## 复习题

1. 什么是要约邀请？要约失效的条件是什么？

2. 如何构成缔约过失责任？

3. 什么是效力待定合同？效力待定合同都包括哪些？

4. 分别解释合同履行中的抗辩权、代位权和撤销权。

5. 合同担保的主要方式有哪些？

6. 合同的转让有哪些情况？

7. 违约责任的承担方式有哪些？

# 第2章

# 建筑市场

建筑市场可以从狭义和广义两个方面来理解。狭义的建筑市场，是指以建筑产品为交换内容的场所；广义的建筑市场，则是指建筑产品供求关系的总和。关于建筑市场的内容，都是从广义的角度加以阐述的，其中也包含着狭义建筑市场。

建筑市场表现为建筑产品（例如住宅、学校、道路桥梁、工业建筑）、建筑生产活动和建筑市场行为主体（例如业主、承包方、咨询机构、设计单位、用户）三个方面的相互联系和相互作用。建筑产品作为建筑市场活动的客体，是具有实物形态的、可供消费和使用的最终产品；建筑生产活动是建筑市场交换活动的具体内容，是建筑产品实物形态形成和变化的过程；建筑市场行为主体除政府主管机构外均为建筑市场活动的主体，是决定建筑市场交换活动内容和形式的主要方面。政府主管机构并不直接参与市场的交换活动，而是对建筑市场的交换活动起着监督、管理、控制和调节的作用。因此，政府主管机构是建筑市场的行动主体，而不是建筑市场活动的主体。

## 2.1 建筑市场的主体与环境

### 2.1.1 建筑市场的主体

建筑市场的三大主体是：发包人，包括政府部门、企事业单位、房地产开发公司和个人等；承包人，包括承担工程的勘察设计、施工任务的勘察院所、建筑企业等；中介机构，为建筑市场主体服务的各种房屋中介、咨询机构等。

**1. 发包人**

建筑市场的发包人是在建筑市场中承担发包工程建设的咨询、设计、施工监理任务，并最终得到建筑产品的所有权的政府部门、企事业单位和个人。可以是学校、医院、企事业单位，也可以是个人或自然人合伙。在我国的建筑市场中，一般称之为建设单位或甲方；在国际工程承包中通常称作业主。发包人在发包工程和组织工程建设时进入建筑市场，成为建筑市场的主体。

建设工程项目发包人由投资方代表组成，从建设项目的筹划、资金筹集、勘察设计、施工直至项目竣工验收后投入生产经营，发包人必须承担建设项目的全部责任和风险，对建设过程中的各个环节进行统筹安排。

**2. 承包人**

承包人是指有一定生产能力、机械设备、流动资金，具有承包工程项目的营业资格和资质，在建筑市场中能够按照发包人的要求，提供不同形式的建筑产品的建筑企业。主要包括勘察、设计单位，建筑安装企业，提供构配件的生产厂商，建筑机械租赁企业以及专门提供建筑劳务的企业等。承包人的生产经营活动是在建筑市场中进行的，是建筑市场主体中的主要成分。

**3. 中介服务机构**

中介服务机构是指具有相应的专业服务能力，在建筑市场中受承包方、发包方或政府管理机构的委托，对工程建设进行估算测量、咨询代理、建设监理等服务，并取得服务费用的咨询服务机构和其他建设专业中介服务的组织机构。在建筑业的经济运行中，中介组织作为政府、市场、企业之间联系的纽带，具有不可替代的作用。而发达的市场中介组织又是市场体系成熟和市场经济发达的重要表现，是建筑产业健康发展的重要条件。

建筑市场中介机构的类型主要包括：

(1)自律性机构

自律性机构包括建筑业协会及其下属的设备安装、机械施工、装饰装潢等专业分会以及建设监理协会、造价管理协会等。这些组织在政府管理部门和企业之间发挥纽带作用，协助政府进行行业管理。其职责包括调查收集行业发展中存在的问题、企业的愿望和要求并作为政府制定政策和法规的依据，保护行业的合法权益；贯彻传达国家政策和方针，加强对企业的引导，实现政府的管理意图；制订行规，规范约束企业行为，协调企业间的关系，调解处理企业的争议和纠纷，维护市场正常秩序；收集发布行业动态及市场信息，促进交流；积极开展教育培训，促进企业人员素质的提高和先进管理方法、高新技术的推广采用等。

(2)公证机构

公证机构主要包括为工程建设服务的专业会计师事务所、审计师事务所、律师事务所、资产和资信评估机构、保险公司、公证机构、合同纠纷的调解仲裁机构等。这些机构独立于承发包双方之外，其人员多数受到过良好的专业训练，有长期从事专业工作的经历，行为受到行业行为规范和法规的约束。另外，公证机构还为政府部门承担一些微观管理职能。通过这些技术服务，使企业了解其管理的权力和工作流程，帮助企业追究侵权者的责任，保障企业的合法权益。

(3)咨询代理机构

咨询代理机构包括工程咨询公司、招标代理公司、监理公司、信息服务机构等。这些机构的建立是为了降低交易成本，提高社会效益，进而促进建筑市场发育。

(4)检查认证机构

检查认证机构包括质量体系认证机构，计量、检验、检测机构，鉴定机构等。这些机构是为了监督建筑市场活动，维护市场的正常秩序。

(5)公益机构

公益机构主要包括非政府的、非营利的、实行自主管理的民间志愿性的社会中介组织,行业劳保统筹等管理机构。这些机构是为了保证社会公平,建立公正的市场竞争秩序。

## 2.1.2 建筑市场的环境

**1. 建筑产业的发展现状**

建筑产业作为我国经济发展的重要支柱,其所创造的价值是国民收入的重要组成部分,同时还创造了大量的劳动就业岗位。过去的几十年里,我国国民经济保持了平稳快速发展,固定资产投资规模不断扩大,为建筑业的发展提供了良好的市场环境。

回顾过去几年里,我国工程建设成就辉煌。建筑业完成了一系列设计理念超前、结构造型复杂、科技含量高、使用要求高、施工难度大、令世界瞩目的重大工程,以及上百亿平方米的住宅建筑,为改善城乡居民居住条件做出了突出贡献。

我国建筑产业规模创历史新高。2010年,全国具有资质等级的总承包和专业承包建筑业企业完成建筑业总产值95206亿元,全社会建筑业实现增加值26451亿元;全国工程勘察设计企业营业收入9547亿元;全国工程监理企业营业收入1196亿元。“十一五”期间,建筑业增加值年均增长20.6%,全国工程勘察设计企业营业收入年均增长26.5%,全国工程监理企业营业收入年均增长33.7%,均超过“十一五”规划的发展目标。

建筑产业在国民经济中的支柱地位不断加强。建筑业的生产值占国内生产总值的比重保持在6%左右,2010年达到6.6%。建筑业全社会从业人员达到4000万人以上,成为大量吸纳农村富余劳动力就业,拉动国民经济发展的重要产业,在国民经济中的支柱地位不断加强。

我国民营建筑经济崛起。民营建筑经济,既包括通过产权制度改革而形成的集体经济,也包括混合所有制中由公有控股的股份制经济。它是劳动者自筹资金、自愿结合、自主经营、自负盈亏的一种民营经济。它不同于计划经济条件下的集体经济,而是与社会主义市场经济相适应的新的公有制实现形式。自从1984年“允许集体和个人兴办建筑业”和“民工可以进城”以来,建筑业跨入了一个崭新阶段,城乡集体建筑企业如雨后春笋蓬勃兴起,以前所未有的规模和速度迅猛发展,成为建筑业的主体力量。

国际市场开拓取得新进展。建筑企业积极开拓国际市场,对外承包工程营业额年均增长30%以上,2010年对外承包工程完成营业额922亿美元,新签合同额1344亿美元。

建筑产业技术进步和创新成效明显。许多大型工程勘察设计企业和建筑承包方加大科技投入,建立企业技术开发中心和管理体系,重视工程技术标准规范的研究,突出核心技术攻关,设计、建造能力显著提高。超高层大跨度房屋建筑,大型工业设施设计建造与安装,大跨径长距离桥梁建造,高速铁路、大体积混凝土筑坝、钢结构施工,特高压输电等领域技术达到国际领先或先进水平。

建筑行业监管机制逐步健全。政府部门出台了建筑市场监管、工程质量安全管理、标准定额管理等一系列规章制度和政策文件，监管机制逐步健全，监管力度逐步加大，工程质量安全形势持续好转。

**2. 建筑市场的发展环境**

目前我国建筑市场的整体发展水平不断提高，市场交易额增幅较大，法律法规不断完善，市场主体依法从事建设活动的自觉性有所增强。但不可否认的是，建筑产业的高速发展同时也产生了诸多问题，市场发展环境不容乐观。

(1)建筑市场竞争激烈，行业总体产能过剩

当前国内建筑市场准入门槛不高，承包方过多，据统计局 2010 年数据显示，全国建筑业从业人员总计 4200 万人，市场容量相对于不断壮大的承包方队伍和不断增长的产能在不断压缩，市场份额相对减少，产能过剩，特级企业与一级、二级企业同台竞争，导致竞争主体层次不清和市场竞争无序，市场供求矛盾进一步加深。施工总承包企业偏多，建筑业企业已达 6 万多家；专业承包企业过少，专业承包企业约 7500 家，只占建筑企业总数的 9.3%，劳务层素质较低，且疏于管理，目前存在大企业不强、中小企业不专的现象。当前，很多不具备总承包实力的中小企业却拥有总承包资质，有些甚至以出卖资质为主要业务，工程项目投招标过程中围标、串标、挂靠、转包等违法现象时有发生，这些情况进一步引发了市场恶性竞争，造成建筑市场混乱，影响了整个行业的健康发展。

(2)社会法律意识不强，建筑市场行为欠规范

招投标制度被引入我国建筑行业以来，政府和相关部门都相应出台了一系列政策、法规，包括招投标法、合同法、反不正当竞争法以及各省、市、自治区颁布的招投标管理规定、标准合同范本等，社会法制意识普遍提高。但有些单位由于受到“利益驱动”或“创工作政绩”需要的影响，在一定程度上忽视了法律约束，出现招投标行为不规范现象。集中反映在选择施工队伍、确定招标方式、过分要求缩短工期、领导干部行政干预以及招标领导小组主导招标工作等问题上，产生一些“权力标”、“关系标”。一些工程急于开工，在初步设计或施工图设计深度达不到的情况下，提前招标定承包方进场施工，特别是一些所谓急事快办工程采用了方案招标方式，这种招标方式虽然提前了工程竣工时间，但违反基本建设程序，遗留了许多问题。比如，工程造价难以控制，竣工决算纠纷较多等。少数招标人出于自身利益考虑，分解工程、分次招标或回避公开招标，降低了对承包方的资质等级、业绩等要求，使能力和资质等级不同的承包方同台竞标，有的标段投标单位达到上百家，造成了社会资源的浪费。有的在招标投标活动中弄虚作假，与投标人或招标代理机构相互串通，以不合理条件限制或者排斥某些潜在投标人，私下签订背离合同实质性内容的阴阳合同等。

(3)变相垫资数量大且时间长，造成承包方资金周转困难，成本增加

不及时足额支付工程款，设计变更不及时签认，竣工结算延迟办理等现象时有发生。有的项目在工程交付使用多年后，仍存在拖欠工程款和逾期支付质保金的现象。投标单位在招投标阶段要缴纳数百万甚至上千万的现金投标保证金及信誉保证金；中标单位要缴纳中标价一定比例的现金作为履约担保金；低价中标单位要缴纳低价中标价一定比例的现金信誉保证金。现金担保形式越来越多，担保金额不断增加，比例不断提高，使承包

方管理和财务成本加大，项目管理风险性提高，企业资金紧张，成本增大，项目亏损面加大，行业总体利润水平长期处于较低的水平，影响了承包方正常的良性发展。

(4)有效监督机制不健全，存在地方保护现象

现行的招投标监督体制是各部门分散的管理体制，招标监管与执法由行业或地方主管部门负责。各有关部门既对本行业招投标活动进行管理，又实施具体监督，有的还是招标项目的实施人，有的是招标代理机构的上级，等等。这种错综复杂、层次不清、经济关系不明晰的监督体制，必然带来监督部门的缺失与监管工作的缺位。全国各地区招标投标具体管理办法不统一，有的地方部门为了局部利益，制订的招投标管理办法往往带有浓厚的地方保护色彩。例如，刻意设置市场准入门槛，通过注册备案、许可证制度加以限制，要求每投标一个项目都要通过注册备案，办理许可证，办理时需要携带企业大量证件的原件；有的地区要求投标人要成立分公司，更有甚者要求成立子公司，给投标人的投标造成了很大的困难；有的在资信、业绩上加以排斥性限制，以及在评标办法中增加对本地企业加分的条款等。

## 2.2 建筑市场的承包模式

### 2.2.1 平行承发包模式

所谓平行承发包，是指业主将建设工程的设计、施工以及材料设备采购的任务经过分解分别发包给若干个设计单位、施工单位和材料设备供应单位，并分别与各方签订合同。各设计单位之间的关系是平行的，各施工单位之间的关系也是平行的，各材料设备供应单位之间的关系也是平行的。

**1. 进行任务分解与确定合同数量、内容时应考虑的因素**

(1)工程情况。建设工程的性质、规模、结构等是决定合同数量和内容的重要因素。建设工程实施时间的长短、计划的安排也对合同数量有影响。

(2)市场情况。首先，由于各类承建单位的专业性质、规模大小在不同市场的分布状况不同，建设工程的分解发包应力求使其与市场结构相适应；其次，合同任务和内容对市场应具有吸引力，中小合同应对中小型承建单位有吸引力，又不妨碍大型承建单位参与竞争；另外，还应按市场惯例做法、市场范围和有关规定来决定合同内容和大小。

(3)贷款协议要求。对有两个以上贷款人的情况，可能贷款人对贷款使用范围、承包人资格等有不同要求，因此，需要在确定合同结构时予以考虑。

**2. 平行承发包模式的优点**

(1)有利于缩短工期。设计阶段与施工阶段有可能形成搭接关系，从而缩短整个建设工程工期。

(2)有利于质量控制。整个工程经过分解分别发包给各承建单位，合同约束与相互制约使每一部分能够较好地实现质量要求。

(3)有利于业主选择承建单位。大多数国家的建筑市场中,专业性强、规模小的承建单位一般占较大的比例。平行承发包模式的合同内容比较单一、合同价值小、风险小,因此,无论大型承建单位还是中小型承建单位都有机会竞争。业主可在很大范围内选择承建单位,提高择优性。

3. 平行承发包模式的缺点

(1)合同数量多,会造成合同管理困难。合同关系复杂,使建设工程系统内结合部位数量增加,组织协调工作量大。而加强合同管理的力度,加强各承建单位之间的横向协调工作。

(2)投资控制难度大。这主要表现在:一是总合同价不易确定,影响投资控制实施;二是工程招标任务量大,需控制多项合同价格,增加了投资控制难度;三是在施工过程中设计变更和修改较多,导致投资增加。

## 2.2.2 施工总承包模式

这种模式是指业主首先委托设计单位对项目进行设计,设计完成或接近完成时,将全部施工任务发包给具有相应资质条件的施工总承包单位,按照设计单位完成的设计进行施工。

1. 费用控制

(1)在通过招标选择施工总承包单位时,一般以施工图设计作为投标报价的基础,投标人的投标报价有据可依;

(2)在开工前就有较明确的合同价,有利于业主对总造价的早期控制;

(3)若在施工过程中发生设计变更,则可能发生索赔。

2. 进度控制

一般要等施工图设计全部结束后,才能进行施工总承包单位的招标,开工日期较迟,建设周期势必较长,对进度控制不利。这是施工总承包模式的最大缺点,限制了其在建设周期紧迫的建设工程项目中的应用。

3. 质量控制

建设工程项目质量的好坏在很大程度上取决于施工总承包单位的选择,取决于施工总承包单位的管理水平和技术水平。业主对施工总承包单位的依赖较大。

4. 合同管理

业主只需要进行一次招标,与一个施工总承包方签约,招标及合同管理工作量大大减少,对业主有利。

在国内的很多工程实践中,业主为了早日开工,在未完成施工图设计的情况下就进行招标选择施工总承包单位,采用所谓的“费率招标”。实际上是开口合同,对业主方的合同管理和投资控制十分不利。

5. 组织与协调

业主只负责对施工总承包单位的管理及组织协调,工作量大大减少,对业主比较有利。

与平行承发包模式相比，采用施工总承包模式，业主的合同管理工作量大大减少，组织和协调工作量也大大减少，协调比较容易。但建设周期可能比较长，对进度控制不利。

## 2.2.3 施工总承包管理模式

这种模式是指业主方委托一个施工单位或由多个施工单位组成的施工联合体或施工合作体作为施工总承包管理单位，业主方另委托其他施工单位作为分包单位进行施工。一般情况下，施工总承包管理单位不参与具体工程的施工，但如果施工总承包管理单位也想承担部分工程的施工，它也可以参加该部分工程的投标，通过竞争取得施工任务。

**1. 投资控制**

一部分施工图完成后，业主就可以单独或与施工总承包管理单位共同进行该部分工程的招标，分包合同的投标报价和合同价以施工图为依据。

在进行对施工总承包管理单位的招标时，只确定施工总承包管理费，而不确定工程造价，这可能成为业主控制总投资的风险。

多数情况下，由业主方与分包人直接签约，这样有可能增加业主方的风险。

**2. 进度控制**

不需要等待施工图设计完成后再进行施工总承包管理的招标，分包合同的招标也可以提前，这样就有利于提前开工，有利于缩短建设周期。

**3. 质量控制**

(1)对分包人的质量控制由施工总承包管理单位进行。

(2)分包工程任务符合质量控制的“他人控制”原则，对质量控制有利。

(3)各分包人之间的关系可由施工总承包管理单位负责，这样就可以减轻业主方管理的工作量。

**4. 合同管理**

一般情况下，所有分包合同的招投标、合同谈判以及签约工作均由业主方负责，业主方的招标及合同管理工作量较大。

对于分包人的工程款支付可由施工总包管理单位支付或由业主直接支付，前者有利于施工总包管理单位对分包人的管理。

**5. 组织与协调**

由施工总承包管理单位负责对所有分包人的管理及组织协调，这样就大大减轻了业主方的工作。这是采用施工总承包管理模式的基本出发点。

## 2.2.4 工程总承包模式

随着社会经济的发展及业主对建设工程服务需求的综合性和集成性的提高，工程总承包及国际工程承包(走出国门承接工程或国内工程允许外国公司承包)已成为当前与今后一段时间工程发承包的主流模式，其合同价款的约定既是发承包双方有效履行合同的重要保障，也是规范建筑市场公平交易的客观要求。

**1. 工程总承包的分类与特点**

(1)工程总承包的类型

根据《建设项目工程总承包管理规范》(GB/T50358－2005)的规定，工程总承包可以是全过程的承包，也可以是分阶段的承包。工程总承包的范围、承包方式、责权利等由工程总承包合同界定。工程总承包主要有以下方式：

①设计采购施工总承包。设计采购施工总承包即工程总承包企业按照合同约定，承担工程项目的设计、采购、施工、试运行服务等工作，并对承包工程的质量、安全、工期、造价全面负责。

②交钥匙总承包。交钥匙总承包是设计采购施工总承包业务和责任的延伸，最终向业主提交一个满足使用功能、具备使用条件的工程，不仅承包工程项目的建设实施任务，而且提供建设项目前期工作和运营准备工作的综合服务。

a. 交钥匙总承包的范围包括：

i. 项目前期的投资机会研究、项目发展策划、建设方案及可行性研究和经济评价。

ii. 工程勘察、总体规划方案和工程设计。

iii. 工程采购和施工。

iv. 项目动用准备和生产运营组织。

v. 项目维护及物业管理的策划与实施等。

b. 交钥匙总承包与其他工程总承包方式相比，交钥匙工程承包的优越性：

i. 能满足某些业主的特殊要求。

ii. 承包方承担的风险比较大，但获利的机会比较多，有利于调动总包的积极性。

iii. 业主介入比较少，有利于发挥承包方的主观能动性。

iv. 业主与承包方之间的关系简单。

③设计-施工总承包。设计-施工总承包即工程总承包企业按照合同约定，承担工程项目的设计和施工，并对承包工程的质量、安全、工期、造价全面负责。设计-施工总承包的基本出发点是促进设计与施工的早期结合，以便有可能发挥设计和施工双方的优势，以提高项目的经济价值。设计-施工总承包一般适用于建筑工程项目。但是纪念性建筑、新型建筑、大型土方工程及道路工程等设计工作量少的项目一般较少采用此种模式。

④阶段性总承包。根据工程项目的不同规模、类型和业主要求，工程总承包还可采用设计-采购总承包、采购-施工总承包等方式。

⑤工程项目管理总承包。工程项目管理总承包是指专业化、社会化的工程项目管理企业接受业主委托，按照合同约定承担工程项目管理业务，如在工程项目决策阶段，为业主进行项目策划、编制可行性研究报告和经济分析；在工程项目实施阶段，为业主提供招标代理、设计管理、采购管理、施工管理和试运行(竣工验收)等服务，为业主进行工程质量、安全、进度和费用目标控制，并按照合同约定承担相应的管理责任。工程项目管理企

业不直接与该工程项目的总承包企业或勘察、设计、供货、施工等企业签订合同，但可以按合同约定，协助业主与上述企业签订合同，并受业主委托监督合同的履行。

工程项目管理总承包的具体方式及服务内容、权限、取费和责任等，由业主与工程项目管理企业在合同中约定。

工程总承包的分类及其内容见表2-1。

**表2-1　　工程总承包的分类及其内容**

| 总承包类型 | 工程项目建设程序 | | | | | | | |
|---|---|---|---|---|---|---|---|---|
| | 可行性研究 | 项目决策 | 初步设计 | 技术设计 | 施工图设计 | 材料设备采购 | 施工 | 试运行 |
| 设计采购施工总承包<br>Engineering, Procurement, Construction | | | ● | ● | ● | ● | ● | |
| 交钥匙总承包<br>Turnkey | ● | ● | ● | ● | ● | ● | ● | ● |
| 设计-施工总承包<br>Design, Build | | | ● | ● | ● | | ● | |
| 设计-采购总承包<br>Engineering, Procurement | | | ● | ● | ● | ● | | |
| 采购-施工总承包<br>Procurement, Construction | | | | | | ● | ● | |

(2)工程总承包的发展过程及主要特点

①工程总承包的发展过程

发达国家工程总承包已经历了一百多年。我国工程总承包起源于基本建设管理体制改革。早在1984年，国务院颁发的《关于改革建筑业和基本建设管理体制若干问题的暂行规定》(国发[198]123号)文件中就提出建立工程总承包企业的设想。1997年，我国颁布的《建筑法》，明确提倡对建筑工程进行总承包，确立了工程总承包的法律地位。我国原建设部于2003年颁发了《关于培育发展工程总承包和工程项目管理企业的指导意见》(建市[2003]30号文)，表明了工程总承包在全国范围内全面推广。《建设项目工程总承包管理规范》(GB/T50358－2005)对工程总承包进行了规范。2010年住房和城乡建设部、国家工商行政管理总局制定《建设项目工程总承包合同示范文本》(GF－2011－0216)。2012年九部委联合颁发了《标准设计施工总承包招标文件》。

②工程总承包的主要特点

a. 工程总承包的主要优点

i. 合同结构简单。在工程总承包合同环境下，业主将规定范围内的工程项目实施任务委托给工程总承包公司进行设计和施工的规划、组织、指挥、协调和控制，总承包公司必须有很强的技术和管理综合能力，能协调自己内部及分包商之间的关系，业主的组织和协调任务量少。

ii. 承包方积极性高。在采用参照类似已完工程做估算投资包干的情况下，对总承包公司而言风险大，相应地会带来更利于发挥自身技术和管理综合实力、获取更高预期经营效益的机遇，以及从设计到施工安装提供最终工程产品所带来的社会效应和知名度。因此，对承包方而言，积极性高；对业主而言，也有利于选择综合能力强的承包方。但在这种情况下，如何确保设计的质量以及工程材料、设备选用的规格标准就成为一个重要的问题。

iii. 项目整体效果好。与其他承包方式相比，工程总承包涉及设计、采购、施工、试运行等多个环节，工程总承包有利于多环节工作的内部协调，减少外部协调环节，降低运行成本；有利于多环节工作的深度合理交叉，缩短建设周期；有利于全过程的质量与费用控制；还能充分利用工程总承包方的先进的技术和经验，提高效率和效益。

b. 工程总承包的不足之处

i. 不利于设计优化。当采用实际工程成本加比率酬金作为合同计价方式时，由于工程管理费等间接成本是根据直接费的一定比例计取，因此对于设计与施工捆绑在一起承包的情况，不利于设计过程追求最优化方案或挖掘节约投资潜力，这也是实行工程总承包的主要弊端。

ii. 工程估价较难。工程总承包的费用包括工程成本费用和承包方的经营等。在签订工程总承包合同时尚缺乏详细计算依据，因此，通常只能参照类似已完工程概算包干，或者采用实际成本加比率酬金等方式，双方商定一个可以共同接受，并有利于投资、进度和质量控制，保障承包方合法利益的结算和支付方案。

**2. 工程分包**

《建筑法》规定，工程总承包单位可以将承包工程中的部分工程发包给具有相应资质条件的分包单位，但是，除总承包合同中约定的分包外，必须经建设单位认可；施工总承包的，工程主体结构的施工必须由工程总承包单位自行完成。

(1)分包规定

①《标准设计施工总承包招标文件》中关于分包和不得转包的规定

a. 承包人不得将其承包的全部工程转包给第三人，也不得将其承包的全部工程肢解后以分包的名义分别转包给第三人。

b. 承包人不得将设计和施工的主体、关键性工作分包给第三人。除专用合同条款另有约定外，未经发包人同意，承包人也不得将非主体、非关键性工作分包给第三人。

c. 分包人的资格能力应与其分包工作的标准和规模相适应。

d. 发包人同意承包人分包工作的，承包人应向发包人和监理人提交分包合同副本。

②《建设项目工程总承包合同示范文本》(GF－2011－0216)关于分包的规定

a. 分包约定。承包人只能对专用条款约定列出的工作事项(含设计、采购、施工、劳务服务、竣工试验等)进行分包。

专用条款未列出的分包事项，承包人可在工程实施阶段分批分期就分包事项向发包人提交申请，发包人在接到分包事项申请后的15日内，予以批准或提出意见。发包人未能在 15 日内批准亦未提出意见的，承包人有权在提交该分包事项后的第 16 日开始，将提出的拟分包事项对外分包。

b. 分包人资质。分包人应符合国家法律规定的企业资质等级，否则不能作为分包人。承包人有义务对分包人的资质进行审查。

c. 承包人不得将承包的工程对外转包，也不得以肢解方式将承包的全部工程对外分包。

d. 设计、施工和工程物资等分包人，应严格执行国家有关分包事项的管理规定。

e. 对分包人的付款。承包人应按分包合同约定，按时向分包人支付合同价款。除非专用条款另有约定外，未经承包人同意，发包人不得以任何形式向分包人支付任何款项。

f. 承包人对发包人负责。承包人对分包人的行为向发包人负责，承包人和分包人就分包工作向发包人承担连带责任。

(2)专业分包

①专业分包合同价款

根据《建设工程施工专业分包合同》(示范文本)的规定，招标工程的合同价款由承包人与分包人依据中标通知书的中标价格在专业分包合同协议书内约定；非招标工程的合同价款由承包人与分包人依据工程报价书在专业分包合同协议书内约定。分包工程合同价款在分包合同协议书内约定后，任何一方不得擅自改变。

分包合同价款的确定可在分包合同专用条款内，从固定价格、可调价格、成本加酬金三种方式中采用其中一种，但应与总包合同约定的方式一致。

②专业分包合同价款的调整

合同价款采用可调价格计价方式的，分包人在约定可“调整因素”的情况发生 10 天内，将调整原因、金额以书面形式通知承包人，承包人确认调整金额后作为追加合同价款，与工程价款同期支付。承包人收到通知后 10 日内不予确认也不提出修改意见，视为已经同意该项调整。

分包合同价款与总包合同相应部分价款无任何连带关系。

③专业分包合同价款的支付

承包人应按分包合同约定的时间和方式，向分包人支付工程款。除非专用条款另有约定外，未经承包人同意，发包人不得以任何形式向分包人支付各种工程款项。

(3)劳务分包

根据《建设工程施工劳务分包合同》(示范文本)的规定，劳务分包人不得将劳务分包合同项下的劳务作业转包或再分包给他人。否则，劳务分包人将依法承担责任。

劳务分包的劳务报酬计算，采用以下三种方式中的一种：固定劳务报酬(含管理费)、约定不同工种劳务的计时单价(含管理费)按确认的工时计算、约定不同工作成果的计件单价(含管理费)按确认的工程量计算。劳务报酬的中间支付可约定合同生效即支付预付款或分时段支付。全部工作完成，经承包人认可后 14 天内，劳务分包人向承包人递交完整的结算资料，按约定的计价方式进行劳务报酬的最终支付。

# 复习题

1. 什么是建筑市场？建筑市场的主体有哪些？
2. 简述工程承包的模式。
3. 平行承发包有什么优势？
4. 工程总承包的方式及其特点是什么？
5. 我国工程分包有哪些硬性规定？

# 第二篇

# 建筑工程招投标篇

# 第 3 章

# 工程项目招标

## 3.1 概 述

建设工程招标是指招标人在发包建设项目之前，依据法定程序，以公开招标或邀请招标方式，鼓励潜在的投标人依据招标文件参与竞争，通过评定以便从中择优选定得标人的一种经济活动。

### 3.1.1 建设项目招标的范围

**1.《招标投标法》的规定**

我国《招标投标法》指出，凡在中华人民共和国境内进行下列工程建设项目，包括项目的勘察、设计、施工、监理以及与工程建设有关的重要设备、材料等的采购，必须进行招标：

(1)大型基础设施、公用事业等关系社会公共利益、公众安全的项目。

(2)全部或者部分使用国有资金投资或国家融资的项目。

(3)使用国际组织或者外国政府贷款、援助资金的项目。

根据《招标投标法实施条例》，按照国家有关规定需要履行项目审批、核准手续的依法必须进行招标的项目，其招标范围、招标方式、招标组织形式应当报项目审批、核准部门审批、核准。项目审批、核准部门应当及时将审批、核准确定的招标范围、招标方式、招标组织形式通报有关行政监督部门。

**2.《工程建设项目招标范围和规模标准规定》的规定**

原国家计委对《招标投标法》中工程建设项目招标范围和规模标准又做出了具体规定(2000 年 5 月 1 日)，主要有：

(1)关系社会公共利益、公众安全的基础设施项目的范围包括：

①煤炭、石油、天然气、电力、新能源等能源项目。

②铁路、公路、管道、水运、航空以及其他交通运输业等交通运输项目。

③邮政、电信枢纽、通信、信息网络等邮电通信项目。

④防洪、灌溉、排涝、引(供)水、滩涂治理、水土保持、水利枢纽等水利项目。

⑤道路、桥梁、地铁和轻轨交通、污水排放及处理、垃圾处理、地下管道、公共停车场等城市设施项目。

⑥生态环境保护项目。

⑦其他基础设施项目。

(2)关系社会公共利益、公众安全的公用事业项目的范围包括:

①供水、供电、供气、供热等市政工程项目。

②科技、教育、文化等项目。

③体育、旅游等项目。

④卫生、社会福利等项目。

⑤商品住宅,包括经济适用住房。

⑥其他公用事业项目。

(3)使用国有资金投资项目的范围包括:

①使用各级财政预算资金的项目。

②使用纳入财政管理的各种政府性专项建设基金的项目。

③使用国有企业事业单位自有资金,并且国有资产投资者实际拥有控制权的项目。

(4)国家融资项目的范围包括:

①使用国家发行债券所筹资金的项目。

②使用国家对外借款或者担保所筹资金的项目。

③使用国家政策性贷款的项目。

④国家授权投资主体融资的项目。

⑤国家特许的融资项目。

(5)使用国际组织或者外国政府资金的项目的范围包括:

①使用世界银行、亚洲开发银行等国际组织贷款资金的项目。

②使用外国政府及其机构贷款资金的项目。

③使用国际组织或者外国政府援助资金的项目。

(6)以上第(1)条至第(5)条规定范围内的各类工程建设项目,包括项目的勘察、设计、施工、监理以及与工程建设有关的重要设备、材料等的采购,达到下列标准之一的,必须进行招标:

①施工单项合同估算价在200万元人民币以上的。

②重要设备、材料等货物的采购,单项合同估算价在100万元人民币以上的。

③勘察、设计、监理等服务的采购,单项合同估算价在50万元人民币以上的。

④单项合同估算价低于第①、②、③项规定的标准,但项目总投资额在3000万元人民币以上的。

(7)建设项目的勘察、设计,采用特定专利或者专有技术的,或者其建筑艺术造型有特殊要求的,经项目主管部门批准,可以不进行招标。

(8)依法必须进行招标的项目,全部使用国有资金投资或者国有资金投资占控股或者主导地位的,应当公开招标。

**3.《招标投标法》和《招投标法实施条例》规定可以不招标的项目**

《招标投标法》第六十六条规定:"涉及国家安全、国家秘密、抢险救灾或者属于利用扶贫资金实行以工代赈、需要使用农民工等特殊情况,不适宜进行招标的项目,按照国家有关规定可以不进行招标。"

除以上不进行招标的特殊情况外,有下列情形之一的,可以不进行招标:

(1)需要采用不可替代的专利或者专有技术;

(2)采购人依法能够自行建设、生产或者提供;

(3)已通过招标方式选定的特许经营项目,投资人依法能够自行建设、生产或者提供;

(4)需要向原中标人采购工程、货物或者服务,否则将影响施工或者功能配套要求;

(5)国家规定的其他特殊情形。

需要审批的工程项目,有下列情形之一的,经有关审批部门批准,可以不招标。

(1)涉及国家安全、国家秘密或者抢险救灾而不适宜招标的;

(2)属于利用扶贫资金实行以工代赈需要使用农民工的;

(3)施工主要技术采用特定的专利或者专有技术的;

(4)承包方自建自用的工程,且该承包方资质等级符合工程要求的;

(5)在建工程追加的附属小型工程或者主体加层工程,原中标人仍具备承包能力的;

(6)法律、行政法规规定的其他情形。

## 3.1.2　建设工程招标种类

**1. 建设工程项目总承包招标**

建设工程项目总承包招标又叫建设项目全过程招标,在国外称之为"交钥匙"承包方式。它是指从项目建议书开始,包括可行性研究报告、勘察设计、设备材料询价与采购、工程施工、生产设备、投料试车,直到竣工投产、交付使用全面实行招标。工程总承包企业根据建设单位提出的工程使用要求,对项目建议书、可行性研究、勘察设计、设备询价与选购、材料订货、工程施工、职工培训、试生产、竣工投产等实行全面投标报价。

**2. 建设工程勘察招标**

建设工程勘察招标是指招标人就拟建工程的勘察任务发布公告,以法定方式吸引勘察单位参加竞争,经招标人审查获得投标资格的勘察单位按照招标文件的要求,在规定的时间内向招标人填报标书,招标人从中选择条件优越者完成勘察任务。

**3. 建设工程设计招标**

建设工程设计招标是指招标人就拟建工程的设计任务发布公告,以法定方式吸引设计单位参加竞争,经招标人审查获得投标资格的设计单位按照招标文件的要求,在规定的时间内向招标人填报标书,招标人从中择优确定中标单位来完成工程设计任务。设计招标主要是设计方案招标,工业项目可进行可行性研究方案招标。

**4. 建设工程施工招标**

建设工程施工招标是指招标人就拟建的工程发布公告，以法定方式吸引承包方参加竞争，招标人从中选择条件优越者完成工程建设任务的法律行为。施工招标是建设项目招标中最有代表性的一种，后文如不加确指，招标均指施工招标。

**5. 建设工程监理招标**

建设工程监理招标是指招标人为了委托监理任务的完成发布公告，以法定方式吸引监理单位参加竞争，招标人从中选择条件优越者的法律行为。

**6. 建设工程材料设备招标**

建设工程材料设备招标是指招标人就拟购买的材料设备发布公告，以法定方式吸引建设工程材料设备供应商参加竞争，招标人从中选择条件优越者购买其材料设备的法律行为。

### 3.1.3 建设工程招标方式

**1. 从竞争程度进行分类**

从竞争程度进行分类可以分为公开招标和邀请招标。这是我国《招标投标法》规定的一种主要分类。

(1)公开招标。是指招标人通过报刊、广播或电视等公共传播媒介介绍、发布招标公告或信息而进行招标，是一种无限制的竞争方式。公开招标的优点是招标人有较大的选择范围，可在众多的投标人中选定报价合理、工期较短、信誉良好的承包方，有助于打破垄断，实行公平竞争。

(2)邀请招标。是指招标人以投标邀请书的方式邀请特定的法人或者其他组织投标。招标人采用邀请招标方式的，应当向三个以上具备承担招标项目的能力、资信良好的特定的法人或者其他组织发出投标邀请书。邀请招标虽然也能够邀请到有经验和资信可靠的投标者投标，保证履行合同，但限制了竞争范围，可能会失去技术上和报价上有竞争力的投标者。因此，在我国建设市场中应大力推行公开招标。一般国际上把公开招标称为无限竞争性招标，把邀请招标称为有限竞争性招标。

**2. 从招标的范围进行分类**

从招标的范围进行分类，可以分为国际招标和国内招标。国际招标是指符合招标文件规定的国内、国外法人或其他组织，单独或联合其他法人或者其他组织参加投标，并按招标文件规定的币种结算的招标活动。国内招标是指符合招标文件规定的国内法人或其他组织，单独或联合其他国内法人或其他组织参加投标，并用人民币结算的招标活动。

**3. 从招标的组织形式进行分类**

从招标的组织形式进行分类，可以分为招标人自行招标和招标人委托招标机构代理招标。

(1)招标人自行招标。《招标投标法》规定，招标人具有编制招标文件和组织评标能力，且进行招标项目的相应资金或资金来源已经落实，可以自行办理招标事宜：

①有专门的施工招标组织机构；

②有与工程规模、复杂程度相适应并具有同类工程施工招标经验、熟悉有关工程施工招标法律法规的工程技术、概预算及工程管理的专业人员。

不具备上述条件的，招标人应当委托具有相应资格的工程招标代理机构代理施工招标。

(2)招标人委托招标机构代理招标。自行办理招标事宜的招标人，未经主管部门核准的，招标人应委托招标机构代理招标。依据《工程建设项目招标代理机构资格认定办法》(建设部 154 号令)，工程建设项目招标代理机构，其资格分为甲级、乙级和暂定级。

①申请工程招标代理资格的机构应当具备以下基本条件：

a. 是依法设立的中介组织，具有独立法人资格；

b. 与行政机关和其他国家机关没有行政隶属关系或者其他利益关系；

c. 有固定的营业场所和开展工程招标代理业务所需设施及办公条件；

d. 有健全的组织机构和内部管理的规章制度；

e. 具备编制招标文件和组织评标的相应专业力量；

f. 具有可以作为评标委员会成员人选的技术、经济等方面的专家库；

g. 法律、行政法规规定的其他条件。

②申请甲级工程招标代理机构资格，除具备①规定的基本条件外，还应当具备下列条件：

a. 取得乙级工程招标代理资格满 3 年；

b. 近 3 年内累计工程招标代理中标金额在 16 亿元人民币以上(以中标通知书为依据，下同)；

c. 具有中级以上职称的工程招标代理机构专职人员不少于 20 人，其中具有工程建设类注册执业资格人员不少于 10 人(其中注册造价工程师不少于 5 人)，从事工程招标代理业务 3 年以上的人员不少于 10 人；

d. 技术经济负责人为本机构专职人员，具有 10 年以上从事工程管理的经验，具有高级技术经济职称和工程建设类注册执业资格；

e. 注册资本金不少于 200 万元。

甲级工程招标代理机构可以承担各类工程的招标代理业务。

③申请乙级工程招标代理机构资格，除具备①规定的基本条件外，还应当具备下列条件：

a. 取得暂定级工程招标代理资格满 1 年；

b. 近 3 年内累计工程招标代理中标金额在 8 亿元人民币以上；

c. 具有中级以上职称的工程招标代理机构专职人员不少于 12 人，其中具有工程建设类注册执业资格人员不少于 6 人(其中注册造价工程师不少于 3 人)，从事工程招标代理业务 3 年以上的人员不少于 6 人；

d. 技术经济负责人为本机构专职人员，具有 8 年以上从事工程管理的经历，具有高级技术经济职称和工程建设类注册执业资格；

e. 注册资本金不少于 100 万元。

乙级工程招标代理机构只能承担工程总投资 1 亿元人民币以下的工程招标代理业务。

④申请暂定级工程招标代理机构资格，除具备①规定的基本条件外，还应具备乙级工程招标代理资格的 c、d、e 条件。暂定级工程招标代理机构，只能承担工程总投资 6000 万元人民币以下的工程招标代理业务。

招标代理机构应当拥有一定数量的取得招标职业资格的专业人员。取得招标职业资格的具体办法由国务院人力资源社会保障部门会同国务院发展改革部门制定。招标代理机构在其资格许可和招标人委托的范围内开展招标代理业务，任何单位和个人不得非法干涉。

招标代理机构代理招标业务，应当遵守招标投标法和《招标投标法实施条例》关于招标人的规定。招标代理机构不得在所代理的招标项目中投标或者代理投标，也不得为所代理的招标项目的投标人提供咨询。

招标人应当与被委托的招标代理机构签订书面委托合同，合同约定的收费标准应当符合国家有关规定。

## 3.2 工程项目施工招标程序

在建设项目各种招标活动中，施工招标是最有代表性的，本节将着重介绍施工招标、投标以及评标定标的过程。施工招标是指招标人的施工任务发包，通过招标方式鼓励承包方投标竞争，从中选出技术能力强、管理水平高、信誉可靠且报价合理的承建单位，并以签订合同的方式约束双方在施工过程中的行为的经济活动。施工招标的特点之一是发包工作内容明确具体，各投标人编制的投标书在评标中易于横向对比。虽然投标人是按招标文件的工程量表中既定的工作内容和工程量编制标书、制订报价，但投标实际上是各施工单位完成该项目任务的技术、经济、管理等综合能力的竞争。

建设项目施工招标是一项非常规范的管理活动，以公开招标为例，一般应遵循以下流程，如图 3-1 所示。

### 3.2.1 招标活动的准备工作

建设项目施工招标前，招标人应当办理有关的审批手续、确定招标方式以及划分标段等工作。

**1. 招标必须具备的基本条件**

按照《工程建设项目施工招标投标办法》的规定，依法必须招标的工程建设项目，应当具备下列条件：

(1)招标人依法成立。

(2)初步设计及概算应当履行审批手续的，已经批准。

(3)招标范围、招标方式和招标组织形式等应当履行核准手续的，已经核准。

(4)有相应资金或资金来源已经落实。

(5)有招标所需的设计图纸及技术资料。

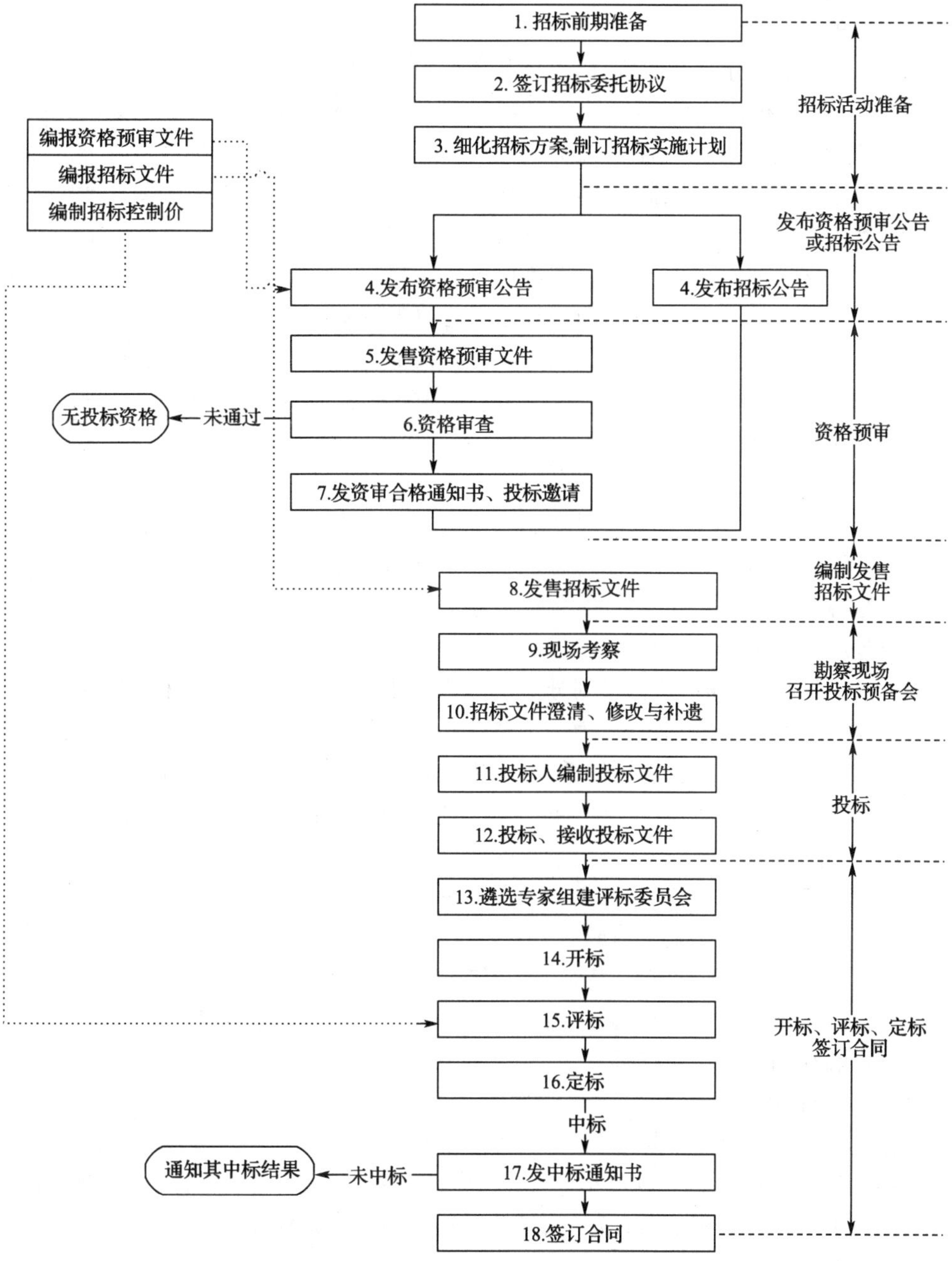


图 3-1　建设项目施工公开招标程序示意图

### 2. 确定招标方式

根据《招投标法实施条例》,国有资金占控股或者主导地位的依法必须进行招标的项目，应当公开招标；但有下列情形之一的，可以邀请招标：

(1)技术复杂、有特殊要求或者受自然环境限制，只有少量潜在投标人可供选择；

(2)采用公开招标方式的费用占项目合同金额的比例过大。

**3. 标段的划分**

招标项目需要划分标段的，招标人应当合理划分标段。一般情况下，一个项目应当作为一个整体进行招标。但是，对于大型的项目，作为一个整体进行招标将大大降低招标的竞争性，因为符合招标条件的潜在投标人数量太少，这样就应当将招标项目划分成若干个标段分别进行招标。但也不能将标段划分得太小，太小的标段将失去对实力雄厚的潜在投标人的吸引力。如建设项目的施工招标，一般可以将一个项目分解为单位工程及特殊专业工程分别招标，但不允许将单位工程肢解为分部、分项工程进行招标。标段的划分是招标活动中较为复杂的一项工作，应当综合考虑以下因素：

(1)招标项目的专业要求。如果招标项目的几部分内容专业要求接近，则该项目可以考虑作为一个整体进行招标。如果该项目的几部分内容专业要求相距甚远，则可考虑划分为不同的标段分别招标。如对于一个项目中的土建和设备安装两部分内容则可考虑分别招标。

(2)招标项目的管理要求。有时一个项目的各部分内容相互之间干扰不大，方便招标人进行统一管理，这时就可以考虑对各部分内容分别进行招标。反之，如果各个独立的承包方之间的协调管理是十分困难的，则应当考虑将整个项目发包给一个承包方，由该承包方进行分包后统一进行协调管理。

(3)对工程投资的影响。标段划分对工程投资也有一定的影响。这种影响是由多方面因素造成的。例如，一个项目作为一个整体招标，则承包方需要进行分包，分包的价格在一般情况下不如直接发包的价格低，但一个项目作为一个整体招标，有利于承包方的统一管理，人工、机械设备、临时设施等可以统一使用，又可能降低费用。因此，应当具体情况具体分析。

(4)工程各项工作的衔接。在划分标段时还应当考虑到项目在建设过程中的时间和空间的衔接。应当避免产生平面或立面交接工作责任不清的情况。如果建设项目的各项工作的衔接、交叉和配合少，责任清楚，则可考虑分别发包；反之，则应考虑将项目作为一个整体发包给一个承包方，因为此时由一个投标人进行协调管理容易做好衔接工作。

**4. 招标活动的其他注意事项**

(1)禁止投标限制

招标人对招标项目划分标段的，应当遵守招标投标法的有关规定，不得利用划分标段限制或者排斥潜在投标人。依法必须进行招标的项目的招标人不得利用划分标段规避招标。

招标人不得以不合理的条件限制、排斥潜在投标人或者投标人。

招标人有下列行为之一的，属于以不合理条件限制、排斥潜在投标人或者投标人：

①就同一招标项目向潜在投标人或者投标人提供有差别的项目信息；

②设定的资格、技术、商务条件与招标项目的具体特点和实际需要不相适应或者与合同履行无关；

③依法必须进行招标的项目以特定行政区域或者特定行业的业绩、奖项作为加分条件或者中标条件；

④对潜在投标人或者投标人采取不同的资格审查或者评标标准；

⑤限定或者指定特定的专利、商标、品牌、原产地或者供应商；

⑥依法必须进行招标的项目非法限定潜在投标人或者投标人的所有制形式或者组织形式；

⑦以其他不合理条件限制、排斥潜在投标人或者投标人。

(2)两阶段招标

对技术复杂或者无法精确拟定技术规格的项目，招标人可以分两阶段进行招标。

第一阶段，投标人按照招标公告或者投标邀请书的要求提交不带报价的技术建议，招标人根据投标人提交的技术建议确定技术标准和要求，编制招标文件。

第二阶段，招标人向在第一阶段提交技术建议的投标人提供招标文件，投标人按照招标文件的要求提交包括最终技术方案和投标报价的投标文件。

招标人要求投标人提交投标保证金的，应当在第二阶段提出。

(3)总承包招标

招标人可以依法对工程以及与工程建设有关的货物、服务全部或者部分实行总承包招标。以暂估价(指总承包招标时不能确定价格而由招标人在招标文件中暂时估定的工程、货物、服务的金额)形式包括在总承包范围内的工程、货物、服务属于依法必须进行招标的项目范围且达到国家规定规模标准的，应当依法进行招标。

(4)标底及投标限价

招标人可以自行决定是否编制标底。一个招标项目只能有一个标底。标底必须保密。

接受委托编制标底的中介机构不得参加受托编制标底项目的投标，也不得为该项目的投标人编制投标文件或者提供咨询。

招标人设有最高投标限价的，应当在招标文件中明确最高投标限价或者最高投标限价的计算方法。招标人不得规定最低投标限价。

## 3.2.2　资格预审公告或招标公告的编制与发布

根据《招标公告发布暂行办法》(国家发展计划委员会第4号令，2000年7月)，招标公告是指采用公开招标方式的招标人(包括招标代理机构)向所有潜在的投标人发出的一种广泛的通告。招标公告的目的是使所有潜在的投标人都具有公平的投标竞争的机会。招标人采用公开招标方式的，应当发布招标公告。根据《标准施工招标文件》(56号令)的规定，若在公开招标过程中采用资格预审程序，可用资格预审公告代替招标公告，资格预审后不再单独发布招标公告。

《招标投标法实施条例》规定，公开招标的项目，应当依照招标投标法和本条例的规定发布招标公告、编制招标文件；招标人采用资格预审办法对潜在投标人进行资格审查的，应当发布资格预审公告、编制资格预审文件；依法必须进行招标的项目的资格预审公告和招标公告，应当在国务院发展改革部门依法指定的媒介发布。在不同媒介发布的同一招标项目的资格预审公告或者招标公告的内容应当一致。指定媒介发布依法必须进行招标的项目的境内资格预审公告、招标公告，不得收取费用。编制依法必须进行招标的项目的资格预审文件和招标文件，应当使用国务院发展改革部门会同有关行政监督部门制定的标准文本。资格预审文件或者招标文件的发售期不得少于5日。

招标人发售资格预审文件、招标文件收取的费用应当限于补偿印刷、邮寄的成本支出，不得以营利为目的。

**1. 资格预审公告的内容**

按照《标准施工招标资格预审文件》的规定，资格预审公告具体包括以下内容：

(1)招标条件。明确拟招标项目已符合前述的招标条件。

(2)项目概况与招标范围。说明本次招标项目的建设地点、规模、计划工期、招标范围、标段划分等。

(3)申请人的资格要求。包括对于申请资质、业绩、人员、设备、资金等各方面的要求，以及是否接受联合体资格预审申请的要求。

(4)资格预审的方法。明确采用合格制或有限数量制。

(5)资格预审文件的获取。是指获取资格预审文件的地点、时间和费用。

(6)资格预审申请文件的递交。说明递交资格预审申请文件的截止时间。

(7)发布公告的媒介。

(8)联系方式。

**2. 招标公告的内容**

若未进行资格预审，可以单独发布招标公告，根据《工程建设项目施工招标投标办法》和《标准施工招标文件》的规定，招标公告具体包括以下内容：

(1)招标条件；

(2)项目概况与招标范围；

(3)投标人资格要求；

(4)招标文件的获取；

(5)投标文件的递交；

(6)发布公告的媒介；

(7)联系方式。

**3. 资格预审公告和招标公告发布的要求**

为了规范招标公告发布行为，保证潜在投标人平等、便捷、准确地获取招标信息，原国家计划委员会发布的，自2000年7月1日起生效实施的《招标公告发布暂行办法》，对招标公告的发布作出了明确的规定，资格预审公告的发布可参照此规定。

(1)对招标公告发布的监督。原国家计划委员会根据国务院授权，按照相对集中、适度竞争、受众分布合理的原则，对依法必须招标项目的招标公告，要求在指定的报纸、信息网络等媒介上发布，并对招标公告发布活动进行监督。

(2)对招标人的要求。依法必须公开招标项目的招标公告必须在指定媒介发布。招标公告的发布应当充分公开,任何单位和个人不得非法限制招标公告的发布地点和发布范围。招标人或其委托的招标代理机构在两个以上媒介发布的同一招标项目的招标公告的内容应当相同。

(3)拟发布的招标公告文本有下列情形之一的,有关媒介可以要求招标人或其委托的招标代理机构及时予以改正、补充或调整:

①字迹潦草、模糊,无法辨认的;

②载明的事项不符合规定的;

③没有招标人或其委托的招标代理机构主要负责人签名并加盖公章的;

④在两家以上媒介发布的同一招标公告的内容不一致的。

指定媒介发布的招标公告的内容与招标人或其委托的招标代理机构提供的招标公告文本不一致,并造成不良影响的,应当及时纠正,重新发布。

**4.《招标投标法实施条例》对招标文件与资格审查的有关规定**

招标人应当合理确定提交资格预审申请文件的时间。依法必须进行招标的项目提交资格预审申请文件的时间,自资格预审文件停止发售之日起不得少于5日。

国有资金占控股或者主导地位的依法必须进行招标的项目,招标人应当组建资格审查委员会审查资格预审申请文件。资格审查委员会及其成员应当遵守招标投标法和招标投标法实施条例有关评标委员会及其成员的规定。

资格预审结束后,招标人应当及时向资格预审申请人发出资格预审结果通知书。未通过资格预审的申请人不具有投标资格。

通过资格预审的申请人少于3个的,应当重新招标。

潜在投标人或者其他利害关系人对资格预审文件有异议的,应当在提交资格预审申请文件截止时间2日前提出;对招标文件有异议的,应当在投标截止时间10日前提出。招标人应当自收到异议之日起3日内作出答复;作出答复前,应当暂停招标投标活动。

招标人编制的资格预审文件、招标文件的内容违反法律、行政法规的强制性规定,违反公开、公平、公正和诚实信用原则,影响资格预审结果或者潜在投标人投标的,依法必须进行招标的项目的招标人应当在修改资格预审文件或者招标文件后重新招标。

## 3.2.3 资格审查

招标人可以根据招标项目本身的特点和需要,要求潜在投标人或者投标人提供满足其资格要求的文件,对潜在投标人或者投标人进行资格审查。资格审查可以分为资格预审和资格后审。资格预审是指在投标前对潜在投标人进行的资质条件、业绩、信誉、技术、资金等多方面情况进行资格审查,而资格后审是指在开标后对投标人进行的资格审查。采取资格预审的,招标人应当在资格预审文件中载明资格预审的条件、标准和方法;采取资格后审的,招标人应当在招标文件中载明对投标人资格要求的条件、标准和方法。招标人不得改变载明的资格条件或者以没有载明的资格条件对潜在投标人或者投标人进行资格审查。除招标文件另有规定外，进行资格预审的，一般不再进行资格后审。资格预审和后审的内容与标准是相同的，此处主要介绍资格预审。

资格预审的目的是为了排除那些不合格的投标人，进而降低招标人的采购成本，提高招标工作的效率。资格预审的程序是：

**1. 发出资格预审文件**

发出资格预审公告后，招标人向申请参加资格预审的申请人出售资格审查文件。

资格预审文件的内容主要包括：资格预审公告、申请人须知、资格审查办法、资格预审申请文件格式、项目建设概况等内容，同时还包括关于资格预审文件澄清和修改的说明。

**2. 投标人提交资格预审申请文件**

资格预审申请文件应包括下列内容：

(1)资格预审申请函；

(2)法定代表人身份证明或附有法定代表人身份证明的授权委托书；

(3)联合体协议书(如工程接受联合体投标)；

(4)申请人基本情况表；

(5)近年财务状况表；

(6)近年完成的类似项目情况表；

(7)正在施工和新承接的项目情况表；

(8)近年发生的诉讼及仲裁情况；

(9)其他材料。

**3. 对投标申请人的审查和评定**

招标人组建的资格审查委员会在规定时间内，按照资格预审文件中规定的标准和方法，对提交资格预审申请文件的潜在投标人资格进行审查。

(1)投标申请人应当符合的条件。资格预审的内容包括基本资格审查和专业资格审查两部分。基本资格审查是指对申请人合法地位和信誉等进行的审查，专业资格审查是对已经具备基本资格的申请人履行拟订招标采购项目能力的审查。具体地说，投标申请人应当符合下列条件：

①具有独立订立合同的权利；

②具有履行合同的能力，包括专业、技术资格和能力，资金、设备和其他物质设施状况，管理能力，经验、信誉和相应的从业人员；

③没有处于被责令停业，投标资格被取消，财产被接管、冻结，破产状态；

④在最近三年内没有骗取中标和严重违约及重大工程质量问题；

⑤法律、行政法规规定的其他资格条件。

(2)对于投标人的限制性规定。根据《标准施工招标资格预审文件》规定，投标申请人不得存在下列情形之一：

①为招标人不具有独立法人资格的附属机构(单位)；

②为本标段前期准备提供设计或咨询服务的，但设计施工总承包的除外；

③为本标段的监理人；

④为本标段的代建人；

⑤为本标段提供招标代理服务的；

⑥与本标段的监理人或代建人或招标代理机构同为一个法定代表人的；

⑦与本标段的监理人或代建人或招标代理机构相互控股或参股的；

⑧与本标段的监理人或代建人或招标代理机构相互任职或工作的；

⑨不按审查委员会要求澄清或说明的；

⑩在资格预审过程中弄虚作假、行贿或有其他违法违规行为的。

(3)资格审查办法。资格审查办法主要有合格制审查办法和有限数量制审查办法。

①合格制审查办法。投标申请人凡符合初步审查标准和详细审查标准的，均可通过资格预审。

a. 初步审查的要素、标准包括：申请人名称与营业执照、资质证书、安全生产许可证一致，有法定代表人或其委托代理人签字或加盖单位章，申请文件格式填写符合要求，若是联合体申请人需提交联合体协议书，并明确联合体的牵头人。

b. 详细审查的要素、标准包括：具备有效的营业执照，具备有效的安全生产许可证，资质等级、财务状况、类似项目业绩、信誉、项目经理资格、其他要求及联合体申请人等，均符合有关规定。

无论是初步审查，还是详细审查，其中有一项因素不符合审查标准的，均不能通过资格预审。

②有限数量制审查办法。审查委员会依据规定的审查标准和程序，对通过初步审查和详细审查的资格预审申请文件进行量化打分，按得分由高到低的顺序确定通过资格预审的申请人。通过资格预审的申请人不得超过规定的数量。该方法除保留了合格制审查办法下的初步审查、详细审查的要素、标准外，还增加了评分环节，主要的评分标准包括财务状况、类似项目业绩、信誉和认证体系等。评分中，通过详细审查的申请人不少于 3 个且没有超过规定数量的，均通过资格预审。如超过规定数量的，审查委员会依据评分标准进行评分，按得分由高到低的顺序排列。

上述两种方法中，如通过详细审查申请人的数量不足 3 个的，招标人重新组织资格预审或不再组织资格预审而直接招标。

**4. 发出通知与申请人确认**

招标人在规定的时间内，以书面形式将资格预审结果通知申请人，并向通过资格预审的申请人发出投标邀请书。通过资格预审的申请人收到投标邀请书后，应在规定的时间内以书面形式明确表示是否参加投标。在规定时间内未表示是否参加投标或明确表示不参加投标的，不得再参加投标。因而造成潜在投标人数量不足 3 个的，招标人重新组织资格预审或不再组织资格预审而直接招标。

## 3.2.4　编制和发售招标文件

按照《招标投标法》的规定，招标文件应当包括招标项目的技术要求，对投标人资格审查的标准、投标报价要求和评标标准等所有实质性要求和条件以及拟签合同的主要条款。建设项目施工招标文件是由招标人(或其委托的咨询机构)编制，由招标人发布的，既是投标单位编制投标文件的依据，也是招标人与将来中标人签订工程承包合同的基础，招标文件中提出的各项要求，对整个招标工作乃至承发包双方都有约束力。

**1. 编制施工招标文件**

施工招标文件的组成内容及其要求，详见本章第三节。

**2. 招标文件的发售**

招标文件一般发售给通过资格预审、获得投标资格的投标人。投标人在收到招标文件后，应认真核对，核对无误后应以书面形式予以确认。招标文件的价格一般等于编制、印刷这些招标文件的成本，招标活动中的其他费用(如发布招标公告等)不应打入该成本。投标人购买招标文件的费用，不论中标与否都不予退还。其中的图纸，招标人可以酌收押金。对于开标后将图纸退还的，招标人应当退还押金(不计利息)。

**3. 招标文件的澄清**

投标人应仔细阅读和检查招标文件的全部内容。如发现缺页或附件不全，应及时向招标人提出，以便补齐。如有疑问，应在规定的时间前以书面形式(包括信函、电报、传真等可以有形地表现所载内容的形式)，要求招标人对招标文件予以澄清。

招标文件的澄清将在规定的投标截止时间 15 天前以书面形式发给所有购买招标文件的投标人，但不指明澄清问题的来源。如果澄清发出的时间距投标截止时间不足 15 天，相应推后投标截止时间。

投标人在收到澄清后，应在规定的时间内以书面形式通知招标人，确认已收到该澄清。投标人收到澄清后的确认时间，可以采用一个相对的时间，如招标文件澄清发出后 12 小时以内；也可以采用一个绝对的时间，如 2013 年 1 月 19 日中午 12:00 以前。

**4. 招标文件的修改**

招标人对已发出的招标文件进行必要的修改，应当在投标截止时间 15 天前，招标人可以书面形式修改招标文件，并通知所有已购买招标文件的投标人。如果修改招标文件的时间距投标截止时间不足 15 天，相应推后投标截止时间。投标人收到修改内容后，应在规定的时间内以书面形式通知招标人，确认已收到该修改文件。

## 3.2.5 踏勘现场与召开投标预备会

**1. 踏勘现场**

招标人根据招标项目的具体情况，可以组织投标人踏勘项目现场，向其介绍工程场地和相关环境的有关情况。招标人不得单独或者分别组织任何一个投标人进行现场踏勘。

(1)招标人组织投标人进行踏勘现场的目的在于了解工程场地和周围环境情况，以获取投标人认为有必要的信息。为便于投标人提出问题并得到解答，踏勘现场一般安排在投标预备会前的 1～2 天。

(2)投标人在踏勘现场中如有疑问问题，应在投标预备会前以书面形式向招标人提出，但应给招标人留有解答时间。

(3)招标人应向投标人介绍有关现场的以下情况：施工现场是否达到招标文件规定的条件；施工现场的地理位置和地形、地貌；施工现场的地质、土质、地下水位、水文等情况；施工现场气候条件，如气温、湿度、风力、年雨雪量等；现场环境，如交通、饮水、污水排放、生活用电、通信等；工程在施工现场中的位置或布置；临时用地、临时设施搭建等。

(4)《标准施工招标文件》规定，招标人按招标文件中规定的时间、地点组织投标人踏勘项目现场；投标人踏勘现场发生的费用自理；除招标人的原因外，投标人自行负责在踏勘现场中所发生的人员伤亡和财产损失；招标人在踏勘现场中介绍的工程场地和相关的周边环境情况，供投标人在编制投标文件时参考，招标人不对投标人据此做出的判断和决策负责。

**2. 召开投标预备会**

投标人在领取招标文件、图纸和有关技术资料及踏勘现场后提出的疑问，招标人可通过以下方式进行解答。

(1)收到投标人提出的疑问后，应以书面形式进行解答，并将解答同时送达所有获得招标文件的投标人。

(2)收到提出的疑问后，通过投标预备会进行解答，并以书面形式同时送达所有获得招标文件的投标人。召开投标预备会的目的在于澄清招标文件中的疑问，解答投标人对招标文件和勘察现场中所提出的疑问。召开投标预备会有以下注意事项：

①招标人按招标文件中规定的时间和地点召开投标预备会，澄清投标人提出的问题；

②投标人应在规定的时间前，以书面形式将提出的问题送达招标人，以便招标人在会议期间澄清；

③投标预备会后，招标人在规定的时间内，将对投标人所提问题的澄清，以书面方式通知所有购买招标文件的投标人。该澄清内容为招标文件的组成部分。

结合有关招标文件澄清和修改的时间要求，召开投标预备会和对招标文件的澄清、修改应符合图3-2所示的时间要求。

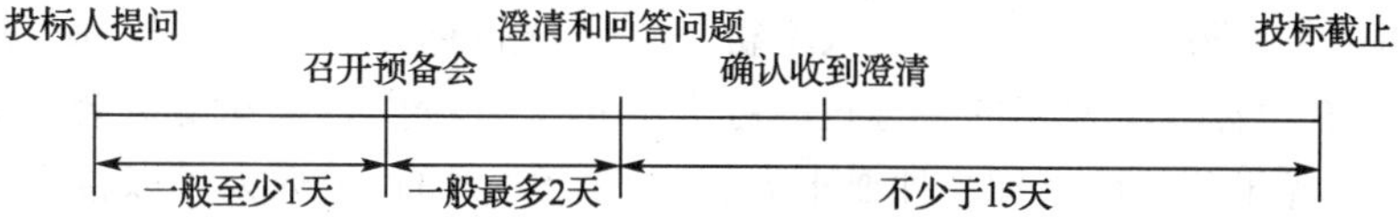


图3-2 投标预备会、招标文件澄清、修改时间流程图

## 3.2.6 建设项目施工投标

**1. 投标人的资格要求**

投标人是响应招标、参加投标竞争的法人或者其他组织。招标人的任何不具独立法人资格的附属机构(单位)，或者为招标项目的前期准备或者监理工作提供设计、咨询服务的任何法人及其任何附属机构(单位)，都无资格参加该招标项目的投标。具体要求可参见招标人资格预审的有关要求。

**2. 投标文件的编制与递交**

(1)投标人应当按照招标文件的要求编制投标文件。投标文件应当包括下列内容:

①投标函及投标函附录;

②法定代表人身份证明或附有法定代表人身份证明的授权委托书;

③联合体协议书(如工程允许采用联合体投标);

④投标保证金;

⑤已标价工程量清单;

⑥施工组织设计;

⑦项目管理机构;

⑧拟分包项目情况表;

⑨资格审查资料;

⑩规定的其他材料。

(2)投标文件编制时应遵循的规定:

①投标文件应按"投标文件格式"进行编写,如有必要,可以增加附页,作为投标文件的组成部分。其中,投标函附录在满足招标文件实质性要求的基础上,可以提出比招标文件要求更有利于招标人的承诺。

②投标文件应当对招标文件有关工期、投标有效期、质量要求、技术标准和要求、招标范围等实质性内容做出响应。

③投标文件应由投标人的法定代表人或其委托代理人签字或盖单位印鉴。委托代理人签字的,投标文件应附法定代表人签署的授权委托书。投标文件应尽量避免涂改、行间插字或删除。如果出现上述情况,改动之处应加盖单位章或由投标人的法定代表人或其授权的代理人签字确认。

④投标文件正本一份,副本份数按招标文件有关规定。正本和副本的封面上应清楚地标记"正本"或"副本"的字样。投标文件的正本与副本应分别装订成册,并编制目录。当副本和正本不一致时,以正本为准。

⑤除招标文件另有规定外,投标人不得递交备选投标方案。允许投标人递交备选投标方案的,只有中标人所递交的备选投标方案方可予以考虑。评标委员会认为中标人的备选投标方案优于其按照招标文件要求编制的投标方案的,招标人可以接受该备选投标方案。

(3)投标文件的递交。投标人应当在招标文件规定的提交投标文件的截止时间前,将投标文件密封送达投标地点。招标人收到招标文件后,应当向投标人出具标明签收人和签收时间的凭证,在开标前任何单位和个人不得开启投标文件。在招标文件要求提交投标文件的截止时间后送达或未送达指定地点的投标文件,为无效的投标文件,招标人不予受理。有关投标文件的递交还应注意以下问题:

①投标保证金。投标人在递交投标文件的同时,应按规定的金额、担保形式和投标保证金格式递交投标保证金,并作为其投标文件的组成部分。联合体投标的,其投标保证金由牵头人递交,并应符合规定。投标保证金除现金外,可以是银行出具的银行保函、保兑

支票、银行汇票或现金支票。投标保证金不得超过招标项目估算价的2%。依法必须进行招标的项目的境内投标单位，以现金或者支票形式提交的投标保证金应当从其基本账户转出。投标人不按要求提交投标保证金的，其投标文件作废标处理。招标人与中标人签订合同后5个工作日内，向未中标的投标人和中标人退还投标保证金。出现下列情况的，投标保证金将不予返还：

a. 投标人在规定的投标有效期内撤销或修改其投标文件；

b. 中标人在收到中标通知书后，无正当理由拒签合同协议书或未按招标文件规定提交履约担保。

②投标有效期。投标有效期从提交投标文件的截止之日起算，主要用作组织评标委员会评标招标人定标、发出中标通知书以及签订合同等工作，一般考虑以下因素：

a. 组织评标委员会完成评标需要的时间；

b. 确定中标人需要的时间；

c. 签订合同需要的时间。

一般项目投标有效期为60～90天，大型项目120天左右。投标保证金的有效期应与投标有效期保持一致。

出现特殊情况需要延长投标有效期的，招标人以书面形式通知所有投标人延长投标有效期。投标人同意延长的，应相应延长其投标保证金的有效期，但不得要求或被允许修改或撤销其投标文件；投标人拒绝延长的，其投标失效，但投标人有权收回其投标保证金。

③投标文件的密封和标识。投标文件的正本与副本应分开包装，加贴封条，并在封套上清楚标记“正本”或“副本”字样，于封口处加盖投标人单位印鉴。

④投标文件的修改与撤回。在规定的投标截止时间前，投标人可以修改或撤回已递交的投标文件，但应以书面形式通知招标人。在招标文件规定的投标有效期内，投标人不得要求撤销或修改其投标文件。

⑤费用承担与保密责任。投标人准备和参加投标活动发生的费用自理。参与招标投标活动的各方应对招标文件和投标文件中的商业和技术等秘密保密，违者应对由此造成的后果承担法律责任。

**3. 联合体投标**

两个以上法人或者其他组织可以组成一个联合体，以一个投标人的身份共同投标。联合体投标需遵循以下规定：

(1)联合体各方应按招标文件提供的格式签订联合体协议书，明确联合体牵头人和各方权利义务，牵头人代表联合体成员负责投标和合同实施阶段的主办、协调工作，并应当向招标人提交由所有联合体成员法定代表人签署的授权书。

(2)联合体各方签订共同投标协议后，不得再以自己的名义单独投标，也不得组成新的联合体或参加其他联合体在同一项目中投标。

(3)联合体各方应具备承担本施工项目的资质条件、能力和信誉，通过资格预审的联合体，其各方组成结构或职责，以及财务能力、信誉情况等资格条件不得改变。

(4)由同一专业的单位组成的联合体，应按照资质等级较低的单位确定资质等级。

(5)联合体投标的,应当以联合体各方或者联合体中牵头人的名义提交投标保证金。以联合体中牵头人名义提交的投标保证金,对联合体各成员具有约束力。

**4. 串通投标**

在投标过程中有串通投标行为的,招标人或有关管理机构可以认定该行为无效。

(1)下列行为均属投标人串通投标报价:

①投标人之间相互约定抬高或压低投标报价。

②投标人之间相互约定,在招标项目中分别以高、中、低价位报价。

③投标人之间先进行内部竞价,内定中标人,然后再参加投标。

④投标人之间其他串通投标报价的行为。

(2)下列行为均属招标人与投标人串通投标:

①招标人在开标前开启投标文件,并将投标情况告知其他投标人,后者协助投标人撤换投标文件,更改报价。

②招标人向投标人泄露标底。

③招标人与投标人商定,投标时压低或抬高报价,中标后再给投标人或招标人额外补偿。

④招标人预先内定中标人。

⑤其他串通投标行为。

## 3.2.7 开　标

**1. 开标的时间和地点**

我国《招标投标法》规定,开标应当在招标文件确定的提交投标文件截止时间的同一时间公开进行。这样规定是为了避免投标中的舞弊行为。出现以下情况时征得建设行政主管部门的同意后,可以暂缓或者推迟开标时间:

(1)招标文件发售后对原招标文件做了变更或者补充。

(2)开标前发现有影响招标公正性的不正当行为。

(3)出现突发事件等。

开标地点应当为招标文件中投标人须知前附表中预先确定的地点。

投标人少于3个的,不得开标;招标人应当重新招标。投标人对开标有异议的,应当在开标现场提出,招标人应当当场作出答复,并制作记录。

**2. 出席开标会议的规定**

开标由招标人主持,并邀请所有投标人的法定代表人或其委托代理人准时参加。招标人可以在投标人须知前附表中对此作进一步说明,同时明确投标人的法定代表人或其委托代理人不参加开标的法律后果,通常不应以投标人不参加开标为由将其投标作废标处理。

**3. 开标程序**

根据《标准施工招标文件》的规定,主持人按下列程序进行开标:

(1)宣布开标纪律。

(2)公布在投标截止时间前递交投标文件的投标人名称,并点名确认投标人是否派人到场。

(3)宣布开标人、唱标人、记录人、监标人等有关人员姓名。

(4)按照投标人须知前附表规定检查投标文件的密封情况。

(5)按照投标人须知前附表的规定确定并宣布投标文件开标顺序。

(6)设有标底的,公布标底。

(7)按照宣布的开标顺序当众开标,公布投标人名称、标段名称、投标保证金的递交情况、投标报价、质量目标、工期及其他内容,并记录在案。

(8)投标人代表、招标人代表、监标人、记录人等有关人员在开标记录上签字确认。

(9)开标结束。

**4. 招标人不予受理的投标**

投标文件有下列情形之一的,招标人不予受理:

(1)逾期送达的或者未送达指定地点的。

(2)未按招标文件要求密封的。

## 3.2.8 评 标

**1. 评标的原则以及保密性和独立性**

评标活动应遵循公平、公正、科学、择优的原则,招标人应当采取必要的措施,保证评标在严格保密的情况下进行。评标是招标投标活动中一个十分重要的阶段,如果对评标过程不进行保密,则影响公正评标的不正当行为有可能发生。

评标委员会成员名单一般应于开标前确定,而且该名单在中标结果确定前应当保密。评标委员会在评标过程中是独立的,任何单位和个人都不得非法干预、影响评标过程和结果。

**2. 评标委员会的组建与对评标委员会成员的要求**

(1)评标委员会的组建。评标委员会由招标人负责组建,负责评标活动,向招标人推荐中标候选人或者根据招标人的授权直接确定中标人。

评标委员会由招标人或其委托的招标代理机构熟悉相关业务的代表,以及有关技术、经济等方面的专家组成,成员人数为五人以上的单数,其中技术、经济等方面的专家不得少于成员总数的三分之二。评标委员会设负责人的,负责人由评标委员会成员推举产生或者由招标人确定,评标委员会负责人与评标委员会的其他成员有同等的表决权。

评标委员会的专家成员应当从省级以上人民政府有关部门提供的专家名册或者招标代理机构专家库内的相关专家名单中确定。任何单位和个人不得以明示、暗示等任何方式指定或者变相指定参加评标委员会的专家成员。依法必须进行招标的项目的招标人非因招标投标法和本条例规定的事由,不得更换依法确定的评标委员会成员。评标委员会成员与投标人有利害关系的,应当主动回避。确定评标专家,可以采取随机抽取或者直接确定的方式。一般项目,可以采取随机抽取的方式;技术特别复杂、专业性要求特别高或者国家有特殊要求的招标项目，采取随机抽取方式确定的专家难以胜任的，可以经过规定的程序由招标人直接确定。

(2)对评标委员会成员的要求。评标委员会中的专家成员应符合下列条件：

①从事相关专业领域工作满八年并具有高级职称或者同等专业水平。

②熟悉有关招标投标的法律法规，并具有与招标项目相关的实践经验。

③能够认真、公正、诚实、廉洁地履行职责。

④身体健康，能够承担评标工作。

有下列情形之一的，不得担任评标委员会成员，应当回避：

①招标或投标主要负责人的近亲属。

②项目主管部门或者行政监督部门的人员。

③与投标人有经济利益关系，可能影响对投标公正评审的。

④曾因在招标、评标以及其他与招标投标有关活动中从事违法行为而受过行政处罚或刑事处罚的。

**3. 评标的准备与初步评审**

(1)评标的准备

招标人应当根据项目规模和技术复杂程度等因素合理确定评标时间。超过三分之一的评标委员会成员认为评标时间不够的，招标人应当适当延长。评标委员会成员应当编制供评标使用的相应表格，认真研究招标文件，至少应了解和熟悉以下内容：

①招标的目标。

②招标项目的范围和性质。

③招标文件中规定的主要技术要求、标准和商务条款。

④招标文件规定的评标标准、评标方法和在评标过程中考虑的相关因素。

招标人或者其委托的招标代理机构应当向评标委员会提供评标所需的重要信息和数据，但不得明示或者暗示其倾向或者排斥特定投标人。评标过程中，评标委员会成员有回避事由、擅离职守或者因健康等原因不能继续评标的，应当及时更换。被更换的评标委员会成员作出的评审结论无效，由更换后的评标委员会成员重新进行评审。

评标委员会应当根据招标文件规定的评标标准和方法，对投标文件进行系统的评审和比较。招标文件中没有规定的标准和方法不得作为评标的依据。因此，评标委员会成员还应当了解招标文件规定的评标标准和方法，这也是评标的重要准备工作。

招标项目设有标底的，招标人应当在开标时公布。标底只能作为评标的参考，不得以投标报价是否接近标底作为中标条件，也不得以投标报价超过标底上下浮动范围作为否决投标的条件。

(2)初步评审。根据《评标委员会和评标方法暂行规定》和《标准施工招标文件》的规定，我国目前评标中主要采用的方法包括经评审的最低中标价法和综合评估法，两种评标方法在初步评审的内容和标准上基本是一致的。

①初步评审标准，包括以下四个方面：

a. 形式评审标准：包括投标人名称与营业执照、资质证书、安全生产许可证一致；投标函上有法定代表人或其委托代理人签字或加盖单位章；投标文件格式符合要求；联合体投标人已提交联合体协议书，并明确联合体牵头人（如有）；报价唯一，即只能有一个有效报价，等等。

b. 资格评审标准：如果是未进行资格预审的，应具备有效的营业执照，具备有效的安全生产许可证，并且资质等级、财务状况、类似项目业绩、信誉、项目经理、联合体投标人等，均符合规定。如果是已进行资格预审的，仍按前文所述“资格审查办法”中详细审查标准来进行。

c. 响应性评审标准：主要的投标内容包括投标报价校核，审查全部报价数据计算的正确性，分析报价构成的合理性，并与招标控制价进行对比分析，还有工期、工程质量、投标有效期、投标保证金、权利义务、已标价工程量清单、技术标准和要求等，均应符合招标文件的有关要求。也就是说，投标文件应实质上响应招标文件的所有条款、条件，无显著的差异或保留。所谓显著的差异或保留包括以下情况：对工程的范围、质量及使用性能产生实质性影响；偏离了招标文件的要求，而对合同中规定的招标人的权利或者投标人的义务造成实质性的限制；纠正这种差异或者保留将会对提交了实质性响应要求的投标书的其他投标人的竞争地位产生不公正影响。

d. 施工组织设计和项目管理机构评审标准：主要包括施工方案与技术措施、质量管理体系与措施、安全管理体系与措施、环境保护管理体系与措施、工程进度计划与措施、资源配备计划、技术负责人、其他主要人员、施工设备、试验及检测仪器设备等，符合有关标准。

②投标文件的澄清和说明。评标委员会可以书面方式要求投标人对投标文件中含义不明确的内容作必要的澄清、说明或补正，但是澄清、说明或补正不得超出投标文件的范围或者改变投标文件的实质性内容。对招标文件的相关内容作出澄清、说明或补正，其目的是有利于评标委员会对投标文件的审查、评审和比较。澄清、说明或补正包括投标文件中含义不明确、对同类问题表述不一致或者有明显文字和计算错误的内容。但评标委员会不得向投标人提出带有暗示性或诱导性的问题，或向其明确投标文件中的遗漏和错误。同时，评标委员会不接受投标人主动提出的澄清、说明或补正。

投标文件不符合招标文件的实质性要求和条件的，招标人应当拒绝，并不允许投标人通过修正或撤销其不符合要求的差异或保留，使之成为具有响应性的投标。

评标委员会对投标人提交的澄清、说明或补正有疑问的，可以要求投标人进一步澄清、说明或补正，直至满足评标委员会的要求。

③投标报价有算术错误的，评标委员会按以下原则对投标报价进行修正，修正的价格经投标人书面确认后具有约束力。投标人不接受修正价格的，其投标作废标处理。

a. 投标文件中的大写金额与小写金额不一致的，以大写金额为准；

b. 总价金额与依据单价计算出的结果不一致的，以单价金额为准修正总价，但单价金额小数点有明显错误的除外。

此外，如对不同文字文本投标文件的解释发生异议的，以中文文本为准。

④经初步评审后作为废标处理的情况。评标委员会应当审查每一投标文件是否对招

标文件提出的所有实质性要求和条件做出响应。未能在实质上响应的投标，应作废标处理。具体情形包括：

a. 投标文件未经投标单位盖章和单位负责人签字；

b. 投标联合体没有提交共同投标协议；

c. 投标人不符合国家或者招标文件规定的资格条件；

d. 同一投标人提交两个以上不同的投标文件或者投标报价，但招标文件要求提交备选投标的除外；

e. 投标报价低于成本或者高于招标文件设定的最高投标限价；

f. 投标文件没有对招标文件的实质性要求和条件作出响应；

g. 投标人有串通投标、弄虚作假、行贿等违法行为。

**4. 详细评审方法**

经初步评审合格的投标文件，评标委员会应当根据招标文件确定的评标标准和方法，对其技术部分和商务部分做进一步评审、比较。详细评审的方法包括经评审的最低投标价法和综合评估法两种。

(1)经评审的最低投标价法。经评审的最低投标价法是指评标委员会对满足招标文件实质要求的投标文件，根据详细评审标准规定的量化因素及量化标准进行价格折算，按照经评审的投标价由低到高的顺序推荐中标候选人，或根据招标人授权直接确定中标人，但投标报价低于其成本的除外。经评审的投标价相等时，投标报价低的优先；投标报价相等的，由招标人自行确定。

①经评审的最低投标价法的适用范围。按照《评标委员会和评标方法暂行规定》的规定，经评审的最低投标价法一般适用于具有通用技术、性能标准或者招标人对其技术、性能没有特殊要求的招标项目。

②详细评审标准及规定。采用经评审的最低投标价法的，评标委员会应当根据招标文件中规定的量化因素和标准进行价格折算，对所有投标人的投标报价以及投标文件的商务部分作必要的价格调整。根据《标准施工招标文件》的规定，主要的量化因素包括单价遗漏和付款条件等，招标人可以根据项目具体特点和实际需要，进一步删减、补充或细化量化因素和标准。另外如世界银行贷款项目采用此种评标方法时，通常考虑的量化因素和标准包括：一定条件下的优惠(借款国国内投标人有7.5%的评标优惠)；工期提前的效益对报价的修正；同时投多个标段的评标修正等。所有的这些修正因素都应当在招标文件中有明确的规定。对同时投多个标段的评标修正，一般的做法是，如果投标人的某一个标段已被确定为中标，则在其他标段的评标中按照招标文件规定的百分比(通常为4%)乘以报价额后，在评标价中扣减此值。

根据经评审的最低投标价法完成详细评审后，评标委员会应当拟订一份“价格比较一览表”，连同书面评标报告提交招标人。“价格比较一览表”应当载明投标人的投标报价、对商务偏差的价格调整和说明以及已评审的最终投标价。

(2)综合评估法。不宜采用经评审的最低投标价法的招标项目，一般应当采取综合评估法进行评审。综合评估法是指评标委员会对满足招标文件实质性要求的投标文件，按照规定的评分标准进行打分，并按得分由高到低顺序推荐中标候选人，或根据招标人授权直接确定中标人，但投标报价低于其成本的除外。综合评分相等时，以投标报价低的优先；投标报价也相等的，由招标人自行确定。

详细评审中的分值构成与评分标准：综合评估法下评标分值构成分为四个方面，即施工组织设计；项目管理机构；投标报价；其他因素。总计分值为 100 分。各方面所占比例和具体分值由招标人自行确定，并在招标文件中明确载明。上述的四个方面标准具体评分因素如表 3-1 所示：

**表 3-1　　综合评估法下的评分因素和评分标准**

| 分值构成 | 评分因素 | 评分标准 |
|---|---|---|
| 施工组织设计评分标准 | 内容完整性和编制水平 | …… |
| | 施工方案与技术措施 | …… |
| | 质量管理体系与措施 | …… |
| | 安全管理体系与措施 | …… |
| | 环境保护管理体系与措施 | …… |
| | 工程进度计划与措施 | …… |
| | 资源配备计划 | …… |
| 项目管理机构评分标准 | 项目经理任职资格与业绩 | …… |
| | 技术责任人任职资格与业绩 | …… |
| | 其他主要人员 | …… |
| 投标报价评分标准 | 偏差率 | …… |
| | …… | …… |
| 其他因素评分标准 | …… | …… |

**【例 4-1】** 各评审因素的权重和标准由招标人自行确定，例如可设定施工组织设计占 25 分，项目管理机构占 10 分，投标报价占 60 分，其他因素占 5 分。施工组织设计部分可进一步细分为：内容完整性和编制水平 2 分，施工方案与技术措施 12 分，质量管理体系与措施 2 分，安全管理体系与措施 3 分，环境保护管理体系与措施 3 分，工程进度计划与措施 2 分，其他因素 1 分等。对施工方案与技术措施可规定如下的评分标准：施工方案及施工方法先进可行，技术措施针对工程质量、工期和施工安全生产有充分保障 11～12 分；施工方案先进，方法可行，技术措施针对工程质量、工期和施工安全生产有保障 8～10 分；施工方案及施工方法可行，技术措施针对工程质量、工期和施工安全生产基本有保障 6～7 分；施工方案及施工方法基本可行，技术措施针对工程质量、工期和施工安全生产基本有保障 1～5 分。

①投标报价偏差率的计算。在评标过程中，可以对各个投标文件按下式计算投标报价偏差率：

$$偏差率=100\%\times(投标人报价-评标基准价)/评标基准价 \tag{3.1}$$

评标基准价的计算方法应在投标人须知前附表中予以明确。招标人可依据招标项目的特点、行业管理规定给出评标基准价的计算方法，确定时也可适当考虑投标人的投标报价。

②详细评审过程。评标委员会按分值构成与评分标准规定的量化因素和分值进行打分，并计算出各标书综合评估得分。

a. 按规定的评审因素和标准对施工组织设计计算出得分 A；

b. 按规定的评审因素和标准对项目管理机构计算出得分 B；

c. 按规定的评审因素和标准对投标报价计算出得分 C；

d. 按规定的评审因素和标准对其他部分计算出得分 D。

评分分值计算保留小数点后两位，小数点后第三位"四舍五入"。投标人得分计算公式是：投标人得分＝A＋B＋C＋D。由评委对各投标人的标书进行评分后加以比较，最后以总得分最高的投标人为中标候选人。

根据综合评估法完成评标后，评标委员会应当拟订一份"综合评估比较表"，连同书面评标报告提交招标人。"综合评估比较表"应当载明投标人的投标报价、所做的任何修正、对商务偏差的调整、对技术偏差的调整、对各评审因素的评估以及对每一投标的最终评审结果。

**5. 评标结果**

除招标人授权直接确定中标人外，评标委员会按照经评审的价格由低到高的顺序推荐中标候选人。评标委员会完成评标后，应当向招标人提交书面评标报告，并抄送有关行政监督部门。评标报告应当如实记载以下内容：

(1)基本情况和数据表；

(2)评标委员会成员名单；

(3)开标记录；

(4)符合要求的投标一览表；

(5)废标情况说明；

(6)评标标准、评标方法或者评标因素一览表；

(7)经评审的价格或者评分比较一览表；

(8)经评审的投标人排序；

(9)推荐的中标候选人名单与签订合同前要处理的事宜；

(10)澄清、说明、补正事项纪要。

评标报告由评标委员会全体成员签字。对评标结论持有异议的评标委员会成员可以书面方式阐述其不同意见和理由。评标委员会成员拒绝在评标报告上签字且不陈述其不同意见和理由的，视为同意评标结论。评标委员会应当对此做出书面说明并记录在案。

## 3.2.9 定　标

**1. 中标候选人的确定**

除招标文件中特别规定了授权评标委员会直接确定中标人外，招标人应依据评标委员会推荐的中标候选人确定中标人，评标委员会推荐中标候选人的人数应符合招标文件的要求，一般应当限定在 1～3 人，并标明排列顺序。

评标报告应当由评标委员会全体成员签字。对评标结果有不同意见的评标委员会成员应当以书面形式说明其不同意见和理由，评标报告应当注明该不同意见。评标委员会成员拒绝在评标报告上签字又不书面说明其不同意见和理由的，视为同意评标结果。

依法必须进行招标的项目，招标人应当自收到评标报告之日起3日内公示中标候选人，公示期不得少于3日。

中标人的投标应当符合下列条件之一：

(1)能够最大限度地满足招标文件中规定的各项综合评价标准。

(2)能够满足招标文件的实质性要求，并且经评审的投标价格最低，但是投标价格低于成本的除外。

对使用国有资金投资或者国家融资的项目，招标人应当确定排名第一的中标候选人为中标人。排名第一的中标候选人放弃中标，因不可抗力提出不能履行合同，或者招标文件规定应当提交履约保证金而在规定的期限内未能提交的，招标人可以确定排名第二的中标候选人为中标人。排名第二的中标候选人因上述同样原因不能签订合同的，招标人可以确定排名第三的中标候选人为中标人。

招标人可以授权评标委员会直接确定中标人。

投标人或者其他利害关系人对依法必须进行招标的项目的评标结果有异议的，应当在中标候选人公示期间提出。招标人应当自收到异议之日起3日内作出答复；作出答复前，应当暂停招标投标活动。

招标人不得向中标人提出压低报价、增加工作量、缩短工期或其他违背中标人意愿的要求并以此作为发出中标通知书和签订合同的条件。

**2. 发出中标通知书并订立书面合同**

(1)中标通知。中标人确定后，招标人应当向中标人发出中标通知书，并同时将中标结果通知所有未中标的投标人。中标通知书对招标人和中标人具有法律效力。中标候选人的经营、财务状况发生较大变化或者存在违法行为，招标人认为可能影响其履约能力的，应当在发出中标通知书前由原评标委员会按照招标文件规定的标准和方法审查确认。中标通知书发出后，招标人改变中标结果，或者中标人放弃中标项目的，应当依法承担法律责任。依据《招标投标法》的规定，依法必须进行招标的项目，招标人应当自确定中标人之日起15日内，向有关行政监督部门提交招标投标情况的书面报告。书面报告中至少应包括下列内容：

①招标范围。

②招标方式和发布招标公告的媒介。

③招标文件中投标人须知、技术条款、评标标准和方法、合同主要条款等内容。

④评标委员会的组成和评标报告。

⑤中标结果。

(2)履约担保。在签订合同前，中标人以及联合体的中标人应按招标文件有关规定的金额、担保形式和招标文件规定的履约担保格式，向招标人提交履约担保。履约担保有现金、支票、履约担保书和银行保函等形式，可以选择其中的一种作为招标项目的履约担保，一般采用银行保函和履约担保书。履约担保金额一般不超过中标价的10%。中标人不能按要求提交履约担保的，视为放弃中标，其投标保证金不予退还，给招标人造成的损失超过投标保证金数额的，中标人还应当对超过部分予以赔偿。中标后的承包人应保证其履约担保在发包人颁发工程接收证书前一直有效。发包人应在工程接收证书颁发后28天内把履约担保退还给承包人。

(3)签订合同。招标人和中标人应当自中标通知书发出之日起30天内，根据招标文件和中标人的投标文件订立书面合同。中标人无正当理由拒签合同的，招标人取消其中标资格，其投标保证金不予退还；给招标人造成的损失超过投标保证金数额的，中标人还应当对超过部分予以赔偿。发出中标通知书后，招标人无正当理由拒签合同的，招标人向中标人退还投标保证金；给中标人造成损失的，还应当赔偿损失。招标人与中标人签订合同后5日内，应当向中标人和未中标的投标人退还投标保证金。

(4)履行合同。中标人应当按照合同约定履行义务，完成中标项目。中标人不得向他人转让中标项目，也不得将中标项目肢解后分别向他人转让。中标人按照合同约定或者经招标人同意，可以将中标项目的部分非主体、非关键性工程分包给他人完成。接受分包的人应当具备相应的资格条件，并不能再次分包。中标人应当就分包项目向招标人负责，接受分包的人就分包项目承担连带责任。招标人发现中标人转包或违法分包的，应当要求中标人改正；拒不改正的，可终止合同，并报请有关行政监督部门查处。

### 3.2.10 投诉与处理

**1. 投诉**

投标人或者其他利害关系人认为招标投标活动不符合法律、行政法规规定的，可以自知道或者应当知道之日起10日内向有关行政监督部门投诉。投诉应当有明确的请求和必要的证明材料。

**2. 处理**

行政监督部门应当自收到投诉之日起3个工作日内决定是否受理投诉，并自受理投诉之日起30个工作日内作出书面处理决定；需要检验、检测、鉴定、专家评审的，所需时间不计算在内。如投诉人捏造事实、伪造材料或者以非法手段取得证明材料进行投诉的，行政监督部门应当予以驳回。

## 3.3 工程施工招标文件的编制

按照我国《招标投标法》的规定，招标文件应当包括招标项目的技术要求，对投标人资格审查的标准、投标报价要求和评标标准等所有实质性要求和条件以及拟签合同的主要条款。建设项目施工招标文件是由招标人(或其委托的咨询机构)编制，由招标人发布的，既是投标单位编制投标文件的依据，也是招标人与将来中标人签订工程承包合同的基础，招标文件中提出的各项要求，对整个招标工作乃至承发包双方都有约束力。

(1)招标公告(或投标邀请书)。当未进行资格预审时,招标文件中应包括招标公告,招标公告的内容见3.2.2节内容。当进行资格预审时,招标文件中应包括投标邀请书,该邀请书可代替资格预审通过通知书,以明确投标人已具备了在某具体项目某具体标段的投标资格,其他内容包括招标文件的获取、投标文件的递交等。

(2)投标人须知。主要包括对于项目概况的介绍和招标过程的各种具体要求,在正文中的未尽事宜可以通过投标人须知前附表进行进一步明确,由招标人根据招标项目具体特点和实际需要编制和填写,但无需与招标文件的其他章节相衔接,并不得与投标人须知正文的内容相抵触,否则抵触内容无效。

①总则。主要包括项目概况、资金来源和落实情况、招标范围、计划工期和质量要求的描述,对投标人资格要求的规定,对费用承担、保密、语言文字、计量单位等内容的约定,对踏勘现场、投标预备会的要求以及对分包和偏离问题的处理。项目概况中主要包括项目名称、建设地点以及招标人和招标代理机构的情况等。

②招标文件。主要包括招标文件的构成以及澄清和修改的规定。

③投标文件。主要包括投标文件的组成,投标报价编制的要求,投标有效期和投标保证金的规定,需要提交的资格审查资料,是否允许提交备选投标方案以及投标文件标识所应遵循的标准格式要求。

④投标。主要规定投标文件的密封和标识、递交、修改及撤回的各项要求。在此部分中应当确定投标人编制投标文件所需要的合理时间,即投标准备时间,是指自招标文件开始发出之日起至投标人提交投标文件截止之日止,最短不得少于20天。

⑤开标。规定开标的时间、地点和程序。

⑥评标。说明评标委员会的组建方法、评标原则和采取的评标办法。

⑦合同授予。说明拟采用的定标方式,中标通知书的发出时间,要求承包人提交的履约担保和合同的签订时限。

⑧重新招标和不再招标。规定重新招标和不再招标的条件。

⑨纪律和监督。主要包括对招标过程各参与方的纪律要求。

⑩需要补充的其他内容。

(3)评标办法。评标办法可选择经评审的最低投标价法和综合评估法。

(4)合同条款及格式。包括本工程拟采用的通用合同条款、专用合同条款以及各种合同附件的格式。具体的合同条款内容将在本章第三节予以详细介绍。

(5)工程量清单(招标控制价)。工程量清单系指根据《建设工程工程量清单计价规范》(GB50500－2008)编制的,表现拟建工程实体性项目、非实体性项目和其他项目名称和相应数量的明细清单,以满足工程项目具体量化和计量支付的需要,是招标人编制招标控制价和投标人编制投标价的重要依据。

如按照规定应编制招标控制价的项目,其招标控制价也应在招标时一并公布。具体的招标控制价和投标报价编制方法将在本节第二和第三部分中详细介绍。

(6)图纸。图纸是指应由招标人提供的用于计算招标控制价和投标人计算投标报价所必需的各种详细程度的图纸。

表 3-2　　投标人须知

| 条款号 | 条款名称 | 编列内容 |
| --- | --- | --- |
| 1.1.2 | 招标人 | 名称：<br>地址：<br>联系人：<br>电话：<br>电子邮件： |
| 1.1.3 | 招标代理机构 | 名称：<br>地址：<br>联系人：<br>电话：<br>电子邮件： |
| 1.1.4 | 项目名称 | |
| 1.1.5 | 建设地点 | |
| 1.2.1 | 资金来源 | |
| 1.2.2 | 出资比例 | |
| 1.2.3 | 资金落实情况 | |
| 1.3.1 | 招标范围 | 关于招标范围的详细说明见第七章“技术标准和要求”。 |
| 1.3.2 | 计划工期 | 计划工期：　　日历天<br>计划开工日期：　年　月　日<br>计划竣工日期：　年　月　日<br>除上述总工期外，发包人还要求以下区段工期：<br>有关工期的详细要求见第七章“技术标准和要求”。 |
| 1.3.3 | 质量要求 | 质量标准：<br>关于质量要求的详细说明见第七章“技术标准和要求”。 |
| 1.4.1 | 投标人资质条件、能力和信誉 | 资质条件：<br>财务要求：<br>业绩要求：<br>信誉要求：<br>项目经理资格：　　专业　　级(含以上级)注册建造师执业资格，具备有效的安全生产考核合格证书，且不得担任其他在施建设工程项目的项目经理。<br>其他要求： |
| 1.4.2 | 是否接受联合体投标 | □不接受<br>□接受，应满足下列要求：<br>联合体资质按照联合体协议约定的分工认定。 |
| 1.9.1 | 踏勘现场 | □不组织<br>□组织，踏勘时间：<br>踏勘集中地点： |
| 1.10.1 | 投标预备会 | □不召开<br>□召开，召开时间：<br>召开地点： |
| …… | …… | …… |

(7)技术标准和要求。招标文件规定的各项技术标准应符合国家强制性规定。招标文件中规定的各项技术标准均不得要求或标明某一特定的专利、商标、名称、设计、原产地或生产供应者,不得含有倾向或者排斥潜在投标人的其他内容。如果必须引用某一生产供应商的技术标准才能准确或清楚地说明拟招标项目的技术标准时,则应当在参照后面加上“或相当于”的字样。

(8)投标文件格式。提供各种投标文件编制所应依据的参考格式。

(9)规定的其他材料。如需要其他材料,应在投标人须知前附表中予以规定。

编制招标文件中的实质性要求和条件应该采用下划线、变字体、字体加粗等醒目的方式标明,实质性要求和条件包括:①工期要求;②质量标准;③投标保证金的数额和缴纳;④招标文件及其修改、补充、澄清文件中,关于投标无效、废标、中标无效的所有规定。

## 3.4 无标底招标

无标底招标又称实物工程量清单招标,即业主招标过程中不设标底或者即使设标底也不作为评标标准,业主只需提出一个评标的标准和方法,由投标企业自行报价的一种招标方式。有标底招标和无标底招标内涵的差别在于:一是招标单位在招标工程中是否编制标底;二是评标时是否以标底为基准对投标单位的报价进行考评评分。不设标底可消除标底编制不够正确对招标投标过程所产生的负面影响,有利于降低造价,保证公平、公正、公开。无标底招标采用了量价分离的科学形式,更加符合市场科学的要求,有利于加强招投标过程的竞争机制。

### 3.4.1 无标底招标的特点

与传统的招标方式相比,无标底招标有以下特点:

(1)不存在标底泄露问题,消除了暗箱操作的一个重要环节,有效地遏制了招投标过程中腐败行为的发生。

(2)招标人和评委会对评标、中标的人为影响因素相对减小;无标底招标过程的评定标准严格、明确,使得人为操作的可能性大大降低,使招标人和评委会对中标人确定的主观因素逐渐被消除。

(3)能在很大程度上提高投标人的综合素质水平,充分体现市场经济的运作规律,满足整顿和规范建筑市场的需要。

(4)鼓励了公平竞争,促进投标单位降低企业成本,有利于投标企业(承包方)增强企业自身实力,即人才、技术和装备等综合实力,从而提高企业效益。

(5)招标人获得了合理低价的工程发包成本,降低工程造价,节省国家建设投资,提高社会效益;由于无标底招标一般是以低价中标为原则,投标企业在报价时及合同执行过程中会利用企业自身的先进施工工艺和施工方法,在工程的施工管理上任用高素质的管理人员，采用先进科学的管理方法，以降低工程施工成本，节约工程支出，因此其管理费用和施工成本相对是最低的，从而最大限度地节约了工程投资。

(6)规范了建筑市场各方的行为，节制了转包行为的发生。无标底招标项目一般中标价格都较低，中标人必须尽心尽力地去完成项目才会有所盈利，再想通过转包来牟取非法利润根本行不通。

(7)有利于打破地区或部门保护行为。

(8)与国际接轨，加快我国与各国间的国际经济一体化发展趋势。

## 3.4.2 无标底招标的评标办法

评标办法是按照法律规定的中标条件，结合相关工程的特点制订的，用来评选最佳承包单位的文件。评标办法是招标文件的一个重要组成部分，起着重要的作用：一是补充说明招标文件的各项内容并明确评标的要求、依据及标准，让投标人能进一步了解自己是否具备生产建设、资金、技术和管理所需达到的最低要求，以保证工程质量并按期完工。二是使评标人员获得评估的标准尺度，进行有针对性的评标。评标办法还用于解释、处理法律纠纷，可以为投标人对投标文件中含义不明确的内容作必要的澄清或者说明。可见，评标办法的确定及其内容将对招投标过程起决定性作用。

无标底招标的评标定标通常有两种方法，一种是经评审的最低评标价法，一种是综合评定法。

**1. 经评审的最低评标价法**

这是指投标人的投标能够满足招标文件的实质性要求，并且经评审后报价最低者中标的评定标方法。《评标委员会和评标方法暂行规定》第 31 条规定："根据经评审的最低投标价法，能够满足招标文件的实质性要求，并且经评审的最低投标价的投标，应当推荐为中标候选人。"经评审的最低投标价法经常采用的是两阶段法。

(1)技术评审阶段

该阶段按照招标文件中对工程技术方面的条件和质量、工期要求对投标文件进行审查，一般只评为合格或者不合格。上述工程的条件和要求已经在招标文件中规定，投标人不得违反，否则将无法构成对招标文件的实质响应。

(2)商务评审阶段

即对技术评审阶段合格的标书进行商务评审。这时投标人的竞争主要是价格的竞争，经评审的最低价成为决定因素。经评审的最低投标价法是以评标价作为衡量标准，选取最低评标价者作为推荐中标人。具体操作时，对于一些比较简单的工程，评标价即为投标报价，也称为合理最低投标价评标法，报价最低并经评标委员会认为不低于成本的报价即为中标价。对于一些稍为复杂的工程，评标价并非投标价。投标人的报价是评标价的基本构成要素，评标价的其他构成要素还包括工期的提前量、标书中的优惠条件、技术建议而导致的经济效益等，这些条件都折算成价格作为评标价内的扣减因素。以工程报价为基础，对可以折合成价格的因素经换算后加以增减，就组成了该标书的评标价。评标价仅是评标过程中以货币为单位的评定比较方法，而不是与中标人签订合同的价格。业主接受了最低评标价的投标人后，合同价格仍为该投标人的报价。

《评标委员会和评标方法暂行规定》第 30 条规定："经评审的最低投标价法一般适用于具有通用技术，性能标准或者招标人对其技术、性能没有特殊要求的招标项目。"因此，本办法适用于技术含量较低，施工技术简单的一般房屋建筑、安装、市政、水利、交通、园林绿化、土石方等工程。

**2. 综合评估法**

这是指投标人的投标能够最大限度地满足招标文件中规定的各项综合评价标准的投标人中标的评定标方法。目前实践中所采用的大多数评标方法名称虽异，但其实质上大都是综合评估法，只是其综合的程度和方法略有不同而已。综合评估常用的方法是百分法，这种方法要求对各个评审因素进行量化，将评审各指标所占百分比和评比标准在办法中予以明确规定，并且量化指标应当建立在同一标准之上，使得投标文件具有可比性。此方法综合考虑了工程报价、工程质量、施工组织设计、施工工期、业绩信誉、安全生产、文明施工等因素，兼顾了技术、商务等方面因素，能客观反映工程招标文件的要求，全面评估投标单位的总体实力。在具体操作中，业主可根据工程的实际情况，调节评分项目及分值权重，从而更加有利于工程项目的顺利实施。该方法是目前建筑工程招标中应用较多的一种方法。

综合评估法适用于当工程技术、性能有特殊要求，或建设工程管理水平不高，工程设计图纸深度不够，招标文件及工程量清单粗放，投标单位仍然未建立独立的估价信息，且建设工程招投标担保制度不完善的情况。

## 3.4.3　无标底招标在我国实行存在的问题

目前我国的建筑市场只是初步具备了"无标底评标"的条件和基础，而建筑领域的法律尚不健全，有些条文可操作性不强，无标底招标在实际运作过程中暴露出许多问题。

**1. 出现了恶性竞争**

《招标投标法》中规定的"投标价格最低"是指不低于"成本"的投标价为中标价。该"成本"是指投标人为完成投标的建筑工程施工任务所必需的生产成本，是企业个别成本，而不是社会平均成本。由于个别成本计算中的不确定因素很多，企业降低成本的方法不一，在招标投标中，一些承包方为了承揽工程竞相压价、恶性竞争现象时有发生，再加上有些承包方为了取得某一专业的施工业绩，宁可赔，也要揽到工程，这又在某种程度上加剧了建筑市场中的恶性竞争。

**2. 影响了工程质量等级和变相提高工程造价**

一些投标商以不切实际的低价取得了承包权，但是却无力按照所报低价完成项目，以致造成"半拉子工程"或"低价低质工程"。有的投标人盲目低价抢标，一旦中标后寄希望于工程量变更，业主追加投资，或采取不正当手段牟取高额索赔，变相提高工程造价。

**3. 出现串标行为**

参与招投标的各方为了分取所谓的“合理利润”，想尽办法进行串标。这不仅浪费了大量的人力、物力、财力，也严重扰乱了建筑市场的健康发展，造成了工程招投标改革中新的腐败。

无标底招标若要在我国广泛应用，相应的配套环境应该是：按照“公开、公正、公平、诚实信用”的原则，建立统一、开放、竞争、有序的建筑市场；完善配套的法律法规体系和社会信用体系，明确市场主体各方的权利和义务，规定了建设行政主管部门的职责范围。

主观方面：参与招投标的市场各方主体的能动响应，即业主能够真正作为投资主体担负起责任，从提高投资效益和确保工程质量的原则出发，真正实行公开招标和邀请招标；承包方能够提高自身素质，依靠加强管理、降低成本、提高工程质量和提高企业信誉来增强竞争力，通过建立起自己的“企业定额”，以有效控制施工成本，保证最低报价的合理性；作为政府、市场、企业之间联系纽带的招标代理机构要实现政企分开，依据有关法规及恪守客观公正的原则，发挥专业特长的优势，全心全意为客户提供优质服务；政府主管部门实现政府职能转变，进一步完善市场准入规则、市场竞争规则、市场交易规则，公正地进行有效的监督。

客观方面：必要的经济制约手段和保障措施，即工程担保和保险制度真正落到实处，以确保工程质量、规避工程风险。

## 3.5 招标控制价的编制

### 3.5.1 招标控制价与标底的关系

招标控制价是推行工程量清单计价过程中对传统标底概念的性质进行界定后所设置的专业术语，它使招标时评标定价的管理方式发生了根本性的变化。首先对设标底招标、无标底招标以及招标控制价招标的利弊分析如下：

**1. 设标底招标**

(1)设标底时易发生泄露标底及暗箱操作的现象，失去招标的公平公正性。

(2)现在编制的标底价是预算价，科学合理性差。较难考虑施工方案、技术措施对造价的影响，容易与市场造价水平脱节。

(3)标底在评标过程的特殊地位使标底价成为左右工程造价的杠杆。不合理的标底会使合理的投标报价在评标中显得不合理。

(4)将标底作为衡量投标人报价的基准，导致投标人尽力地去迎合标底，往往招标投标过程反映的不是投标人实力的竞争，而是投标人编制预算文件能力的竞争，或者各种合法或非法的“投标策略”的竞争。

**2. 无标底招标**

(1)容易出现围标串标现象，各投标人哄抬价格，给招标人带来投资失控的风险。

（2）容易出现低价中标后偷工减料，不顾工程质量，以此来降低工程成本；或先低价中标，后高额索赔等不良后果。

（3）评标时，招标人对投标人的报价没有参考依据和评判标准。

**3. 招标控制价招标**

采用招标控制价招标的优点：

（1）可有效控制投资，防止恶性哄抬报价带来的投资风险。

（2）提高了透明度，避免了暗箱操作、寻租等违法活动的产生。

（3）可使各投标人自主报价、公平竞争，符合市场规律。投标人自主报价，不受标底的左右。

（4）既设置了控制上限又尽量减少了业主对评标基准价的影响。

当然，采用招标控制价招标也可能出现如下问题：

（1）若“最高限价”大大高于市场平均价时，就预示中标后利润很丰厚，只要投标不超过公布的限额都是有效投标，从而可能诱导投标人串标围标。

（2）若公布的最高限价远远低于市场平均价，就会影响招标效率。即可能出现只有1～2人投标或出现无人投标情况，因为按此限额投标将无利可图，超出此限额投标又成为无效投标，结果使招标人不得不修改招标控制价进行二次招标。

针对上述情况，2012年2月1日起施行的《招标投标法实施条例》规定：招标人可以自行决定是否编制标底，一个招标项目只能有一个标底，标底必须保密。招标人设有最高投标限价的，应当在招标文件中明确最高投标限价或者最高投标限价的计算方法。招标人不得规定最低投标限价。

## 3.5.2　招标控制价的概念及相关规定

招标控制价是招标人根据国家或省级、行业建设主管部门颁发的有关计价依据和办法，按设计施工图纸计算的，对招标工程限定的最高工程造价，也可称其为拦标价、预算控制价或最高报价等。

**1. 招标控制价的产生背景**

招标控制价是《建设工程工程量清单计价规范》（GB50500－2008）修订中新增的专业术语，它是在建设市场发展过程中对传统标底概念的性质进行的界定，这主要是由于我国工程建设项目施工招标从推行工程量清单计价以来，对招标时评标定价的管理方式发生了根本性的变化。具体表现在：从1983年原建设部试行施工招标投标制到2003年7月1日推行工程量清单计价这一时期，各地对中标价基本上采取不得高于标底的3%，不得低于标底的3%或5%的限制性措施评标定标，在这一评标方法下，标底必须保密，这一原则也在2000年实施的《中华人民共和国招标投标法》中得到了体现。但在2003年推行工程量清单计价以后，由于各地基本取消了中标价不得低于标底多少的规定，从而出现了新的问题，即根据什么来确定合理报价。实践中，一些工程项目在招标中除了过度的低价恶性竞争外，也出现了所有投标人的投标报价均高于招标人的标底，即使是最低的报价，招标人也不能接受，但由于缺乏相应的制度规定，招标人如不接受投标又产生了招标的合法性问题。针对这一新的形式，为避免投标人串标、哄抬标价，我国多个省、市相继出台了控制最高限价的规定，但在名称上有所不同，包括拦标价、最高报价值、预算控制价、最高限价等，并大多要求在招标文件中将其公布，并规定投标人的报价如超过公布的最高限价，其投标将作为废标处理。由此可见，面临新的招标形式，在修订2003版清单计价规范时，为避免与招标投标法关于标底必须保密的规定相违背，采用了“招标控制价”这一概念。

**2. 招标控制价应用中应注意的主要问题**

对于招标控制价及其规定，注意从以下方面理解：

(1)国有资金投资的工程建设项目应实行工程量清单招标，并应编制招标控制价。这是因为：根据《中华人民共和国招标投标法》的规定，国有资金投资的工程进行招标，招标人可以设标底。当招标人不设标底时，为有利于客观、合理地评审投标报价和避免哄抬标价，造成国有资产流失，招标人应编制招标控制价，作为招标人能够接受的最高交易价格。

(2)招标控制价超过批准的概算时，招标人应将其报原概算审批部门审核。这是由于我国对国有资金投资项目的投资控制实行的是投资概算审批制度，国有资金投资的工程原则上不能超过批准的投资概算。

(3)投标人的投标报价高于招标控制价的，其投标应予以拒绝。这是因为：国有资金投资的工程，招标人编制并公布的招标控制价相当于招标人的采购预算，同时要求其不能超过批准的概算，因此，招标控制价是招标人在工程招标时能接受投标人报价的最高限价。国有资金中的财政性资金投资的工程在招投标时还应符合《中华人民共和国政府采购法》相关条款的规定。如该法第三十六条规定：“在招标采购中，出现下列情形之一的，应予废标……(三)投标人的报价均超过了采购预算，采购人不能支付的。”依据这一精神，规定了国有资金投资的工程，投标人的投标不能高于招标控制价，否则，其投标将被拒绝。

(4)招标控制价应由具有编制能力的招标人或受其委托，具有相应资质的工程造价咨询人编制。这里要注意的是，应由招标人负责编制招标控制价，当招标人不具有编制招标控制价的能力时，根据《工程造价咨询企业管理办法》(建设部令第149号)的规定，可委托具有工程造价咨询资质的工程造价咨询企业编制。工程造价咨询人不得同时接受招标人和投标人对同一工程的招标控制价和投标报价的编制。

(5)招标控制价应在招标文件中公布，不应上调或下浮，招标人应将招标控制价及有关资料报送工程所在地工程造价管理机构备查。这里应注意的是，招标控制价的作用决定了招标控制价不同于标底，无需保密。为体现招标的公平、公正，防止招标人有意抬高或压低工程造价，招标人应在招标文件中如实公布招标控制价，不得对所编制的招标控制价进行上浮或下调。招标人在招标文件中公布招标控制价时，应公布招标控制价各组成部分的详细内容，不得只公布招标控制价总价。同时，招标人应将招标控制价报工程所在地的工程造价管理机构备查。

(6)投标人经复核认为招标人公布的招标控制价未按照《建设工程工程量清单计价规范》的规定进行编制的，应在开标前5日向招投标监督机构或(和)工程造价管理机构投诉。招投标监督机构应会同工程造价管理机构对投诉进行处理，发现确有错误的，应责成招标人修改。在这里，实际上是赋予了投标人对招标人不按规范的规定编制招标控制价进行投诉的权利。同时要求招投标监督机构和工程造价管理机构担负并履行对未按规定编制招标控制价的行为进行监督处理的责任。

## 3.5.3　招标控制价的编制要点

**1. 招标控制价的计价依据**

(1)《建设工程工程量清单计价规范》(GB50500－2008)。

(2)国家或省级、行业建设主管部门颁发的计价定额和计价办法。

(3)建设工程设计文件及相关资料。

(4)招标文件中的工程量清单及有关要求。

(5)与建设项目相关的标准、规范、技术资料。

(6)工程造价管理机构发布的工程造价信息，如工程造价信息没有发布的参照市场价。

(7)其他的相关资料。

**2. 招标控制价的编制内容**

招标控制价的编制内容包括分部分项工程费、措施项目费、其他项目费、规费和税金，各个部分有不同的计价要求。

(1)分部分项工程费的编制要求

①分部分项工程费应根据招标文件中的分部分项工程量清单及有关要求，按《建设工程工程量清单计价规范》有关规定确定综合单价计价。这里所说的综合单价，是指完成一个规定计量单位的分部分项工程量清单项目(或措施清单项目)所需的人工费、材料费、施工机械使用费和企业管理费与利润，以及一定范围内的风险费用。

②工程量依据招标文件中提供的分部分项工程量清单确定。

③招标文件提供了暂估单价的材料，应按暂估的单价计入综合单价。

④为使招标控制价与投标报价所包含的内容一致，综合单价中应包括招标文件中要求投标人所承担的风险内容及其范围(幅度)产生的风险费用。

(2)措施项目费的编制要求

①措施项目费中的安全文明施工费应当按照国家或省级、行业建设主管部门的规定标准计价。

②措施项目应按招标文件中提供的措施项目清单确定，措施项目采用分部分项工程综合单价形式进行计价的工程量，应按措施项目清单中的工程量，并按与分部分项工程工程量清单单价相同的方式确定综合单价；以“项”为单位的方式计价的，按有关规定以综合价格计算，包括除规费、税金以外的全部费用。

(3)其他项目费的编制要求

①暂列金额。暂列金额可根据工程的复杂程度、设计深度、工程环境条件(包括地质、水文、气候条件等)进行估算，一般可以分部分项工程费的10%～15%为参考。

②暂估价。暂估价中的材料单价应按照工程造价管理机构发布的工程造价信息中的

材料单价计算，工程造价信息未发布的材料单价，其单价参考市场价格估算；暂估价中的专业工程暂估价应分不同专业，按有关计价规定估算。

③计日工。在编制招标控制价时，对计日工中的人工单价和施工机械台班单价应按省级、行业建设主管部门或其授权的工程造价管理机构公布的单价计算；材料应按工程造价管理机构发布的工程造价信息中的材料单价计算，工程造价信息未发布材料单价的材料，其价格应按市场调查确定的单价计算。

④总承包服务费。总承包服务费应按照省级或行业建设主管部门的规定计算，在计算时可参考以下标准：

a. 招标人仅要求对分包的专业工程进行总承包管理和协调时，按分包的专业工程估算造价的1.5%计算。

b. 招标人要求对分包的专业工程进行总承包管理和协调，并同时要求提供配合服务时，根据招标文件中列出的配合服务内容和提出的要求，按分包的专业工程估算造价的3%～5%计算。

c. 招标人自行供应材料的，按招标人供应材料价值的1%计算。

(4)规费和税金的编制要求。规费和税金必须按国家或省级、行业建设主管部门的规定计算。

**3. 编制招标控制价时应注意的问题**

(1)采用的材料价格应是工程造价管理机构通过工程造价信息发布的材料价格，工程造价信息未发布材料单价的材料，其材料价格应通过市场调查确定。另外，未采用工程造价管理机构发布的工程造价信息，需在招标文件或答疑补充文件中对招标控制价采用的与造价信息不一致的市场价格予以说明，采用的市场价格则应通过调查、分析确定，有可靠的信息来源。

(2)施工机械设备的选型直接关系到基价综合单价水平，应根据工程项目特点和施工条件，本着经济实用、先进高效的原则确定。

(3)应该正确、全面地使用行业和地方的计价定额与相关文件。

(4)不可竞争的措施项目和规费、税金等费用的计算均属于强制性的条款，编制招标控制价时应按国家有关规定计算。

(5)不同工程项目、不同施工单位会有不同的施工组织方法，所发生的措施费也会有所不同，因此，对于竞争性的措施费用的确定，应该首先编制施工组织设计或施工方案，然后依据经专家论证后的施工方案，合理确定措施项目与费用。

## 3.5.4 招标控制价的计价与组价

**1. 招标控制价的组价关系**

建设工程的招标控制价应由组成建设工程项目的各单项工程费用组成，各单项工程费用应由组成单项工程的各单位工程费用组成，各单位工程费用应由分部分项工程费、措施项目费、其他项目费、规费和税金组成。其中，单位工程招标控制价汇总表见表3-3。

表 3-3 单位工程招标控制价汇总表

工程名称： 标段： 第 页共 页

| 序号 | 汇总内容 | 金额(元) | 其中：暂估价(元) |
|---|---|---|---|
| 1 | 分部分项工程 | | |
| 1.1 | | | |
| 1.2 | | | |
| 1.3 | | | |
| 1.4 | | | |
| 1.5 | | | |
| 2 | 措施项目 | | / |
| 2.1 | 安全文明施工费 | | / |
| 3 | 其他项目 | | / |
| 3.1 | 暂列金额 | | / |
| 3.2 | 专业工程暂估价 | | / |
| 3.3 | 计日工 | | / |
| 3.4 | 总承包服务费 | | / |
| 4 | 规费 | | / |
| 5 | 税金 | | / |
| | 招标控制价合计=1+2+3+4+5 | | |

注：本表适用于单位工程招标控制价或投标报价的汇总，如无单位工程划分，单项工程也使用本表汇总。

### 2. 综合单价的组价

招标控制价的分部分项工程费应由各单位工程的招标工程量清单乘以其相应综合单价汇总而成。综合单价的组价，首先依据提供的工程量清单和施工图纸，按照工程所在地区颁发的计价定额的规定，确定所组价的定额项目名称，并计算出相应的工程量；其次依据工程造价政策规定或工程造价信息确定其人工、材料、机械台班单价；同时，按照定额规定，在考虑风险因素确定管理费率和利润率的基础上，按规定程序计算出所组价定额项目的合价见式(3.2)，然后将若干项所组价的定额项目合价相加除以工程量清单项目工程量，便得到工程量清单项目综合单价见式(3.3)，对于未计价材料费(包括暂估单价的材料费)应计入综合单价。

$$\begin{aligned}\text{定额项目合价}=&\text{定额项目工程量}\times[\sum(\text{定额人工消耗量}\times\text{人工单价})+\\&\sum(\text{定额材料消耗量}\times\text{材料单价})+\sum(\text{定额机械台班消耗量}\times\\&\text{机械台班单价})+\text{价差(基价或人工、材料、机械费用)}+\\&\text{管理费和利润}]\end{aligned}\tag{3.2}$$

$$\text{工程量清单综合单价}=\frac{\sum(\text{定额项目合价})+\text{未计价材料}}{\text{工程量清单项目工程量}}\tag{3.3}$$

### 3. 确定综合单价应考虑的因素

编制招标控制价在确定其综合单价时，应考虑一定范围内的风险因素。在招标文件中应通过预留一定的风险费用，或明确说明风险所包括的范围及超出该范围的价格调整方法。对于招标文件中未做要求的可按以下原则确定：

(1)对于技术难度较大和管理复杂的项目,可考虑一定的风险费用,并纳入到综合单价中。

(2)对于设备、材料价格的市场风险,应依据招标文件的规定,工程所在地或行业工程造价管理机构的有关规定,以及市场价格趋势考虑一定率值的风险费用,纳入到综合单价中。

(3)税金、规费等法律、法规、规章和政策变化的风险和人工单价等风险费用不应纳入综合单价。

招标工程发布的分部分项工程量清单对应的综合单价,应按照招标人发布的分部分项工程量清单的项目名称、工程量、项目特征描述,依据工程所在地区颁发的计价定额和人工、材料、机械台班价格信息等进行组价确定,并应编制工程量清单综合单价分析表。

## 复习题

1.什么是公开招标和邀请招标?它们的优缺点有哪些?

2.建设项目施工公开招标的程序是什么?

3.详评的方法有哪些?方法的适用范围是什么?

4.串通投标包括哪些行为?

5.无标底招标的评标办法有哪些?其适用范围是什么?

6.采用招标控制价招标的优缺点有哪些?

7.编制招标控制价时应该注意哪些问题?

# 第 4 章 工程施工投标

## 4.1 投标组织与施工投标程序

### 4.1.1 投标组织

**1. 投标组织概述**

投标组织就是在投标过程中，利用专门的机构和人员对投标的全部活动过程加以组织和管理。实践证明，建立一个强有力的、内行的投标班子是投标获得成功的根本保证。

当前，我国实施社会主义市场经济体制。国际经济的基本特点是市场经济。尽管各国社会制度有所不同，但是，市场经济都是以供求关系为核心。占领市场首先依靠竞争，而招标投标是市场竞争最普遍、最常见的行之有效的方式。在工程承包招标投标竞争中，对于业主来说，招标就是择优。由于工程的性质和业主的评价标准不同，择优可能有不同的侧重面，但一般包含如下 4 个主要方面：①较低的价格；②先进的技术；③优良的质量；④较短的工期。业主通过招标，从众多的投标者中进行评选，既要从其突出的侧面进行衡量，又要综合考虑各方面的优劣，最后确定中标者。

对于承包方来说，参加投标就如同参加一场赛事竞争，这场赛事不仅比报价的高低，而且比技术、经验、实力和信誉。特别是当前国际承包市场上，工程越来越多的是技术密集型项目，势必要给承包方带来两方面的挑战，一方面是技术上的挑战，要求承包方具有先进的科学技术，能够完成高、新、尖、难工程；另一方面是管理上的挑战，要求承包方具有现代先进的组织管理水平，能够以较低价中标，靠管理和索赔获利。

**2. 投标组织的成员**

为迎接技术和管理方面的挑战，在竞争中取胜，承包方的投标班子应该由如下三种类型的人才组成：

(1)经营管理类人才

经营管理类人才，是指专门从事工程承包经营管理、制订和贯彻经营方针与规划，负责工作的全面筹划和安排具有决策水平的人才。为此，这类人才应具备以下基本条件：

①知识渊博、视野广阔。经营管理类人员必须在经营管理领域有造诣，对其他相关学科也应有相当知识水平。只有这样，才能全面地、系统地观察和分析问题。

②具备一定的法律知识和实际工作经验。该类人员应了解我国，乃至国际上的有关法律和国际惯例，并对开展投标业务所应遵循的各项规章制度有充分的了解。同时，丰富的阅历和实际工作经验可以使投标人员具有较强的预测能力和应变能力，对可能出现的各种问题进行预测并采取相应的措施。

③必须勇于开拓，具有较强的思维能力和社会活动能力。渊博的知识和丰富的经验，只有和较强的思维能力结合，才能保证经营管理人员对各种问题进行综合、概括、分析，并作出正确的判断和决策。此外，该类人员还应具备较强的社会活动能力，积极参加有关的社会活动，扩大信息交流，不断地吸收投标业务工作所必需的新知识和情报。

④掌握一套科学的研究方法和手段，诸如科学的调查、统计、分析、预测的方法。

(2)技术专业类人才

专业技术人才，主要是指工程设计及施工中的各类技术人员，诸如建筑师、土木工程师、电气工程师、机械工程师等各类专业技术人员。他们应拥有本学科最新的专业知识，具备熟练的实际操作能力，以便在投标时能从本公司的实际技术水平出发，考虑各项专业实施方案。

(3)商务金融类人才

商务金融类人才，是指从事金融、贸易、税法、保险、采购、保函、索赔等专业知识方面的人才。财务人员要懂税收、保险、涉外财会、外汇管理和结算等方面的知识。

以上是对投标班子三类人员个体素质的基本要求。一个投标班子仅仅做到个体素质良好，往往是不够的，还需要各方的共同参与，协同作战，充分发挥群体的力量。

除上述关于投标班子的组成和要求外，一个公司还需注意：保持投标班子成员的相对稳定，不断提高其素质和水平，对于提高投标的竞争力至关重要；同时，逐步采用或开发有关投标报价的软件，使投标报价工作更加快速、准确。如果是国际工程(包含境内涉外工程)投标，则应配备懂得专业和合同管理的翻译人员。

## 4.1.2 施工投标程序

任何一个施工项目的投标报价都是一项复杂的系统工程，需要周密思考，统筹安排，并遵循一定的程序(见图 4-1)。

**1. 投标报价的前期工作**

在取得招标信息后，投标人首先要决定是否参加投标，如果确定参加投标，要进行以下前期工作：

(1)通过资格预审，获取招标文件

为了能够顺利地通过资格预审，承包方申报资格预审时应当注意：

①平时对资格预审有关资料注意积累，随时存入计算机内，经常整理，以备填写资格

预审表格之用。

②填表时应重点突出，除满足资格预审要求外，还应适当地反映出本企业的技术管理水平、财务能力、施工经验和良好业绩。

③如果资格预审准备中，发现本公司某些方面难以满足投标要求时，则应考虑组成联合体参加资格预审。

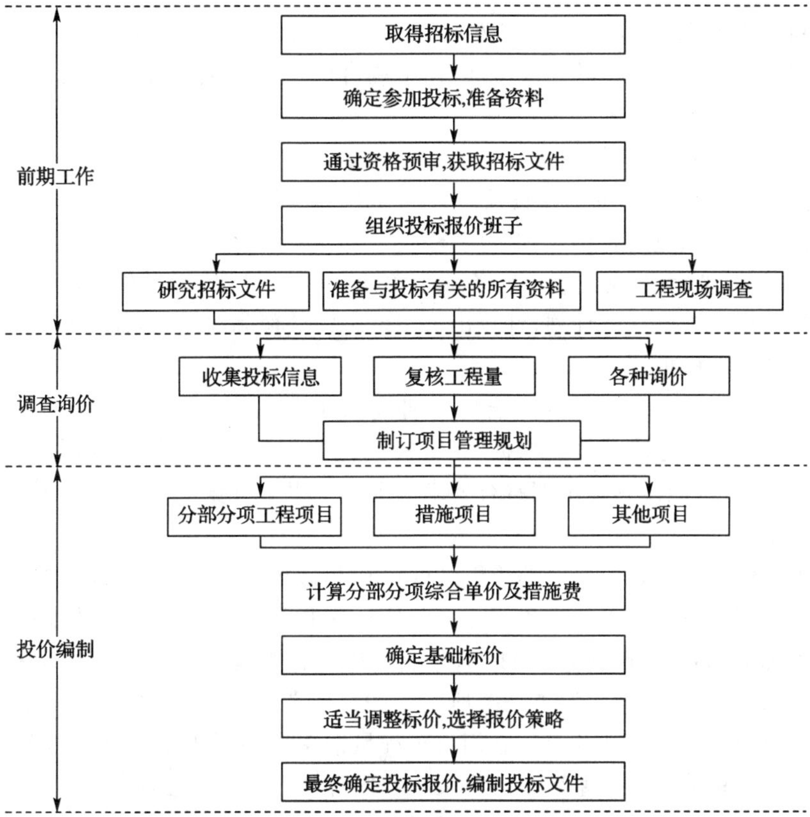


图 4-1　施工投标工程量清单报价的程序

(2)组织投标报价班子

组织一个专业水平高、经验丰富、精力充沛的投标报价班子是投标获得成功的基本保证。班子中应包括企业决策层人员、估价人员、工程计量人员、施工计划人员、采购人员、设备管理人员、工地管理人员等。一般来说，班子成员可分为三个层次，即报价决策人员、报价分析人员和基础数据采集和配备人员。各类专业人员之间应分工明确、通力合作配合，协调发挥各自的主动性、积极性和专长，完成既定投标报价工作。另外，还要注意保持报价班子成员的相对稳定，以便积累经验，不断提高其素质和水平，提高报价工作效率。

(3)研究招标文件

投标人取得招标文件后，为保证工程量清单报价的合理性，应对投标人须知、合同条件、技术规范、图纸和工程量清单等重点内容进行分析，深刻而正确地理解招标文件和业主的意图。

①投标人须知，它反映了招标人对投标的要求，特别要注意项目的资金来源、投标书的编制和递交、投标保证金、更改或备选方案、评标方法等，重点在于防止废标。

②合同分析

a. 合同背景分析。投标人有必要了解与自己承包的工程内容有关的合同背景，了解监理方式，了解合同的法律依据，为报价和合同实施及索赔提供依据。

b. 合同形式分析，主要分析承包方式（如分项承包、施工承包、设计与施工总承包和管理承包等）；计价方式（如固定合同价格、可调合同价格和成本加酬金确定的合同价格等）。

c. 合同条款分析，主要包括：

i. 承包方的任务、工作范围和责任。

ii. 工程变更及相应的合同价款调整。

iii. 付款方式、时间。应注意合同条款中关于工程预付款、材料预付款的规定。根据这些规定和预计的施工进度计划，计算出占用资金的数额和时间，从而计算出需要支付的利息数额并计入投标报价。

iv. 施工工期。合同条款中关于合同工期、竣工日期、部分工程分期交付工期等规定，这是投标人制订施工进度计划的依据，也是报价的重要依据。要注意合同条款中有无工期奖罚的规定，尽可能做到在工期符合要求的前提下报价有竞争力，或在报价合理的前提下工期有竞争力。

v. 业主责任。投标人所制订的施工进度计划和做出的报价，都是以业主履行责任为前提的。所以应注意合同条款中关于业主责任措辞的严密性，以及关于索赔的有关规定。

d. 技术标准和要求分析。工程技术标准是按工程类型来描述工程技术和工艺内容特点，对设备、材料、施工和安装方法等所规定的技术要求，有的是对工程质量进行检验、试验和验收所规定的方法和要求。它们与工程量清单中各子项工作密不可分，报价人员应在准确理解招标人要求的基础上对有关工程内容进行报价。任何忽视技术标准的报价都是不完整、不可靠的，有时可能导致工程承包重大失误和亏损。

e. 图纸分析。图纸是确定工程范围、内容和技术要求的重要文件，也是投标者确定施工方法等施工计划的主要依据。

图纸的详细程度取决于招标人提供的施工图设计所达到的深度和所采用的合同形式。详细的设计图纸可使投标人比较准确地估价，而不够详细的图纸则需要估价人员采用综合估价方法，其结果一般不很精确。

(4)工程现场调查

招标人在招标文件中一般会明确进行工程现场踏勘的时间和地点。投标人对一般区域调查重点注意以下几个方面：

①自然条件调查，如气象资料，水文资料，地震、洪水及其他自然灾害情况，地质情况等。

②施工条件调查，主要包括：工程现场的用地范围、地形、地貌、地物、高程，地上或地下障碍物，现场的“三通一平”情况；工程现场周围的道路、进出场条件、有无特殊交通限

制;工程现场施工临时设施、大型施工机具、材料堆放场地安排的可能性,是否需要二次搬运;工程现场临近建筑物与招标工程的间距、结构形式、基础埋深、新旧程度、高度;市政给水及污水、雨水排放管线位置、高程、管径、压力、废水、污水处理方式,市政、消防供水管道管径、压力、位置等;当地供电方式、方位、距离、电压等;当地煤气供应能力,管线位置、高程等;工程现场通信线路的连接和铺设;当地政府有关部门对施工现场管理的一般要求、特殊要求及规定,是否允许节假日和夜间施工等。

③其他条件调查。主要包括各种构件、半成品及商品混凝土的供应能力和价格,以及现场附近的生活设施、治安情况,等等。

**2. 调查询价**

投标报价之前,投标人必须通过各种渠道,采用各种手段对工程所需各种材料、设备等的价格、质量、供应时间、供应数量等进行系统全面的调查,同时还要了解分包项目的分包形式、分包范围、分包人报价、分包人履约能力及信誉等。询价是投标报价的基础,它为投标报价提供可靠的依据。询价时要特别注意两个问题,一是产品质量必须可靠,并满足招标文件的有关规定;二是供货方式、时间、地点,有无附加条件和费用。

(1)询价的渠道

①直接与生产厂商联系。

②了解生产厂商的代理人或从事该项业务的经纪人。

③了解经营该项产品的销售商。

④向咨询公司进行询价。通过咨询公司所得到的询价资料比较可靠,但需要支付一定的咨询费用,也可向同行了解。

⑤通过互联网查询。

⑥自行进行市场调查或信函询价。

(2)生产要素询价

①材料询价。材料询价的内容包括调查对比材料价格、供应数量、运输方式、保险和有效期、不同买卖条件下的支付方式等。询价人员在施工方案初步确定后,立即发出材料询价单,并催促材料供应商及时报价。收到询价单后,询价人员应将从各种渠道所询得的材料报价及其他有关资料汇总整理。对同种材料从不同经销部门所得到的所有资料进行比较分析,选择合适、可靠的材料供应商的报价,提供给工程报价人员使用。

②施工机械设备询价。在外地施工需用的机械设备,有时在当地租赁或采购可能更为有利。因此,事前有必要进行施工机械设备的询价。必须采购的机械设备,可向供应厂商询价。对于租赁的机械设备,可向专门从事租赁业务的机构询价,并应详细了解其计价方法。

③劳务询价。劳务询价主要有两种情况:一是成建制的劳务公司,相当于劳务分包,一般费用较高,但素质较可靠,工效较高,承包方的管理工作较轻;另一种是劳务市场招募零散劳动力,根据需要进行选择,这种方式虽然劳务价格低廉,但有时素质达不到要求或工效较低,且承包方的管理工作较繁重。投标人应在对劳务市场充分了解的基础上决定采用哪种方式,并以此为依据进行投标报价。

(3)分包询价

总承包方在确定了分包工作内容后，就将分包专业的工程施工图纸和技术说明送交预先选定的分包单位，请他们在约定的时间内报价，以便进行比较选择，最终选择合适的分包人。对分包人询价应注意以下几点：分包标函是否完整；分包工程单价所包含的内容；分包人的工程质量、信誉及可信赖程度；质量保证措施；分包报价。

(4)复核工程量

在实行工程量清单计价的施工工程中，工程量清单应作为招标文件的组成部分，由招标人提供。工程量的多少是投标报价最直接的依据。复核工程量的准确程度，将影响承包方的经营行为：一是根据复核后的工程量与招标文件提供的工程量之间的差距，而考虑相应的投标策略，决定报价尺度；二是根据工程量的大小采取合适的施工方法，选择适用、经济的施工机具设备、投入使用的劳动力数量等，从而影响到投标人的询价过程。

复核工程量，要与招标文件中所给的工程量进行对比，注意以下几方面：

①投标人应认真根据招标说明、图纸、地质资料等招标文件资料，计算主要清单工程量，复核工程量清单。其中特别注意，按一定顺序进行，避免漏算或重算；正确划分分部分项工程项目，与“清单计价规范”保持一致。

②复核工程量的目的不是修改工程量清单(即使有误，投标人也不能修改工程量清单中的工程量，因为修改了清单就等于擅自修改了合同)。对工程量清单存在的错误，可以向招标人提出，由招标人统一修改，并把修改情况通知所有投标人。

③针对工程量清单中工程量的遗漏或错误，是否向招标人提出修改意见取决于投标策略。投标人可以运用一些报价的技巧提高报价的质量，争取在中标后能获得更大的收益。

④通过工程量计算复核还能准确地确定订货及采购物资的数量，防止由于超量或少购等带来的浪费、积压或停工待料。

在核算完全部工程量清单中的细目后，投标人应按大项分类汇总主要工程总量，以便获得对整个工程施工规模的整体概念，并据此研究采用合适的施工方法，选择适用的施工设备等。

(5)制订项目管理规划

项目管理规划是工程投标报价的重要依据，项目管理规划应分为项目管理规划大纲和项目管理实施规划。根据《建设工程项目管理规范》(GB/T 50326－2001)，当承包方以编制施工组织设计代替项目管理规划时，施工组织设计应满足项目管理规划的要求。

①项目管理规划大纲。项目管理规划大纲是由企业管理层在投标之前编制的，旨在作为投标依据、满足招标文件要求及签订合同要求的文件。应包括下列内容：项目概况；项目实施条件分析；项目投标活动及签订施工合同的策略；项目管理目标；项目组织结构；质量目标和施工方案；工期目标和施工总进度计划；成本目标；项目风险预测和安全目标；项目现场管理和施工平面图；投标和签订施工合同；文明施工及环境保护。

②项目管理实施规划。项目管理实施规划是指在开工之前由项目经理主持编制的，旨在指导施工项目实施阶段管理的文件。项目管理实施规划必须由项目经理组织项目经

理部在工程开工之前编制完成。应包括下列内容：工程概括；施工部署；施工方案；施工进度计划；资源、供应计划；施工准备工作计划；施工平面图；技术组织措施计划；项目风险管理；信息管理；技术经济指标分析。

**3. 投标报价的编制**

(1)投标报价的概念和编制原则

投标报价的编制主要是投标人对承建工程所要发生的各种费用的计算。《建设工程工程量清单计价规范》规定，“投标价是投标人投标时报出的工程造价”。具体讲，投标价是在工程招标发包过程中，由投标人按照招标文件的要求，根据工程特点，并结合自身的施工技术、装备和管理水平，依据有关计价规定自主确定的工程造价，是投标人希望达成工程承包交易的期望价格，它不能高于招标人设定的招标控制价。作为投标计算的必要条件，应预先确定施工方案和施工进度，此外，投标计算还必须与采用的合同形式相协调。报价是投标的关键性工作，报价是否合理直接关系到投标的成败。投标报价编制原则如下：

①投标报价由投标人自主确定，但必须执行《建设工程工程量清单计价规范》的强制性规定。投标价应由投标人或受其委托，具有相应资质的工程造价咨询人员编制。

②投标人的投标报价不得低于成本。《中华人民共和国反不正当竞争法》第十一条规定：“经营者不得以排挤竞争对手为目的，以低于成本的价格销售商品。”《中华人民共和国招标投标法》第四十一条规定：“中标人的投标应当符合下列条件……(二)能够满足招标文件的实质性要求，并且经评审的投标价格最低；但是投标价格低于成本的除外。”《评标委员会和评标方法暂行规定》(国家计委等七部委第12号令)第二十一条规定：“在评标过程中，评标委员会发现投标人的报价明显低于其他投标报价或者在设有标底时明显低于标底的，使得其投标报价可能低于其个别成本的，应当要求该投标人做出书面说明并提供相关证明材料。投标人不能合理说明或者不能提供相关证明材料的，由评标委员会认定该投标人以低于成本报价竞标，其投标应作为废标处理。”根据上述法律、规章的规定，特别要求投标人的投标报价不得低于成本。

③投标报价要以招标文件中设定的承发包双方责任划分，作为考虑投标报价费用项目和费用计算的基础，承发包双方的责任划分不同，会导致合同风险不同的分摊，从而导致投标人选择不同的报价；根据工程承发包模式考虑投标报价的费用内容和计算深度。

④以施工方案、技术措施等作为投标报价计算的基本条件；以反映企业技术和管理水平的企业定额作为计算人工、材料和机械台班消耗量的基本依据；充分利用现场考察、调研成果、市场价格信息和行情资料，编制基础标价。

⑤报价计算方法要科学严谨，简明适用。

(2)投标报价的编制依据

《建设工程工程量清单计价规范》规定，投标报价应根据下列依据编制：

①工程量清单计价规范。

②国家或省级、行业建设主管部门颁发的计价办法。

③企业定额，国家或省级、行业建设主管部门颁发的计价定额。

④招标文件、工程量清单及其补充通知、答疑纪要。

⑤建设工程设计文件及相关资料。

⑥施工现场情况、工程特点及拟订的投标施工组织设计或施工方案。

⑦与建设项目相关的标准、规范等技术资料。

⑧市场价格信息或工程造价管理机构发布的工程造价信息。

⑨其他的相关资料。

(3)编制投标文件

①投标人应当按照招标文件的要求编制投标文件。投标文件应当包括下列内容：

a. 投标函及投标函附录；

b. 法定代表人身份证明或附有法定代表人身份证明的授权委托书；

c. 联合体协议书(如工程允许采用联合体投标)；

d. 投标保证金；

e. 已标价工程量清单；

f. 施工组织设计；

g. 项目管理机构；

h. 拟分包项目情况表；

i. 资格审查资料；

j. 规定的其他材料。

②投标文件编制时应遵循的规定：

a. 投标文件应按“投标文件格式”进行编写，如有必要，可以增加附页，作为投标文件的组成部分。其中，投标函附录在满足招标文件实质性要求的基础上，可以提出比招标文件要求更有利于招标人的承诺。

b. 投标文件应当对招标文件有关工期、投标有效期、质量要求、技术标准和要求、招标范围等实质性内容做出响应。

c. 投标文件应由投标人的法定代表人或其委托代理人签字或盖单位章。委托代理人签字的，投标文件应附法定代表人签署的授权委托书。投标文件应尽量避免涂改、行间插字或删除。如果出现上述情况，改动之处应加盖单位章或由投标人的法定代表人或其授权的代理人签字确认。

d. 投标文件正本一份，副本份数按招标文件有关规定。正本和副本的封面上应清楚地标记“正本”或“副本”的字样。投标文件的正本与副本应分别装订成册，并编制目录。当副本和正本不一致时，以正本为准。

e. 除招标文件另有规定外，投标人不得递交备选投标方案。允许投标人递交备选投标方案的，只有中标人所递交的备选投标方案方可予以考虑。评标委员会认为中标人的备选投标方案优于其按照招标文件要求编制的投标方案的，招标人可以接受该备选投标方案。

## 4.2　投标的决策与技巧

投标的实质是各个投标人之间实力、资质、信誉、效用观点之间的较量，也涉及不同投标人所选择的策略之间的博弈。投标决策的正确与否，关系到能否中标和中标后的效益，关系到投标企业的发展前景和职工的经济利益。因此，企业的决策班子必须充分认识到投标决策的重要意义，把决策工作摆在企业的重要议事日程上。对投标商来说，经济效益是第一位的，企业的主旋律就是形成利润。但赢利有多种方式，掌握项目前期的投标策略和报价技巧就非常重要。决策前要注意分析论证，避免决策的模糊性、随意性和盲目性。

### 4.2.1　投标前期决策

**1. 投标抉择决策**

建设工程投标决策的首要任务，是在获取招标信息后，对是否参加投标竞争进行分析、论证，并作出抉择，它是其他投标决策产生的前提。承包方通常要综合考虑各方面的情况，如承包方当前的经营状况和长远目标，参加投标的目的，影响中标机会的内容、外部因素等。一般说来，有下列情形之一的招标项目，承包方不宜决定参加投标：

(1)本承包方主管和兼营能力之外的项目；

(2)工程规模、技术要求超过本承包方技术等级的项目；

(3)本承包方生产任务饱满，而投标工程的盈利水平较低或风险较大的项目；

(4)本承包方技术等级、信誉、施工水平明显不如竞争对手的项目。

**2. 投标性质决策**

建设工程投标存在着不同内容的风险。投标人对于风险的态度不同，往往确定投标的方案可能是保守型、冒险型、经营型，即通常所讲的保险标、风险标、常规标。

(1)常规标。就是不考虑风险，企业以自己判断的情况和常规的计算方法报价。

(2)保险标。是指承包方对基本上不存在什么技术、设备、资金和其他方面问题的，或虽有技术、设备、资金和其他方面问题但可预见并已有了解决办法的工程项目而投的标。如果企业经济实力不强，投保险标是比较恰当的选择。我国的工程承包方一般都愿意投保险标，特别是在国际工程承包市场上，投保险标的更多。

(3)风险标。是指承包方对存在技术、设备、资金或其他方面未解决的问题，承包难度比较大的招标工程而投的标。投风险标，关键是要能想出办法解决好工程中存在的问题，如果问题解决好了，可获得丰厚的利润，开拓出新的技术领域，锻炼出一支好的队伍，使企业素质和实力上一个台阶；如果问题解决得不好，企业的效益、声誉等都会受损，严重的可能会使企业出现亏损甚至破产。因此，承包方对投标性质的决策，特别是决定投风险标，应当慎重。

**3. 投标的经济效益决策**

工程完工时可能会出现亏损、盈利、保本三种结局。在投标决策中要对企业经营目标与决策效果进行可行性研究，并决定方案类型，主要对成本、目标利润、风险损失进行综合分析。

承包方投标报价之前，首先要确定的是自己的个别成本。在工程建设市场中，采用竞争性招标投标方式下的合同买卖机制，不断地降低成本是市场的客观趋势。承包方的个别工程成本估价是构成投标报价的基础，它决定着投标报价水平的高低，体现了承包方的市场竞争能力，对报价整体水平影响也最显著。成本估价的客观准确合理的程度，直接关系到承包方的财务成本的客观补偿和盈利目标的实现，直接影响投标的成败。

投标单位合理地预期目标盈利，是企业经营战略和投标战术选择的具体体现。如何确定合理的预期利润，不仅要考虑在投标竞争中获胜，还要争取实现企业或项目的利润目标。在确定预期利润时，可结合长期利润、短期利润以及具体项目的利润综合考虑。由于建筑业竞争日趋激烈，长期利润率必然受到建筑业全行业平均利润率的局限，大部分建筑承包方的长期利润率只能向行业平均利润率看齐。在确定近期利润率时，应考虑本企业的工程任务饱满程度、近期市场行情等因素。

在具体确定某项工程的利润目标时，要预留风险损失费。项目风险是多方面的，风险费用的大小常受下列因素影响：设计深度、工程量计算的精确程度、成本估价的精确程度、施工中自然条件的变化、进度计划变更、利率汇率等。风险的大小则依据上述因素经量化后综合估量。

## 4.2.2 目标选择的决策

投标报价目标是投标单位以特定的投标经营方式，利用自身的经营条件和优势，通过竞争的手段所力求达到的利益目标。这种利益目标是投标单位经营指导思想的具体体现，也是投标报价策略的核心要素和选择竞争对策、报价技巧的依据。研究投标报价策略要从分析投标报价目标开始，研究有关竞争对策，恰当使用报价技巧，形成一套完整的投标报价策略，实现中标的目的。

**1. 投标报价的选择目标**

由于投标单位的经营能力和条件不同，出于不同目的的需要，对同一招标项目，可以有不同投标报价目标的选择。

(1)生存型。投标报价是以克服企业生存危机为目标，争取中标可以不过于考虑种种利益原则。

(2)补偿型。投标报价是以补偿企业任务不足，以追求边际效益为目标。对工程设备投标表现较大热情，并以亏损为代价的低报价，具有很强的竞争力。但受生产能力的限制，只宜在较小的招标项目考虑。

(3)开发型。投标报价是以开拓市场，积累经验，向后续投标项目发展为目标。投标带有开发性，以资金、技术投入手段进行技术经验储备，树立新的市场形象，以便争得后续投标的效益。其特点是：不是着眼于一次的投标效益，用低报价吸引投标单位，争得长远的利益。

(4)竞争型。投标报价是以竞争为手段,以低盈利为目标,报价是在精确计算报价成本基础上,充分估价各个竞争对手的报价目标,以有竞争力的报价达到中标的目的。对工程设备投标报价表现出积极的参与意识。

(5)盈利型。投标报价充分发挥自身优势,以实现最佳盈利为目标,投标单位对效益无吸引力的项目热情不高,对盈利大的项目充满自信,也不太注重对竞争对手的动机分析和对策研究。

不同投标报价目标的选择是依据一定的条件进行分析决定的。竞争性投标报价目标是投标单位追求的普遍形式。

**2. 决定选择投标报价目标的因素**

确定什么样的投标报价目标不是随心所欲,任意选择的。首先要研究招标项目在技术、经济、商务等诸多方面的要求。其次是剖析自身的技术、经济、管理诸多方面的优势和不足。然后将自身条件同投标项目要求逐一进行对照,确定自身在投标报价中的竞争位置,制订有利的投标报价目标。这种分析和对照主要考虑以下因素:

(1)技术装备能力和工人技术操作水平

投标项目的技术条件给投标单位提出了相应技术装备能力和工人技术操作水平的要求。如果不能适应,就需要更新或新置技术设备,对工人进行技术培训,或是转包和在外组织采购。因此,投标单位有无能力或由此引起的报价成本的变化,都直接影响着投标目标的选择。反之,具有较高技术装备和操作能力的投标单位去承担技术水平较低的工程项目,效益选择同样有较大局限性。

(2)设计能力

工程设计往往是投标项目的组成部分。在综合性的招标项目中,设计工作要求和工作量占有更重要的地位,投标单位的设计能力能否适应招标项目的要求,直接决定着投标的方式和投标目标的选择。适应招标工程的设计能力,可以充分发挥投标单位的优势,立于竞争的主动地位。

(3)对招标项目的熟悉程度

所谓熟悉程度是投标单位对此工程项目过去是否承建过,积累有什么经验,预测风险的能力有多大等等。对项目熟悉就可以增强信心,减轻风险损失,尽可能扩大投标的竞争能力。对项目不熟悉,就要充分考虑不可预见的风险因素,提供保障措施和设计应变能力。这就意味着间接投入的增多,在投标目标选择上就有一定的困难。

(4)投标项目可带来的随后机会

所谓随后机会,就是投标单位在争取中标后,可能给今后连续性投标带来的中标机遇,或是在今后对类似项目在投标时采取中标占有有利位置。如果随后机会较多,对投标单位树立形象和扩大市场有利,那么对这一招标项目在经济利益上做某些让步达到中标目的也是有利的。如果随后机会不多,那么对投标的经济效益要着重考虑。

(5)投标项目可能带来的出口机会

扩大国际市场,争取在国际投标中有位置是投标单位追求的重要目标。对能够给国际投标取胜带来较大机会的投标项目,无疑是投标单位应首先考虑的问题。它决定着对这一投标项目现实效益的低水平选择。

(6)投标项目可能带来的生产质量提高

投标项目一方面需要相适应的生产装备和劳动技能，另一方面也可能给投标单位带来技术的进步，管理水平的加强和工作质量的提高。这种质量提高的程度，无疑是投标单位感兴趣的，直接影响其投标盈利目标的决策。

(7)投标项目可能带来的成本降低机会

投标单位在争取中标后，在履约过程中的各项管理提高的综合成果会直接反映在成本降低的机会和程度上。投标项目的完成能为以后承包经营带来成本降低较多较大的机遇，也会影响到投标单位投标盈利目标的决策。

(8)投标项目的竞争程度

所谓竞争程度是指参与投标的单位的数量和各竞争投标者投标的动机和目标。它是从外部制约着投标单位效益目标选择的分寸。投标的竞争性决定了投标单位在投标时必须以内部条件为基础，以市场竞争为导向，制订正确的投标目标。

除此之外，对于不同投标单位来说，诸如承包工程交货条件、付款方式、历史经验、风险性等都是影响到投标目标选择的因素，从而对选择投标目标的决策起重要作用。

## 4.2.3 投标的技巧

投标技巧研究，其实质是在保证工程质量与工期条件下，寻求一个好的报价的技巧问题。承包方为了中标并获得期望的效益，投标程序全过程几乎都要研究投标报价技巧问题。技巧是操作的技术和窍门，是实现中标目标不可缺少的艺术。投标单位有了投标取胜的实力还不行，还必须有将这种实力变为投标实现的技巧。它的作用在于：一是使实力较强的投标单位取得满意的投标成果；二是使实力一般的投标单位争得投标报价的主动地位；三是当报价出现某些失误时，可以得到某些弥补。因此，对投标单位来讲，必须十分重视对投标报价技巧的研究和使用。

**1. 根据招标项目的不同特点采用不同报价**

投标报价时，既要考虑自身的优势和劣势，也要分析招标项目的特点。按照工程项目的不同特点、类别、施工条件等来选择报价策略。

(1)遇到如下情况，报价可高一些：施工条件差的工程，专业要求高的技术密集型工程，而投标人在这方面又有专长，声望也较高；总价低的小工程，以及自己不愿做又不方便不投标的工程；特殊的工程，如港口码头、地下开挖工程等；工期要求急的工程；投标对手少的工程；支付条件不理想的工程。

(2)遇到如下情况，报价可低一些：施工条件好的工程；工作简单、工程量大而其他投标人都可以做的工程；投标人目前急于打入某一市场、某一地区，或在该地区面临工程结束、机械设备等无工地转移时；投标人在附近有工程，而本项目又可利用该工程的设备、劳务，或有条件短期内突击完成的工程；投标对手多，竞争激烈的工程；非急需工程；支付条件好的工程。

**2. 不平衡报价法**

这一方法是指一个工程项目总报价基本确定后，通过调整内部各个项目的报价，以期既不提高总报价、不影响中标，又能在结算时得到更理想的经济效益。一般可以考虑在以下几个方面采用不平衡报价：

(1)能够早日结算的项目(如前期措施费、基础工程、土石方工程等)可以适当提高报价，以利资金周转，提高资金时间价值。后期工程项目如设备安装、装饰工程等的报价可适当降低。

(2)经过工程量复核，预计今后工程量会增加的项目，单价适当提高，这样在最终结算时可多盈利，而将来工程量有可能减少的项目单价降低，工程结算时损失不大。

但是，上述两种情况要统筹考虑，即对于清单工程量有错误的早期工程，如果工程量不可能完成而有可能减少的项目，则不能盲目抬高价格，要具体分析后再定。

(3)设计图纸不明确、估计修改后工程量要增加的，可以提高单价，而工程内容说明不清楚的，则可以降低一些单价，在工程实施阶段通过索赔再寻求提高单价的机会。

(4)暂定项目又叫任意项目或选择项目，对这类项目要作具体分析。因这一类项目要开工后由发包人研究决定是否实施，以及由哪一家投标人实施。如果工程不分标，不会另由一家投标人施工，则其中肯定要施工的单价可高些，不一定要施工的则应该低些。如果工程分标，该暂定项目也可能由其他投标人施工时，则不宜报高价，以免抬高总报价。

(5)单价与包干混合制合同中，招标人要求有些项目采用包干报价时，宜报高价。一则这类项目多半有风险，二则这类项目在完成后可全部按报价结算，即可以全部结算回来。其余项目单价则可适当降低。

(6)有时招标文件要求投标人对工程量大的项目报“综合单价分析表”，投标时可将单价分析表中的人工费及机械设备费报得较高，而材料费报得较低。这主要是为了在今后补充项目报价时，可以参考选用“综合单价分析表”中较高的人工费和机械费，而材料则往往采用市场价，因而可获得较高的收益。

**3. 计日工单价的报价**

如果是单纯报计日工单价，而且不计入总价中，可以报高些，以便在招标人额外用工或使用施工机械时可多盈利。但如果计日工单价要计入总报价时，则需具体分析是否报高价，以免抬高总报价。总之，要分析招标人在开工后可能使用的计日工数量，再来确定报价方针。

**4. 可供选择的项目的报价**

有些工程项目的分项工程，招标人可能要求按某一方案报价，而后再提供几种可供选择方案的比较报价。投标时，应对不同规格情况下的价格都进行调查，对于将来有可能被选择使用的规格应适当提高其报价；对于技术难度大或其他原因导致的难以实现的规格，可将价格有意抬高得更多一些，以阻挠招标人选用。但是，所谓“可供选择项目”并非由投标人任意选择，而是招标人才有权进行选择。因此，虽然适当提高了可供选择项目的报价，并不意味着肯定可以取得较好的利润，只是提供了一种可能性，一旦招标人今后选用，投标人即可得到额外加价的利益。

**5. 暂定金额的报价**

暂定金额的报价有三种：

(1)招标人规定了暂定金额的分项内容和暂定总价款，并规定所有投标人都必须在总报价中加入这笔固定金额，但由于分项工程量不很准确，允许将来按投标人所报单价和实际完成的工程量付款。这种情况下，由于暂定总价款是固定的，对各投标人的总报价水平竞争力没有任何影响，因此，投标时应当对暂定金额的单价适当提高。

(2)招标人列出了暂定金额的项目的数量，但并没有限制这些工程量的估价总价款，要求投标人既列出单价，也应按暂定项目的数量计算总价，当将来结算付款时可按实际完成的工程量和所报单价支付。这种情况下，投标人必须慎重考虑。如果单价定得高了，同其他工程量计价一样，将会增大总报价，影响投标报价的竞争力；如果单价定得低了，将来这类工程量增大，将会影响收益。一般来说，这类工程量可以采用正常价格。如果投标人估计今后实际工程量肯定会增大，则可适当提高单价，使将来可增加额外收益。

(3)只有暂定金额的一笔固定总金额，将来这笔金额做什么用，由招标人确定。这种情况对投标竞争没有实际意义，按招标文件要求将规定的暂定金额列入总报价即可。

**6. 多方案报价法**

对于一些招标文件，如果发现工程范围不很明确，条款不清楚或很不公正，或技术规范要求过于苛刻时，则要在充分估计投标风险的基础上，按多方案报价法处理，即是按原招标文件报一个价，然后再提出，如某某条款做某些变动，报价可降低多少，由此可报出一个较低的价。这样可以降低总价，吸引招标人。

**7. 增加建议方案**

有时招标文件中规定，可以提一个建议方案，即可以修改原设计方案，提出投标者的方案。投标人这时应抓住机会，组织一批有经验的设计和施工工程师，对原招标文件的设计和施工方案仔细研究，提出更为合理的方案以吸引招标人，促成自己的方案中标。这种新建议方案可以降低总造价或是缩短工期，或使工程运用更为合理。但一定要注意对原招标方案也要报价。建议方案不要写得太具体，要保留方案的技术关键，防止招标人将此方案交给其他投标人。同时要强调的是，建议方案一定要比较成熟，有很好的可操作性。

**8. 分包商报价的采用**

总承包方通常应在投标前先取得分包商的报价，并增加总承包方摊入的一定的管理费，而后作为自己投标总价的一个组成部分一并列入报价单中。应当注意，分包商在投标前可能同意接受总承包方压低其报价的要求，但等到总承包方得标后，他们常以种种理由要求提高分包价格，这将使总承包方处于十分被动的地位。解决的办法是，总承包方在投标前找两三家分包商分别报价，而后选择其中一家信誉较好、实力较强和报价合理的分包商签订协议，同意该分包商作为本分包工程的唯一合作者，并将分包商的姓名列到投标文件中，但要求该分包商相应地提交投标保函。如果该分包商认为总承包方确实有可能得标，也许愿意接受这一条件。这种把分包商的利益同投标人捆在一起的做法，不但可以防止分包商事后反悔和涨价，还可能迫使分包时报出较合理的价格，以便共同争取得标。

**9. 许诺优惠条件**

投标报价附带优惠条件是一种行之有效的手段。招标人评标时,除了主要考虑报价和技术方案外,还要分析别的条件,如工期、支付条件等。所以在投标时主动提出提前竣工、低息贷款、赠给施工设备、免费转让新技术或某种技术专利、免费技术协作、代为培训人员等,均是吸引招标人、利于中标的辅助手段。

**10. 无利润报价**

缺乏竞争优势的承包方,在不得已的情况下,只好在报价时根本不考虑利润而去夺标。这种办法一般是处于以下条件时采用:

(1)有可能在得标后,将大部分工程分包给索价较低的一些分包商;

(2)对于分期建设的项目,先以低价获得首期工程,而后赢得机会创造第二期工程中的竞争优势,并在以后的实施中盈利;

(3)较长时期内,投标人没有在建的工程项目,如果再不得标,就难以维持生存。因此,虽然本工程无利可图,但只要能有一定的管理费维持公司的日常运转,就可设法克服暂时的困难,以期将来东山再起。

**11. 突然降价法**

报价是一件保密性很强的工作,但是对手往往通过各种渠道、手段来刺探信息,因此在报价时可以采取迷惑对方的手法。即选按一般情况报价或表现出自己对该工程兴趣不大,到快投标截止时,再突然降价。如鲁布革水电站引水系统工程突然降低8.04%,取得最低标,为以后中标打下基础。采用这种方法时,一定要在准备投标报价的过程中考虑好降价的幅度,在临近投标截止日期前,根据情报信息与分析判断,再作最后决策。如果由于采用突然降价法而中标,因为开标只降总价,在签订合同后可采用不平衡报价的思想调整工程量表内的各项单价或价格,以期取得更高的效益。

**12. 联合保标法**

在竞争对手众多的情况下,可以采取几家实力雄厚的承包方联合起来控制标价,一家出面争取中标,再将其中部分项目转让给其他承包方分包,或轮流相互保标。在国际上这种做法很常见,但是如被业主发现,则有可能被取消投标资格。

## 4.3 投标施工组织设计

### 4.3.1 投标施工组织设计概述

工程开工前要进行施工组织设计,以指导施工项目全过程各项活动的技术、经济和组织。施工组织设计是施工技术与施工项目管理有机结合的产物,它能保证工程开工后施工活动有序、高效、科学合理地进行。

投标书中施工组织设计内容是投标书的核心内容。施工组织设计编制过程首先要认真研究分析招标文件的有关具体规定。由于招标提供的资料仅是代表性资料,不能满足投标方的需要，因此要通过详细的施工现场调查对施工方案进行细化完善，使设计结果具有实施性和可操作性。对于重点、难点方案可以采取多方案施工方案投标的方法，使它们具有不同的特色，通过分析优劣点，使评委们对方案进行评审后能够确定中标的最佳方案。

施工组织设计要注意新工艺、新方法、新技术、新材料的使用，注意施工组织方案与投标报价要求相结合，既具有先进性，又具备经济上的合理性，要在确定施工队伍的基础上利用施工进度网络，对施工进度进行安排；在施工方案中要突出工艺流程和工艺标准的先进性与合理性；对施工平面布置要注意完整性和环境保护的具体要求，综合制订工期、质量、安全的施工措施，要注意关联性和协调性；以施工方案为核心，结合投标项目的实际情况，推行ISO09002质量保证模式，采取综合性措施，保证企业经营方针、质量方针的实现。

### 4.3.2 施工组织设计的作用

施工组织设计的基本任务是在充分研究工程的客观情况和施工特点的基础上，结合承包方的技术力量、装配水平，从人力、材料、机械、施工方法和资金等5个基本要素出发进行统筹规划、合理安排；充分利用有限的空间和时间，采用先进的施工技术，选择合理的施工方案，确定合理的施工进度，建立正常的生产秩序，用最少的资源和财力取得质量高、工期短、成本低、效益好、用户满意的建筑产品。

施工组织设计的作用主要体现在：①实现项目设计的要求，衡量设计方案施工的可行性和经济合理性；②保证各施工阶段的准备工作及时进行；③使施工按科学的程序进行，建立正常的生产秩序；④协调各施工单位、各工种、各种资源之间的合理关系；⑤明确施工重点，掌握施工关键和控制方法，并提出相应的技术安全措施；⑥为组织物质供应提供必要的依据。

### 4.3.3 施工组织设计的内容

施工组织设计的繁简，一般要根据工程规模大小、结构特点、技术复杂程度和施工条件的不同而定，以满足不同的实际需要。复杂和特殊工程的施工组织设计需较为详尽，小型建设项目或具有较丰富施工经验的工程则可较为简略。施工组织总设计是为解决整个建设项目施工的全局问题的，要求简明扼要，重点突出，要安排好主体工程、辅助工程和公用工程的相互衔接和配套。单位工程的施工组织设计是为具体指导施工服务的，要具体明确，要解决好各工序、各工种之间的衔接配合，合理组织平行流水和交叉作业，以提高施工效率。施工条件发生变化时，施工组织设计须及时修改和补充，以便继续执行。

施工组织设计的内容要结合工程对象的实际特点、施工条件和技术水平进行综合考虑，一般有以下内容：①编制说明；②工程概况及特点；③施工部署和施工准备工作；④施工现场平面布置；⑤施工总进度计划；⑥各分部分项工程的主要施工方法；⑦拟投入的主要物资计划；⑧工程投入的主要施工机械设备情况；⑨劳动力安排计划；⑩确保工程质量的技术组织措施；⑪确保安全生产的技术组织措施；⑫确保文明施工的技术组织措施；

⑬确保工期的技术组织措施；⑭质量通病的防治措施；⑮季节性施工措施；⑯成品保护措施；⑰创优综合措施；⑱项目成本控制；⑲回访保修服务措施；⑳施工总平面图、施工进度总图、施工网络图。

归纳起来有以下主要内容：

**1. 工程概况**

工程概况中应概要地说明本施工项目性质、规模、建设地点、结构特点、建筑面积、施工期限；本地区气象、地形、地质和水文情况；施工力量、施工条件、劳动力、材料、机械设备等供应条件。

**2. 施工方案**

施工方案选择是依据工程概况，结合人力、材料、机械设备等条件，全面部署施工任务；安排总的施工顺序，确定主要工种工程的施工方法；对施工项目根据各种可能采用的方案，进行定性、定量的分析，通过技术经济评价，选择最佳施工方案。

**3. 施工进度计划**

施工进度计划，反映了最佳施工方案在时间上的具体安排；采用某种计划方法，使工期、成本、资源等方面，通过计算和调整达到既定的施工项目目标；施工进度计划可采用横道图或网络图的形式编制。在施工进度计划的基础上，可编制出劳动力和各种资源需要量计划和施工准备工作计划。

**4. 施工总平面图**

施工总平面图是施工方案及进度计划在空间上的全面安排。它是把投入的各种资源（如材料、构件、机械、运输道路、水电管网等）和生产、生活设施和活动场地合理地部署在施工现场，使整个现场能进行有组织、有计划的文明施工。

**5. 主要技术经济指标**

主要技术经济指标是对确定的施工方案及施工部署的技术经济效益进行全面评价，用以衡量组织施工的水平。施工组织设计常用的技术经济指标有：①工期指标；②劳动生产率指标；③机械化施工程度指标；④质量、安全指标；⑤降低成本指标；⑥节约“三材”（钢材、木材、水泥）指标等。

## 4.3.4　施工组织设计的编制依据

施工组织设计的编制依据有以下几方面：

（1）设计资料。包括设计任务书、初步设计（或技术设计）、施工图纸和设计说明书、施工组织条件设计等。

（2）自然条件资料。包括地形、工程地质、水文地质和气象等资料。

（3）技术经济条件资料。包括建设地区的建材工业及其产品、资源、供水、供电、通信、交通运输、生产、生活基地设施等资料。

（4）工程承发包合同规定的有关指标。包括项目交付使用日期，施工中要求采用的新结构、新技术、新材料及与施工有关的各项规定指标等。

(5)承包方及相关协作单位可配备的人力、机械设备和技术状况,以及类型相似或近似项目的经验资料。

(6)国家和地方有关现行规范、规程、建设标准等资料。

## 复习题

1. 投标组织的项目班子由哪几方面成员组成?

2. 简述施工投标的程序。

3. 如何进行投标决策?

4. 承包方投标时如何进行目标的选择?

5. 建设工程投标的技巧都有哪些?

6. 施工组织设计的内容和作用分别是什么?

# 第 5 章 施工项目投标报价

## 5.1 投标报价的组成和计算

### 5.1.1 投标报价的概念和编制原则

投标报价的编制主要是投标人对承建工程所要发生的各种费用的计算。《建设工程工程量清单计价规范》规定，“投标价是投标人投标时报出的工程造价”。具体地讲，投标价是在工程招标发包过程中，由投标人按照招标文件的要求，根据工程特点，并结合自身的施工技术、装备和管理水平，依据有关计价规定自主确定的工程造价，是投标人希望达成工程承包交易的期望价格，它不能高于招标人设定的招标控制价。作为投标计算的必要条件，应预先确定施工方案和施工进度，此外，投标计算还必须与采用的合同形式相协调。报价是投标的关键性工作，报价是否合理直接关系到投标的成败。

投标报价的编制原则如下：

(1)投标报价由投标人自主确定，但必须执行《建设工程工程量清单计价规范》的强制性规定。投标价应由投标人或受其委托，具有相应资质的工程造价咨询人员编制。

(2)投标人的投标报价不得低于成本。《中华人民共和国反不正当竞争法》第十一条规定：“经营者不得以排挤竞争对手为目的，以低于成本的价格销售商品。”《中华人民共和国招标投标法》第四十一条规定：“中标人的投标应当符合下列条件之一……(二)能够满足招标文件的实质性要求，并且经评审的投标价格最低；但是投标价格低于成本的除外。”《评标委员会和评标方法暂行规定》(国家计委等七部委第 12 号令)第二十一条规定：“在评标过程中，评标委员会发现投标人的报价明显低于其他投标报价或者在设有标底时明显低于标底的，使得其投标报价可能低于其个别成本的，应当要求该投标人作出书面说明并提供相关证明材料。投标人不能合理说明或者不能提供相关证明材料的，由评标委员会认定该投标人以低于成本报价竞标，其投标应作废标处理。”根据上述法律、规章的规定，特别要求投标人的投标报价不得低于成本。

(3)投标报价要以招标文件中设定的承发包双方责任划分作为考虑投标报价费用项目和费用计算的基础,承发包双方的责任划分不同,会导致合同风险的分摊不同,从而导致投标人选择的报价不同;根据工程承发包模式考虑投标报价的费用内容和计算深度。

(4)以施工方案、技术措施等作为投标报价计算的基本条件;以反映企业技术和管理水平的企业定额作为计算人工、材料和机械台班消耗量的基本依据;充分利用现场考察、调研成果、市场价格信息和行情资料,编制基础标价。

(5)报价计算方法要科学严谨,简明适用。

### 5.1.2 投标报价的编制依据

《建设工程工程量清单计价规范》规定,投标报价应根据下列依据编制:

(1)工程量清单计价规范。

(2)国家或省级、行业工程主管部门颁发的计价办法。

(3)企业定额,国家或省级、行业工程主管部门颁发的计价定额。

(4)招标文件、工程量清单及其补充通知、答疑纪要。

(5)建设工程设计文件及相关资料。

(6)施工现场情况、工程特点及拟定的投标施工组织设计或施工方案。

(7)与工程项目相关的标准、规范等技术资料。

(8)市场价格信息或工程造价管理机构发布的工程造价信息。

(9)其他的相关资料。

### 5.1.3 投标报价的组成和编制方法

编制投标报价应首先根据招标人提供的工程量清单编制分部分项工程量清单与计价表,措施项目清单与计价表,其他项目清单与计价表,规费、税金项目清单与计价表,计算完毕之后,汇总得到单位工程投标报价汇总表,再层层汇总,分别得出单项工程投标报价汇总表和工程项目投标报价汇总表,全部流程如图 5-1 所示。在编制过程中,投标人应按招标人提供的工程量清单填报价格。填写的项目编码、项目名称、项目特征、计量单位、工程量必须与招标人提供的一致。

**1. 分部分项工程量清单与计价表的编制**

承包人投标价中的分部分项工程费应按招标文件中分部分项工程量清单项目的特征描述确定综合单价计算。因此确定综合单价是分部分项工程量清单与计价表编制过程中最主要的内容。分部分项工程量清单综合单价,包括完成单位分部分项工程所需的人工费、材料费、机械使用费、管理费、利润,并考虑风险费用的分摊。

$$分部分项工程综合单价=人工费+材料费+机械使用费+管理费+利润 \quad (5.1)$$

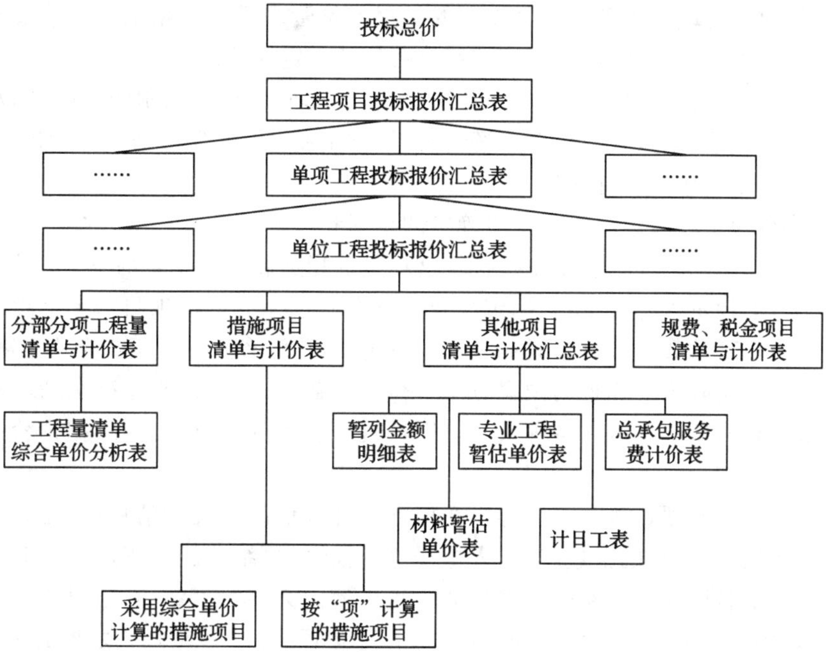


图 5-1　建设项目施工投标工程量清单报价流程简图

(1)确定分部分项工程综合单价时的注意事项

①以项目特征描述为依据。确定分部分项工程量清单项目综合单价的最重要依据之一是该清单项目的特征描述，投标人投标报价时应依据招标文件中分部分项工程量清单项目的特征描述确定清单项目的综合单价。在招投标过程中，当出现招标文件中分部分项工程量清单特征描述与设计图纸不符时，投标人应以分部分项工程量清单的项目特征描述为准，确定投标报价的综合单价。当施工中施工图纸或设计变更与分部分项工程量清单项目特征描述不一致时，发、承包双方应按实际施工的项目特征，依据合同约定重新确定综合单价。

②材料暂估价的处理。在招标文件的其他项目清单中提供了暂估单价的材料，应按其暂估的单价计入分部分项工程量清单项目的综合单价中。

③应包括承包人承担的合理风险。招标文件中要求投标人承担的风险费用，投标人应考虑进综合单价。在施工过程中，当出现的风险内容及其范围(幅度)在招标文件规定的范围(幅度)内时，综合单价不得变动，工程价款不作调整。根据国际惯例并结合我国社会主义市场经济条件下工程建设的特点，承发包双方对工程施工阶段的风险宜采用如下分摊原则：

a.对于主要由市场价格波动导致的价格风险，如工程造价中的建筑材料、燃料等价格风险，承发包双方应当在招标文件中或在合同中对此类风险的范围和幅度予以明确约定，进行合理分摊。根据工程特点和工期要求，建议可一般采取的方式是承包人承担5%以内的材料价格风险，10%以内的施工机械使用费风险。

b.对于法律、法规、规章或有关政策出台而导致的工程税金，规费，人工费发生变化，由省级、行业建设行政主管部门或其授权的工程造价管理机构根据上述变化发布的政策性调整，承包人不应承担此类风险，应按照有关调整规定执行。

c. 对于承包人根据自身技术水平，管理、经营状况能够自主控制的风险，如承包人的管理费、利润的风险，承包人应结合市场情况，根据企业自身的实际情况合理确定、自主报价，该部分风险由承包人全部承担。

(2)分部分项工程量清单与计价表确定的步骤和方法。

①确定计算基础。计算基础主要包括消耗量的指标和生产要素的单价。应根据本企业的企业实际消耗量水平，并结合拟定的施工方案确定完成清单项目需要消耗的各种人工、材料、机械台班的数量。计算时应采用企业定额，在没有企业定额或企业定额缺项时，可参照与本企业实际水平相近的国家、地区、行业定额，并通过调整来确定清单项目的人工、材料、机械台班单位用量。各种人工、材料、机械台班的单价，则应根据询价的结果和市场行情综合确定。

②分析每一清单项目的工程内容。在招标文件提供的工程量清单中，招标人已对项目特征进行了准确、详细的描述，投标人根据这一描述，再结合施工现场情况和拟定的施工方案确定完成各清单项目实际应发生的工程内容。必要时可参照《建设工程工程量清单计价规范》中提供的工程内容，有些特殊的工程也可能发生规范列表之外的工程内容。

③计算工程内容的工程数量与清单单位的含量。每一项工程内容都应根据所选定额的工程量计算规则计算其工程数量，当定额的工程量计算规则与清单的工程量计算规则相一致时，可直接以工程量清单单位含量作为工程内容的工程数量。

当采用清单单位含量计算人工费、材料费、机械使用费时，还需要计算每一计量单位的清单项目所分摊的工程内容的工程数量，即清单单位含量。

$$\text{清单单位含量}=\frac{\text{某工程内容的定额工程量}}{\text{清单工程量}} \tag{5.2}$$

④分部分项工程人工、材料、机械使用费的计算。以完成每一计量单位的清单项目所需的人工、材料、机械台班用量为基础计算，即

$$\begin{matrix}\text{每一计量单位清单项目}\\\text{某种资源的使用量}\end{matrix}=\begin{matrix}\text{该种资源的}\\\text{定额单位用量}\end{matrix}\times\begin{matrix}\text{相应定额条目的}\\\text{清单单位含量}\end{matrix} \tag{5.3}$$

再根据预先确定的各种生产要素的单位价格可计算出每一计量单位清单项目的分部分项工程的人工费、材料费与机械使用费。

$$\text{人工费}=\begin{matrix}\text{完成单位清单项目}\\\text{所需工人的工日数量}\end{matrix}\times\text{每工日的人工日工资单价} \tag{5.4}$$

$$\text{材料费}=\sum\begin{matrix}\text{完成单位清单项目所需}\\\text{各种材料、半成品的数量}\end{matrix}\times\text{各种材料、半成品单价} \tag{5.5}$$

$$\text{机械使用费}=\sum\begin{matrix}\text{完成单位清单项目所需}\\\text{各种机械的台班数量}\end{matrix}\times\text{各种机械的台班单价} \tag{5.6}$$

当招标人提供的其他项目清单中列示了材料暂估价时，应根据招标提供的价格计算材料费，并在分部分项工程量清单与计价表中体现出来。

⑤计算综合单价。管理费和利润的计算可按照人工费、材料费、机械使用费之和，按照一定的费率取费计算。

$$管理费=(人工费+材料费+机械使用费)\times 管理费费率 \tag{5.7}$$

$$利润=(人工费+材料费+机械使用费+管理费)\times 利润率 \tag{5.8}$$

将五项费用汇总之后，并考虑合理的风险费用后，即可得到分部分项工程量清单综合单价。

根据计算出的综合单价，可编制分部分项工程量清单与计价表，如表 5-1 所示。

**表 5-1　　分部分项工程量清单与计价表**

工程名称：××住宅工程　　标段：　　第×页共×页

| 序号 | 项目编码 | 项目名称 | 项目特征描述 | 计量单位 | 工程量 | 金额（元） | | |
|---|---|---|---|---|---|---|---|---|
| | | | | | | 综合单价 | 合价 | 其中：暂估价 |
| | | … | | | | | | |
| | | A. 4 混凝土及钢筋混凝土工程 | | | | | | |
| 6 | 010403001001 | 基础梁 | C30 混凝土基础梁，梁底标高 −1.55m，梁截面 300mm × 600mm，250mm×500mm | $m^3$ | 208 | 356.14 | 74077 | |
| 7 | 010416001001 | 现浇混凝土钢筋 | 螺纹钢 Q235，Φ14 | t | 98 | 5857.16 | 574002 | 490000 |
| | | …… | | | | | | |
| | | 分部小计 | | | | | 2532419 | 490000 |
| 合计 | | | | | | | 3758977 | 1000000 |

（3）分部分项工程量清单综合单价分析表的编制。由于我国目前主要采用经评审的合理低标价法进行评标，为表明分部分项工程量综合单价的合理性，投标人应对其进行单价分析，以作为评标时判断综合单价合理性的主要依据。

综合单价分析表的编制应反映出上述综合单价的编制过程，并按照规定的格式进行制表，如表 5-2 所示。

**2. 措施项目清单与计价表的编制**

编制内容主要是计算各项措施项目费，措施项目费应根据招标文件中的措施项目清单及投标时拟定的施工组织设计或施工方案按不同报价方式自主报价。计算时应遵循以下原则：

（1）投标人可根据工程实际情况结合施工组织设计，自主确定措施项目费。对招标人所列的措施项目可以进行增补。这是由于各投标人拥有的施工装备、技术水平和采用的施工方法有所差异，招标人提出的措施项目清单是根据一般情况确定的，没有考虑不同投标人的“个性”，投标人投标时应根据自身编制的投标施工组织设计或施工方案确定措施项目，对招标人提供的措施项目进行调整。投标人根据投标施工组织设计或施工方案调整和确定的措施项目应通过评标委员会的评审。

**表 5-2　　　　工程量清单综合单价分析表**

工程名称：××住宅工程　　标段：　　　　　　　　　　　　第×页共×页

| 项目编码 | | 010416001001 | | 项目名称 | | 现浇构件钢筋 | | 计量单位 | | t | |
|---|---|---|---|---|---|---|---|---|---|---|---|
| 清单综合单价组成明细 | | | | | | | | | | | |
| 定额编号 | 定额名称 | 定额单位 | 数量 | 单价 | | | | 合价 | | | |
| | | | | 人工费 | 材料费 | 机械费 | 管理费和利润 | 人工费 | 材料费 | 机械费 | 管理费和利润 |
| AD0899 | 现浇螺纹钢筋制作安装 | t | 1.000 | 294.75 | 5397.70 | 62.42 | 102.29 | 294.75 | 5397.70 | 62.42 | 102.29 |
| 人工单价 | | | | 小计 | | | | 294.75 | 5397.70 | 62.42 | 102.29 |
| 38 元/工日 | | | | 未计价材料费 | | | | | | | |
| 清单项目综合单价 | | | | | | | | 5857.16 | | | |
| 材料费明细 | 主要材料名称、规格、型号 | | | 单位 | | 数量 | | 单价（元） | 合价（元） | 暂估单价（元） | 暂估合价（元） |
| | 螺纹钢 Q235，Φ14 | | | t | | 1.07 | | | | 5000.00 | 5350.00 |
| | 焊条 | | | kg | | 8.64 | | 4.00 | 34.56 | | |
| | 其他材料费 | | | | | | | — | 13.14 | — | |
| | 材料费小计 | | | | | | | — | 47.70 | — | 5350.00 |

（2）措施项目清单计价应根据拟建工程的施工组织设计，可以计算工程量，适宜采用分部分项工程量清单方式的措施项目应采用综合单价计价；其余的措施项目可以“项”为单位的方式计价，应包括除规费、税金外的全部费用。也就是说，可以计算工程量的措施项目，宜采用分部分项工程量清单的方式编制，与之相对应，应采用综合单价计价（如表 5-4 所示）；以“项”为计量单位的，按项计价，其价格组成与综合单价相同，应包括除规费、税金以外的全部费用（如表 5-3 所示）。

（3）措施项目清单中的安全文明施工费应按照国家或省级、行业建设主管部门的规定计价，不得作为竞争性费用。这是因为，根据《中华人民共和国安全生产法》《中华人民共和国建筑法》《建设工程安全生产管理条例》《安全生产许可证条例》等法律、法规的规定，建设部办公厅印发了《建筑工程安全防护、文明施工措施费及使用管理规定》（建办[2005]89 号），将安全文明施工费纳入国家强制性标准管理范围，其费用标准不予竞争。清单计价规范规定，措施项目清单中的安全文明施工费应按国家或省级、行业建设主管部门的规定费用标准计价，招标人不得要求投标人对该项费用进行优惠，投标人也不得以该项费用参与市场竞争。

表 5-3　　措施项目清单与计价表(一)

工程名称:××住宅工程　　标段:　　第×页共×页

| 序号 | 项目名称 | 计算基础 | 费率(%) | 金额(元) |
|---|---|---|---|---|
| 1 | 安全文明施工费 | 人工费 | 30 | 222742 |
| 2 | 夜间施工费 | 人工费 | 1.5 | 11137 |
| 3 | 二次搬运费 | 人工费 | 1 | 7425 |
| 4 | 冬雨季施工 | 人工费 | 0.6 | 4455 |
| 5 | 大型机械设备进出场及安拆费 | | | 13500 |
| 6 | 施工排水 | | | 2500 |
| 7 | 施工降水 | | | 17500 |
| 8 | 地上、地下设施、建筑物的临时保护设施 | | | 2000 |
| 9 | 已完工程及设备保护 | | | 6000 |
| 10 | 各专业工程的措施项目 | | | 255000 |
| (1) | 垂直运输机械 | | | 105000 |
| (2) | 脚手架 | | | 150000 |
| | 合计 | | | 542259 |

表 5-4　　措施项目清单与计价表(二)

工程名称:××住宅工程　　标段:　　第×页共×页

| 序号 | 项目编码 | 项目名称 | 项目特征描述 | 计量单位 | 工程量 | 金额(元) | |
|---|---|---|---|---|---|---|---|
| | | | | | | 综合单价 | 合价 |
| 1 | AB001 | 现浇混凝土平板模板及支架 | 矩形板,支模高度 3m | $m^2$ | 1200 | 18.37 | 22044 |
| 2 | AB002 | 现浇钢筋混凝土有梁板及支架 | 矩形梁,断面 200mm×400mm,梁底支模高度 2.6m,板底支模高度 3m | $m^2$ | | | |
| | | | | …… | | | |
| | | 本页小计 | | | | | 195998 |
| | | | 合计 | | | | 195998 |

## 3. 其他项目清单与计价表的编制

其他项目费主要由暂列金额、暂估价、计日工以及总承包服务费组成(表 5-5)。投标人对其他项目费投标报价时应遵循以下原则:

表 5-5　　其他项目清单与计价汇总表

工程名称:××住宅工程　　标段:　　第×页共×页

| 序号 | 项目名称 | 计量单位 | 金额(元) | 备注 |
|---|---|---|---|---|
| 1 | 暂列金额 | 项 | 300000 | 明细详见表 5-6 |
| 2 | 暂估价 | | 100000 | — |
| 2.1 | 材料暂估价 | | — | 明细详见表 5-7 |
| 2.2 | 专业工程暂估价 | 项 | 100000 | 明细详见表 5-8 |
| 2.3 | 工程设备暂估价 | | — | — |
| 3 | 计日工 | | 20210 | 明细详见表 5-9 |
| 4 | 总承包服务费 | | 15000 | 明细详见表 5-20 |
| | 合计 | | 435210 | — |

(1)暂列金额明细表应按照其他项目清单中列出的金额填写,不得变动(如表5-6所示)。

**表5-6** **暂列金额明细表**

工程名称:××住宅工程　　标段:　　第×页共×页

| 序号 | 项目名称 | 计量单位 | 暂定金额(元) | 备注 |
|---|---|---|---|---|
| 1 | 工程量清单中工程量偏差和设计变更 | 项 | 100000 | |
| 2 | 政策性调整和材料价格风险 | 项 | 100000 | |
| 3 | 其他 | 项 | 100000 | |
| 合计 | | | 300000 | |

(2)暂估价不得变动和更改。暂估价中的材料、工程设备暂估价应根据工程造价信息或参照市场价格估算;专业工程暂估价应分不同专业,按有关计价规定估算。暂估价中的材料暂估价必须按照招标人提供的暂估单价计入分部分项工程费用(表5-7);专业工程暂估价必须按照招标人提供的其他项目清单中列出的金额填写(表5-8)。材料暂估单价和专业工程暂估价均由招标人提供,在工程实施过程中,对于不同类型的材料与专业工程采用不同的计价方法。

**表5-7** **材料暂估单价表**

工程名称:××住宅工程　　标段:　　第×页共×页

| 序号 | 材料名称、规格、型号 | 计量单位 | 单价(元) | 备注 |
|---|---|---|---|---|
| 1 | 钢筋(规格、型号综合) | t | 5000 | 用在所有现浇混凝土钢筋清单项目 |

**表5-8** **专业工程暂估价表**

工程名称:××住宅工程　　标段:　　第×页共×页

| 序号 | 工程名称 | 工程内容 | 金额(元) | 备注 |
|---|---|---|---|---|
| 1 | 入户防盗门 | 安装 | 100000 | |
| 合计 | | | 100000 | — |

①招标人在工程量清单中提供了暂估价的材料和专业工程属于依法必须招标的,由承包人和招标人共同通过招标确定材料单价与专业工程中标价;

②若材料不属于依法必须招标的,经发包、承包双方协商确认单价后计价;

③若专业工程不属于依法必须招标的,由发包人、总承包人与分包人按有关计价依据进行计价。

(3)计日工应按照其他项目清单列出的项目和估算的数量,自主确定各项综合单价并计算费用(如表5-9所示)。

(4)总承包服务费应根据招标人在招标文件中列出的分包专业工程内容和供应材料、设备情况,按照招标人提出的协调、配合与服务要求和施工现场管理需要自主确定(如表5-10所示)。

表 5-9　　计日工表

工程名称：××住宅工程　　标段：　　第×页共×页

| 序号 | 项目名称 | 单位 | 暂定数量 | 综合单价(元) | 合价(元) |
|---|---|---|---|---|---|
| 一 | 人工 | | | | |
| 1 | 普工 | 工日 | 200 | 35 | 7000 |
| 2 | 技工(综合) | 工日 | 50 | 50 | 2500 |
| | 人工小计 | | | | 9500 |
| 二 | 材料 | | | | |
| 1 | 钢筋(规格、型号综合) | t | 1 | 5500 | 5500 |
| 2 | 水泥 42.5 | t | 2 | 571 | 1142 |
| 3 | 中砂 | $m^3$ | 10 | 83 | 830 |
| 4 | 砾石(5mm～40mm) | $m^3$ | 5 | 46 | 230 |
| 5 | 页岩砖(240mm×115mm×53mm) | 千匹 | 1 | 340 | 340 |
| | 材料小计 | | | | 8042 |
| 三 | 施工机械 | | | | |
| 1 | 自升式塔式起重机(起重力矩 1250kN·m) | 台班 | 5 | 526.20 | 2631 |
| 2 | 灰浆搅拌机(400L) | 台班 | 2 | 18.38 | 37 |
| | 施工机械小计 | | | | 2668 |
| | 总计 | | | | 20210 |

表 5-10　　总承包服务费计价表

工程名称：××住宅工程　　标段：　　第×页共×页

| 序号 | 项目名称 | 项目价值(元) | 服务内容 | 费率(%) | 金额(元) |
|---|---|---|---|---|---|
| 1 | 发包人发包专业工程 | 100000 | 1. 按专业工程承包人的要求提供施工工作面并对施工现场进行统一管理，对竣工资料进行统一整理汇总<br>2. 为专业工程承包人提供垂直运输机械和焊接电源接入点，并承担垂直运输费和电费<br>3. 为防盗门安装后进行补缝和找平并承担相应费用 | 5 | 5000 |
| 2 | 发包人供应材料 | 1000000 | 对发包人供应的材料进行验收及保管和使用发放 | 1 | 10000 |
| | 合计 | | | | 15000 |

**4. 规费、税金项目清单与计价表的编制**

规费和税金应按国家或省级、行业建设主管部门的规定计算，不得作为竞争性费用。这是由于规费和税金的计取标准是依据有关法律、法规和政策规定制订的，具有强制性。因此，投标人在投标报价时必须按照国家或省级、行业建设主管部门的有关规定计算规费和税金。规费、税金项目清单与计价表的编制如表 5-11 所示。

**5. 投标价的汇总**

投标人的投标总价应当与组成工程量清单的分部分项工程费、措施项目费、其他项目费和规费、税金的合计金额相一致，即投标人在进行工程量清单招标的投标报价时，不能进行投标总价优惠(或降价、让利)，投标人对投标报价的任何优惠(或降价、让利)均应反映在相应清单项目的综合单价中。

表 5-11　　　　规费、税金项目清单与计价表

工程名称：××住宅工程　　标段：　　　　第×页共×页

| 序号 | 项目名称 | 计算基础 | 费率(%) | 金额(元) |
|---|---|---|---|---|
| 1 | 规费 | | | |
| 1.1 | 工程排污费 | 按工程所在地环保部门规定按实计算 | | |
| 1.2 | 社会保障费 | (1)+(2)+(3) | | |
| (1) | 养老保险费 | 人工费 | | |
| (2) | 失业保险费 | 人工费 | | |
| (3) | 医疗保险费 | 人工费 | | |
| 1.3 | 住房公积金 | 人工费 | | |
| 1.4 | 工伤保险 | 人工费 | | |
| 2 | 税金 | 分部分项工程费+措施项目费+其他项目费+规费 | | |
| 合计 | | | | |

# 5.2　标底与投标报价计价模式

## 5.2.1　标底

### 1. 标底的概念及内容

标底一般由成本、税金、利润等部分组成，在工程造价管理中应该将其控制在批准的总概算之内，这样的成本估算计划叫做标底。而在实际建筑工程招标过程中，标底则是根据国家规定的计价办法和计价原则计算出来的工程造价，也是指招标人根据招标项目的实际情况，编制的完成招标项目所需的全部费用，是招标人对建设工程的期望价格。我国的《招标投标法》中有着明确的规定，招标人可根据工程的实际情况自己决定是否需要编制标底。

标底文件主要有以下内容：

(1)标底的综合编制说明，主要人工、材料、机械设备用量表和标底价格编制的有关表格。

(2)标底价格审定书、标底价格计算书、带有价格的工程量清单、现场因素、各种施工措施费的测算明细以及采用固定价格工程的风险系数测算明细等。

(3)标底附件。如各项交底纪要，各种材料及设备的价格来源，现场地质、水文、地上情况的有关资料，编制标底价格所依据的施工方案或施工组织设计等。

### 2. 标底的作用

(1)标底价格是招标人根据工程实际情况而制订的造价数目，是用来控制建设工程投资，确定工程合同价格的一种重要的参考依据，对合理地进行工程造价管理发挥了举足轻

重的作用。

(2)标底价格是衡量及评审投标人投标报价是否合理的重要依据，所以编制建筑工程招标标底必须要严格遵循科学合理的方法来编制。同时还要求造价管理人员要实事求是，综合考虑和体现发包方和承包方的利益，这样才能编制出切实可靠的标底。

**3. 标底的编制**

合理的标底是搞好工程招投标工作的一个关键，标底作为一个尺度，首先要求应是准确无误的，一旦标底出现差错，往往会造成整个招标工作的被动。例如，某道路工程委托一中介组织编制的标底为1300万元，结果五家投标单位投标报价皆为1600万元～1700万元，全部脱标，重新审查后发现编制标底时有漏项。因此招标标底的编制工作尤为重要。

(1)标底编制的原则

①在建筑工程招标标底的编制过程中，应严格遵守统一工程计量单位和计算规则的原则，并且实行统一的工程项目划分，这样才有利于造价的管理和标底的科学合理制订。

②要切实根据我国现行的工程造价计算方法，并考虑到向国际惯例靠拢，提倡优质优价；此外还要根据国家规定的技术标准、建筑施工图纸、招标文件和工程造价定额等材料作为编制的重要依据。

③市场的变动，在编制标底过程中，造价管理人员应及时关注市场动态，力求使标底价格尽量与市场的实际变化相吻合，这样才有利于竞争和保证工程质量及水平。

④标底价格一般要控制在批准的总概算(或修正概算)及投资包干的限额内；并且，标底必须经招标管理机构审定才能进行项目招标工作，标底审定后必须及时妥善封存、严格保密，不得泄漏。

⑤标底应考虑人工、材料、设备、机械台班等的市场价格变化因素，还应包括不可预见费用、预算包干费用、措施费、现场因素费用、保险以及采用固定价格的工程风险金等。工程要求优良的还应增加相应的费用。

⑥一个工程只能编制一个标底。

此外，标底的使用要透明，要在竞标单位报价之后，评委评标前公布已经审定的标底。

(2)计价方法

因为标底价格是由成本、利润、税金等部分组成的，所以在计算时既要考虑到人工、材料、机械台班等的市场价格变化因素，还应包括不可预见费用、现场因素费用、预算包干费用、措施费(赶工措施费、施工技术措施费)、保险以及采用固定价格的工程风险金等在内的其他因素。计价定额方法的选用我国现行规定的工料单价和综合单价两种方法。

(3)标底编制的程序

①准备工作

a. 熟悉招标图纸和说明。标底编制前，应仔细阅读招标图纸和说明，如发现图纸、说明与技术规范有矛盾或不符、不够明确的地方，应要求招标文件编制单位给予交底或澄清。

b. 熟悉招标文件内容。对投标须知、合同条款、工程量清单和辅助资料表中与报价有关的内容要搞清楚。

c. 考察工程现场。对工程施工现场条件和周围环境进行实地考察，以作为考虑施工方案、工程特殊技术措施费和临时工程设置等的依据。

d. 进行材料价格调查。掌握当地材料、设备的实际市场价格，对沙、石等地方材料的出厂价、运距、运费和料源等也要调查搜集。

②工程量计算

a. 复核工程量清单。首先要弄清楚工程量清单中工程数量的范围，应根据图纸和技术规范中计量支付的规定计算复核工程数量，如与工程量清单有出入，必须搞清楚出入的原因。

b. 按定额计算工程量。以工程量清单的每一个细目作为一个项目，根据图纸和施工组织方案，考虑其由几个定额子项目组成，并计算这几个定额项目的工程量。

③确定工、料、机单价

根据准备工作中搜集到的资料，计算和确定人工、材料、机械台班单价。

④计算综合费率

综合费率由其他工程费、间接费、计划利润、技术装备费等组成，要根据招标文件中的有关条款和概、预算编制办法的有关规定确定各项费率。

⑤计算工程项目总金额

按概、预算编制办法计算各项工程项目的总金额，也就是编制一个完整的概、预算。

⑥编制标底单价

根据工程量清单各工程细目所包含的工作内容及相应的计量与支付办法，在概、预算工作的基础上，对概、预算表中的分项工程进行适当的合并、分解或用其他技术处理，然后按综合费率再增加税金、包干费等项目后确定出各工程细目的标底单价。

⑦计算标底总金额

按工程量清单计算金额，其中保险费、临时工程费、监理工程师设施等按实际费用计算列入，其余按工程量清单中的数量乘以计算得出的单价计算，然后计算工程量清单汇总表，得出标底总金额。

⑧编写标底说明

计算出标底总金额后，应写出标底编制说明。编制说明的内容主要涉及编制依据、费率取定、问题说明等有关内容。最后将编制说明、标价的工程量清单、人工和主要材料数量汇总表等合订在一起，就完成一份完整的工程标底文件。

**4. 标底的审核**

一般情况下，标底大多是由中介机构编制，而且招标人给中介机构的编制时间都较紧迫，加之中介机构人员能力参差不齐，又要保证在较短时间内完成一份质量较高的急难任务，而目前标底在招投标过程中仍起着较为重要的角色，因此在对设有标底的工程进行招标时必须重视标底的审查工作，否则在招投标过程中标底将起不到应有的作用。必须认真对待标底价格，加强对标底的审查，保证标底的准确、严谨和科学。

(1)审查定额或单价的套用

审查时标底中有单价换算时应注意标底某一项目换算是否符合定额规定、换算是否正确,特别要注意标底中经换算后单价与原定额单价相差较大的子目,关键要注意图纸中的施工说明。要注意设计中墙体、地面、楼面、天棚、外墙装饰的建筑做法,参照定额及其关于换算方面的规定,审查其单价是否换算到位、正确,若其中包括有设计要求中未做的项目内容,如定额工作,则要将其删去。设计要求中定额工作内容增加的,要将增加的相应内容加上,同时理解与熟记定额的说明及附注说明。

(2)审查取费标准、计取基础

对审查取费标准、计取基础的要求各地不同,具体审查时应注意是否符合当地规定和定额要求,一般各地预算定额或地区单位估价表都配套有相应的费用定额,现在大多地区都已按工程类别的间接费等费用进行收取,审查时一定要注意该工程的类别是否是严格按费用定额中的工程类别划分的。

(3)对易错工程量和重项、漏项进行审查

标底审查与标底编制同样重要,对易错工程量和重项、漏项进行审查可以使作为评标标准的标底更具权威性、准确性、严谨性,维护招投标工作的严肃性和科学性,同时还使工程造价更趋合理,标底编制工作更趋完善。

## 5.2.2　投标报价模式

我国工程造价曾长期实行量价合一的定额计价模式。建设工程定额是我国工程建设承发包计价、定价的法定依据,是一种相对固定的静态模式,适用于人工、材料、机械台合价格比较稳定的计划经济时期。这种定额计价模式在国民经济建设中发挥了巨大的资源配置作用,对提高劳动生产率以及协调国民经济建设也起到了重要的作用。但随着社会主义市场经济的建立和发展,我国对内搞活、对外开放政策的实施,以及我国建筑市场机制不断地发展和完善,定额计价模式由于其不能很好地反映市场价格变化而显得滞后,有悖于建立一个公平、公正、公开竞争环境的要求,不利于我国建筑市场健康有序的发展。

工程量清单计价模式是国际通用的计价方法,是一种市场定价模式。在我国实行工程量清单计价模式,有利于提高国内建设各方主体参与国际竞争的能力,有利于提高工程建设的管理水平。

**1. 定额计价模式**

(1)定额计价的概述

定额是在生产经营活动中,根据一定的技术条件和组织条件,规定为完成一定的单位合格产品(或工作)所需要消耗的人力、物力或财力的数量标准。它是经济管理的一种工具,是科学管理的基础。定额具有科学性、系统性、统一性、指导性、稳定性与时效性,它反映的是一种社会平均水平。

工程定额是工程建设定额的简称。工程建设定额是指在工程建设中单位合格产品上人工、材料、机械、资金耗费的额度。这种规定额度反应的是在一定的社会生产力发展水平的条件下,完成工程建设中的某项产品与各种生产耗费之间特定的数量关系,体现在正常施工条件下人工、材料、机械等消耗的社会平均合理水平。

定额计价是指根据招标文件，按照国家建设行政主管部门发布的建设工程预算定额的“工程量计算规则”，同时参照省级建设行政主管部门发布的人工工日单价、机械台班单价、材料以及设备价格信息及同期市场价格，直接计算出直接工程费，再按规定的计算方法计算间接费、利润、税金，汇总确定建筑工程总造价。

定额反映一定社会生产力发展水平下，完成某项建设工程的各种生产消耗之间特定的数量关系，考虑的是正常的施工条件、大多数承包方的技术装备程度、合理的施工工期、施工工艺和劳动组织下的社会平均消耗水平。

(2)现有定额计价模式的缺陷

在定额计价模式下，政府是制订工程造价的主体。它限定不同级别的承包方在计取造价时，必须执行同一种标准的“定额直接费”或“定额人工费”，业主只能处于从属地位，不能自主定价，只能按照政府的“取费标准”进行计算。其所产生的弊端有：

①现有定额虽有信息价作为动态调整依据，但基本上仍然是静态的定额计价模式，与欧美国家的计价模式存在较大差距，而其中难以跟上市场变化的动态节奏是现有定额计价模式的最大缺陷。

②定额计价模式不利于承包方之间正常的价格竞争、技术竞争和管理竞争。以定额计价模式为依据形成的工程造价属于社会平均价格，按照招标投标竞争定价的原则，这种平均价格可作为市场竞争的参考价格，但不能反映参与竞争企业的实际消耗和技术管理水平，在一定程度上限制了企业的公平竞争。

③反映不出建设先后顺序、主从关系和资金使用的时间、空间的秩序，只是单纯从会计的角度规定我国工程造价的构成，体现不出工程造价管理的清晰思路，实施起来容易混淆。

④不能体现出建筑产品优质优价的原则。

**2. 工程量清单计价模式**

(1)工程量清单计价的概述

工程量清单是表现拟建工程的分部分项工程、措施项目、其他项目名称和相应数量的明细清单，包括分部分项工程量清单、措施项目清单、其他项目清单。

工程量清单计价是指在建设工程招投标中，招标人按照国家统一的《建设工程工程量清单计价规范》要求编制和提供工程量清单。投标人依据工程量清单、拟建工程的施工方案，结合自身实际情况并考虑风险后自主报价的工程造价计价模式。

(2)工程量清单计价模式的特点

①符合我国《招标投标法》的各项规定，符合我国工程造价体制改革“控制量、指导价、竞争费”的原则，真正实现通过市场机制决定工程造价，是工程造价深化改革的产物。工程量清单计价均采用综合单价形式，综合单价中包含了工程直接费、工程间接费、利润和应上缴的各种税费等，其中工程直接费可以理解为定额中的直接费。

②报价的项目构成有利于项目的实施与控制。通过制订统一的建设工程量清单计价办法、工程量计量规则和工程量清单项目设置规则，达到规范计价行为的目的。

③工程量清单计价要求投标单位根据市场行情和自身实力报价，并逐渐推行最低投标中标法，从而打破了工程造价形成的单一性和垄断性，呈现出有高有低的多样性。

④实行工程量清单计价方式，投标单位只对自己所报的成本、单价负责，有利于实现风险的合理分担。

⑤工程量清单计价方式对造价的影响一目了然，有利于业主对造价的控制。

**3. 工程量清单计价模式与定额计价模式的主要区别**

(1)主要计价依据不同

在传统的定额计价模式下，计价依据主要是图纸、政府部门公布的消耗量定额和价格信息；在工程量清单计价模式下，企业的投标报价则根据企业定额和市场价格信息，或参照政府部门发布的社会平均消耗量定额编制。

(2)合同价格的调整方式不同

在传统的定额计价模式下，合同价格的调整方式主要有变更签证、定额解释、政策性调整；在工程量清单计价模式下，一般单价通过招标中标价的形式体现，一旦中标报价作为签订施工合同的依据相对固定下来，便减少了在合同实施过程中的调整空间。

(3)编制的主体不同

在传统的定额计价模式下，建设工程的工程量分别由招标人和投标人分别按图计算；而在程序清单计价方法中，工程量由招标人统一计算或委托有关工程造价咨询单位统一计算，工程量清单是招标文件的重要组成部分，各投标人根据招标人提供的工程量清单，根据自身的技术装备、施工经验、企业成本、企业定额、管理水平自主填写单价与合价。

(4)表现形式不同

传统的定额计价模式一般是采用总价形式，而工程量清单计价模式则采用综合单价形式。综合单价包括人工费、材料费、机械使用费、管理费、利润，并考虑风险因素。工程量清单报价具有直观、单价相对固定的特点，当工程量发生变化时单价一般不作调整。

(5)两种模式体现了我国建设市场发展过程中的不同定价阶段。

传统的定额计价模式阶段的工程招标投标价格由国家给出一定的指导性标准，或工程价格直接由国家决定，体现出在国家宏观计划控制下的市场有限竞争。而在工程量清单计价模式阶段，工程价格是在国家有关部门间接调控和监督下，由工程承发包双方根据工程市场中建筑产品供求关系的变化自主确定的。

## 5.3　投标报价的决策

投标报价决策是投标报价工作中的重要一环。是指投标人召集算标人员和本公司有关领导或高级咨询人员共同研究，就标价计算结果进行静态、动态分析和讨论，作出有关调整标价和最终报价金额的决定。

标价的静态分析，是在假定初步测算出的暂时标价是合适的情况下，分析标价各项组成及其合理性，通过分析对明显不够合理的标价构成部分进行细致的分析检查，通过提高工效，改变施工方案，压低供应商的材料设备价格和节约管理费等措施，来修订暂时标价，形成另一低标方案，再结合计算利润和各种潜在利润以及承包方能够承受的风险，从而可以测算出最低标价方案，将原暂定标价方案，较低标价方案和最低标价方案对比分析，把对比分析资料整理后提交给有关决策人员进行决策，作为决策人进行决策的依据。

标价的动态分析，是通过假定某些因素的变化，来测算标价的变化幅度，特别是这些变化对工程计划利润的影响，通过动态分析，向决策人员提供准确的动态分析资料，以便使决策人员了解某些因素的变化所造成的影响。诸如工期延误，物价和工资上涨以及外汇汇率变化，对工程标价和工程利润的影响，以供决策人员进行正确的决策参考。

为了更好地做好投标报价工作，在投标报价决策中应当注意以下问题：

(1)“中标靠低价，赚钱靠索赔”的提法是不值得提倡的。由于当前国际工程承包市场竞争激烈，有些承包方为了承揽到工程，采用以低价拿标，靠索赔赚钱的策略，这方面虽有一些成功的例子，但索赔成功的确不是一件容易的事情，尤其要杜绝自杀性标价竞争项目的现象，必须脚踏实地做工作，绝不能存有任何侥幸心理。

(2)在进行投标决策时，主要决策依据应是自己算标人员的计算书和分析指标，至于其他途径获得的所谓“标底价格”和关于竞争对手的“标价情报”等等，只能作为一般参考，而不能以此为依据。因为所谓的“标底价格”可能是业主多年前编制的预算价格，或者只是从“可行性研究报告”上摘录出来的估算资料，它们同本工程的最后设计文件内容差别极大，毫无比较价值；某些业主为了引诱承包方以更低的价格参加竞争，有时故意甚至利用中间人散布所谓的“标底价格”，而实际工程成本却比这个“底标价格”高得多，至于竞争对手的标价情报，有时是竞争对手故意“泄漏”自己的投标报价，引诱对手落进他的圈套，使其在竞争中被甩在后面。

(3)深入分析竞争对手的情况，确定自身与竞争对手的优势和劣势，采用优势劣势对比分析方法，比较各自的优劣势对标价的影响，从而确定自己的报价水平和相应采取的策略，做到“知己知彼，百战不殆”。

(4)重视决策者的素质，提高科学决策质量。科学决策是保证决策质量的前提，决策人员不仅要有强烈的市场竞争意识，超人的谋略和魄力，较强的应变能力和判断力，而且要掌握科学的决策方法，遵循科学的决策过程，以作出科学决策。

(5)投标报价人员应当懂得，除非招标文件中明确规定的“本标仅授给最低报价者”，否则一般来说，标价固然是中标的重要因素，但并不是唯一的因素。在投标决策过程中，如果认为自己已不可能在报价方面战胜某些竞争对手，那么还可以另辟蹊径，在其他方面发挥优势，争取获得业主的青睐，以求列入议标者的行列，为进一步争取该工程留有余地。

## 复习题

1.什么是投标价？其编制原则有哪些？

2.简述如何编制投标报价。

3.什么是标底？标底有什么作用？

4.标底编制的原则有哪些？

5.工程量清单计价模式与定额计价模式的区别有哪些？两者相比有哪些优势？

6.建筑承包方如何进行投标报价的决策？

# 第 6 章 施工合同的签订和审查

## 6.1 合同的谈判和签订

### 6.1.1 合同的谈判

**1. 合同谈判的作用**

尽管招标文件(包括投标须知、一般合同条件和技术说明书等)已经对合同内容的所有方面作了相当明确的规定,而且承包方也已在投标时表态愿意遵守;但是,对于大型工程项目而言,业主很少在这些文件的基础上简单地与承包方签订合同。业主通常在发出中标通知后仍然预留一段时间,与该承包方进行正式的合同谈判,最终敲定合同文本之后再签订合同。

合同谈判是业主实现其意图达成合同的最后阶段。对承包方而言,由于投标阶段承包方基本上是"单项"地向业主报价,即按招标文件中业主单方面的要求进行报价和提供技术方案,而合同谈判则是工程合同签约前唯一一次能和业主方进行"双向"谈判的机会,当然也要予以充分的重视和利用。

同时,承包方在合同谈判阶段希望达到的主要目标是与业主澄清投标书中尚未澄清的一些商务和技术条款,并说明自己对该条款的理解和自己的报价基础,力争使业主接受对自己有利的解释并予以确认,为今后项目实施奠定基础;争取尽可能地改善合同条件,谋求公正,使自己的合法权益得到保护;对项目实施中可能遇到的问题提出要求,力争将这些条款明确并写入合同中,以避免或减少今后实施中可能出现的风险。如果在谈判中,业主对商务和技术条款作了某些变更,承包方则可以相应地提出价格调整,以争取更为有利的合同价格。

由上述分析可以看出,尽管业主方和中标的承包方双方都需要签约前的合同谈判,但双方的目的既一致又有矛盾,一旦签订了合同,对双方都构成了事实上的法律约束。因此,一方面双方在谈判中对涉及商务和技术的一些原则问题都极为慎重,互不相让,互相揣摩对方的意图,有攻有防,针锋相对;另一方面经过相当长时间的投标和评标过程,承包方和业主都花费了不少的精力和财力,到了这个阶段,通常双方又都不希望轻易地使谈判失败,而希望谈判成功,最终达成一个双方都能接受的结果并签约。因此合同谈判的过程也是一个相互斗争和相互妥协的过程。

**2. 合同谈判的准备**

由于工程建设外部环境复杂,涉及面广,工期长,可变动态因素较多,经济风险较大,因此在合同签订前,做好充分的评审工作是合同谈判取得成功的重要保证,评审工作应从以下几个方面着手:

(1)确定谈判人员

合同谈判前应先组成一个谈判班子,由企业领导亲自主持,由各部门专业人员组成。工程合同谈判一般可由三部分专业人员组成:一是懂建筑方面法律法规与政策的人员。主要为了保证所签订的合同能符合国家的法律法规和国家的相关政策,把握合同合法的正确方向。平等的确立合同当事人的权利与义务,避免合同无效、合同被撤销等情况,发挥合同的经济效用。二是懂工程技术方面的人员。建筑工程专业性比较强,涉及范围广,在谈判人员中要充分发挥这方面人员的作用。否则,会给企业带来不可估量的损失。三是懂建筑经济方面的人员。因为建筑企业是要通过承揽项目获得利润,所以,要求合同谈判人员必须有懂得建筑经济方面专业知识的人员。

(2)将标书研究透彻,找出主要问题

作为承包方,应事先充分研究招标文件中的主要合同条款,看其是否公正合理,有无过分要求或苛刻条件,其存在的主要问题是什么,做到心中有数。如何在合同谈判中去争取,争取的措施、策略及技巧都不是一成不变的。要结合对方的资信,人员状况,谈判的难易程度等具体情况和工程的具体特点,因事、因人灵活应用,以获得较大的成功概率。

(3)确定对合同的基本立场

企业对待合同谈判、签订的总方针须事先根据项目情况予以论证后加以确定,只有这样才能在以后的行动中有所遵循。对此当前有两种基本做法:

①实事求是的把问题及自己的要求在合同谈判时全部提出来,摆在桌面上再千方百计的去争取。拒绝接受不合理的条件,尽量做到在合同条款上占有一定的优势。这是规范正统的做法,但谈判难度较大,不但需要有充分的理由,充足的资料和较高的谈判技巧,还要遇到通情达理的业主,才能取得理解达成一致,达到预期目的。

②事先并不过多的提出问题和要求,或提出了也不坚持,顺从对方的意志,实施先成交再抬价的方针。把问题放到施工过程中去谈,或干到一定程度时再提出索赔,这种作法不规范且风险较大。

对于中标工程多采取第一种做法,对于议标工程多采取第二种做法。

(4)确定谈判目标和方案

谈判目标就是本企业要争取的条件,即在详细研究论证的基础上确定几个要争取的主要问题。合同谈判是双方的事情,是一个问题的两个对立面,双方各自争取自身的利益,必然会产生争执和矛盾,这就会有争有让。争让到什么程度必须事先有个预计,一般有三个方案，一是力争、二是适度、三是最低要求。同时还要考虑对方可能接受的程度和可能提出的异议，并准备相应的资料，研究谈不拢时的补救措施，这是谈判前应研究的必要问题，做到心中有数，避免由于措手不及，临场慌乱而造成的被动和损失。

(5)搜集资料

在合同谈判过程中，特别是要修改对方在招标文件中已确定的内容时，要做到有理有据，结合工程特点说明我方的困难，以求得理解和支持，这种说明不是泛谈表面现象，而是要有资料有数据，用事实说明问题，这就需要搜集国家、各级主管部门、工程所在地方政府的有关规定办法文件，作为说服对方争取理解的基础。

**2. 合同谈判的主要内容**

(1)关于工程内容和范围的确认

承包方应当认真重新核实投标报价的工程项目内容与合同中表述的内容是否一致，合同文字的描述或图纸的表达都应当准确，不能模糊含混。承包方应当查实自己的标价有没有只凭推测和想象计算的成分，如果有，则应当通过谈判予以澄清和调整。

业主提出增减工程项目或要求调整工程量和工程内容时，要在技术和商务等方面重新核实，同时对书面文件、工程量或图纸进行重新确定，其价格要通过谈判确认，并填入工程量表。

(2)关于技术要求、技术规范和施工技术方案的确认

技术问题是谈判的重要内容。合同谈判前承包方应认真核实招标书中规定的要求是否与报价编制过程中所采用的施工方法、质量控制条件及规范相符，如业主对某项工程内容有特殊要求与承包方常规的施工方法有差别时，更应予以注意，要研究自己是否能做到，以及其经济性如何。

施工技术措施是合同谈判中业主希望与承包方讨论和落实的问题。对于施工项目，尤其是施工程序比较复杂的项目，像水坝工程、道路工程、隧道工程和技术要求高的工业和民用建筑工程等，在承包方的投标文件中都应提交施工组织设计方案或技术建议书。业主和咨询工程师在评标阶段会对该方案进行认真的评定和研究，往往在合同谈判阶段业主会就该方案与承包方进行讨论，承包方应组织工程技术人员认真进行答辩，力争使业主和咨询工程师对自己提出的方案理解和赞同，以显示公司的实力和承建工程的能力。

(3)合同的计价方式与价格调整条款、支付条款的确认

承包合同的计价方式可以分为总价合同、单价合同与成本加酬金合同。

在确定合同方式的基础上，进行合同谈判时承包方应抓住机会力争签订一份在价格上有利于自己的合同。价格调整条款也是不可忽视的重要内容，因为承包工程工期长，由于受货币贬值和通货膨胀因素影响，可能使承包方遭受损失，价格调整条款可以比较公正地解决这一非承包方可控制的风险损失。我国国内的价格调整方式，可以采用工程造价指数调整，也可以采取双方约定的形式。

工程项目一般施工时间长，占用资金金额大，有的承包方是负债经营，资金周转的快慢决定着项目经济效益的好坏。即使合同价格基本符合行情，甚至有较大的预期效益，但由于支付条款不合理而造成的承包方不能达到预期效益，或产生亏损甚至使合同无法继

续执行下去的实例也很多。因此，承包方除了在投标过程中，以及通过合同谈判力争得到一个合适的价格外，还要注意在合同中有保证合理支付的条款，即支付时间、支付方式条款等。这也是合同谈判的重要内容之一。

## 6.1.2 合同的签订

**1. 建设工程合同的内容**

由于工程的特殊性和复杂性，如果每个工程合同都需要起草合同文件，那么不仅时间仓促，而且还很难保证合同的严谨性和科学性。所以，每个国家和地区都出现了标准合同条件，同类工程可以采用同一种标准的合同条件，即施工合同示范文本，再针对每个工程的具体情况进行补充约定。施工合同示范文本由四部分组成，即协议书、通用条款、专用条款、附件。

(1)协议书

协议书作为施工合同的第一部分，在整个合同中具有最高法律效力，签订时应注意以下几个方面：

①合同主体

协议书中发包人、承包人应与中标通知书上所确认的招标人、中标人相吻合，更应注意其的主体资格和履约能力。合同签字、盖章的主体应与发包人、承包人主体相一致。

②合同工期

合同工期应与投标文件、中标通知书所确定的工期相同，并应在“开工日期”这一栏明确“以书面开工通知为准”的条款，以避免因发包人自身原因，致使承包人不能如期进场施工的被动局面和纠纷。

③工程质量标准

工程质量标准应达到国家规定的合格标准，但发包人亦有在招标文件中提出更高要求的权利，在签订此条款时，可以约定“合格，力争获奖”，以降低风险。

④合同价款

此条款的金额应是被发包人经招标程序确认的承包人的投标报价，若合同为可调价格合同，在此处可注明“暂定”字样。

⑤组成合同的文件

施工合同示范文本以列举方式表述合同组成文件，包括本合同协议书，中标通知书，投标书及其附件，本合同专用条款，本合同通用条款，标准、规范及有关技术文件，图纸，工程量清单，工程报价单或预算书，以及双方有关工程的洽商、变更等书面协议或文件。这里要强调的是，协议书中这一条款与通用条款第 2.1 条以及专用条款第 2 条相呼应，是这两个条款的基础。发包人在一些特殊情况下，还要求将招标文件纳入合同组成文件，在这种情形下，要结合工程实际情况，决定合同组成文件以及排列顺序。合同文件的排列顺序也非常重要，其关系到合同产生歧义的优先解释顺序。在这里还应注意一个问题，即“双方有关工程的洽商、变更等书面协议或文件视为本合同的组成部分”，其中洽商、变更文件的效力和送达问题最应引起注意，洽商、变更应采取书面形式，经双方授权的代表人员签字，并加盖发包方、承包方公章。特别应注意合同一方当事人单方面发出的信函或文件的送达问题，一般双方可以在专用条款中明确约定“联系电话、传真、邮寄地址以及通讯地址及方式若发生变更，则应以书面方式通知对方，不通知则视为送达地址”，应采取特快专递的形式邮寄，在邮寄详单中注明所寄物品的名称及内容，并妥善保管此详单。

(2)通用条款

施工合同中第二部分通用条款，是明确发包方与承包方权利义务的纲领性文件，从词语定义及合同文件、双方一般权利和义务、施工组织设计和工期、质量与检验、安全施工、合同价款与支付、验收和工程试车、竣工结算、缺陷责任与保修、违约、不可抗力、保险、索赔和争议解决等20个方面阐述双方的权利义务，多采用固定格式和内容，此处不再赘述。

(3)专用条款

专用条款是在协议书、通用条款的基础上，充分尊重合同双方的意思自治，将协商的权利交给双方的体现，其以协议书、通用条款为基础，又是两者的一种升华。因此，重点阐述专用条款的注意事项：

①施工组织设计和工期

发包人、承包人双方应约定承包人提供施工组织设计和进度计划的时间，同时约定工程师的确认时间，并明确工程师在约定时间内未予认可，且未提出修改意见的，则视为认可。

②合同价款与支付

依据建设部第107号令《建筑工程施工发包与承包计价管理办法》，可将合同价款分为固定价、可调价、成本加酬金三种模式。

在施工中，工程款支付大量存在承包人垫资的情况。《最高人民法院关于审理建设工程施工合同纠纷案件适用法律问题的解释》第六条明确了对垫资行为的法律意见，该条规定共分三款，表述了三层含义，其一，当事人对垫资和垫资利息有约定，承包人请求按照约定返还垫资及其利息的，应予以支持，但是约定的利息计算标准高于中国人民银行发布的同期同类贷款利率的部分除外；其二，当事人对垫资没有约定的，按工程欠款处理；其三，当事人对垫资利息没有约定的，承包人请求支付利息的，不予支持。所以对于垫资行为，应在施工合同中予以明确，因为施工垫资行为在我国是被法律明令禁止的，所以可在合同进度，即支付节点上约定进度款支付比例，如果发包人支付的工程进度款低于行政主管部门要求支付的比例，则可认定为承包方垫资行为，应在合同中约定欠款利息计算标准，从而使垫资行为能够得到法律保护，维护承包人自身权利。

③工程分包

依据建设部令第124号《房屋建筑和市政基础设施工程施工分包管理办法》第四条、第五条规定，本办法所称施工分包，是指建筑业企业将其所承包的房屋建筑和市政基础设施工程中的专业工程或者劳务作业发包给其他建筑业企业完成的活动；房屋建筑和市政基础设施工程施工分包分为专业工程分包和劳务作业分包。本管理办法中，专业工程分包是指施工总承包企业将其所承包工程中的专业工程发包给具有相应资质的其他建筑业企业完成的活动。但目前建设单位多将专业工程分包直接发包给相应的承包方，且不赋予总承包企业管理权，而要求施工总承包企业与专业工程承包人签订分包施工合同，并承担连带责任。这种行为实际是违反了该办法第七条，"建设单位不得直接指定分包工程承包人。任何单位和个人不得对依法实施的分包活动进行干预"之规定，针对这种行为，《最高人民法院关于审理建设工程施工合同纠纷案件适用法律问题的解释》第十二条第（三）款规定了由发包人直接指定的分包人分包专业工程的，造成建设工程质量缺陷，发包人应承担过错责任。所以，在签订分包合同时，可以采用建设单位、总承包方、分包方三方签订协议，在施工过程中注意建设单位直接指定分包的证据，以保护总承包方自身权益。

综上所述，施工合同示范文本是目前建筑行业通用的建设工程施工合同蓝本，其以通用条款使发包人、承包人双方权利义务趋于平衡，又以专用条款充分尊重双方的意思自治。在签订施工合同时，应注意以《中华人民共和国合同法》、《中华人民共和国招标投标法》、《中华人民共和国建筑法》以及《最高人民法院关于审理建设工程施工合同纠纷案件适用法律问题的解释》等法律、法规为依据，结合工程实际情况，维护自身合法权益，防范合同风险。

**2. 起草合同条款的要点**

工程施工合同条款是当事人双方进行该项经济活动的法律依据，它必须符合国家及各级主管部门制订的规定，符合国家的法律政策，应体现平等互利、公正合理，协商一致的原则。合同条款的内容既要全面，又要突出重点。工程施工合同条款的起草着重要抓住以下几方面。

（1）工程的内容及范围

它是合同的前提，是其他条款的基础，是双方当事人确定权利、义务的共同基础。因此，工程的范围和内容一定要明确、具体，不可含糊。

（2）承包方式和价格调整

目前，工程的承包方式主要有一次包死和按实结算两种。对于一次包死的工程，合同条款中要特别写明允许价格调整的特殊条件，如国家政策性调整引起的人工、材料、设备的涨价，设计变更及增加工程量，不可抗力因素所造成的费用增加，非自身责任的事故等。对于按实结算的工程要写明造价计算依据。

（3）工期

工期包括开工、竣工日期。对可能影响工期的潜在因素要有充分的预见，并写入合同条款中。如施工前期准备工作未按预定期限完成，业主不能保证其负责的物资设备供应和建设资金到位，拨付工程款不及时，设计变更引起的工程量增加等引起的工期延长。

（4）工程质量

要明确规定工程质量、工程验收标准、工程质量的检验及监控方法、各类检查、签证的程序和时限。

（5）材料设备的供应

即由业主直接供应，承包方按规定价格向业主结算款。材料设备在工程造价中所占比例较大，应慎重研究，争取有利条件。对材料的清算、料差结算、用料计划报送等均应在条款中予以明确。

(6)违约责任及索赔

该条款不可忽视，应认真研究对待。根据工程的实际情况，分析研究双方各种违约的可能性，在条款中写明违约的条件及赔偿方式。

(7)其他条款

如双方的责任、工程预付款、工程款的支付、设计图纸的供应、设计变更的处理等，应尽量全面，绝不可随便简化。

**3. 合同签订的注意事项**

(1)固定总价合同是在合同规定的工程范围及风险范围以内的固定总价，如果出现工程范围及风险范围以外的工作内容，工程造价还是允许调整的。因此合同签订时一定要明确固定总价所固定的范围要求，对范围以外发生的变更及调整事项一定要约定清楚。

合同签订时，双方要充分考虑施工期间物价及工程量变化可能带来的影响，详细约定风险费用的计算方法；风险范围以外的合同价款调整方法及其他调整因素、工程内容增减及变动的范围、超出范围后的调整办法等条款一定要约定清楚。在审计工作中发现，往往会出现因为对结算条款约定不明确、不详细而导致的结算价款纠纷的情况，对双方的经济利益造成了影响。

(2)固定单价合同一般情况下以工程量据实结算，但涉及工程量执行原中标清单价格的范围问题，一般以±10%为限，超出部分和减少后的剩余工程量执行新的结算价格。

固定单价合同签订时，应该约定分部分项工程量清单中项目的部分特征变更时的结算方式，如不约定或约定不详细容易引起结算纠纷。应当注意主要材料的价格调整、供应方式、材料代用、新工艺及新技术等采用后的价款结算方式。

对于措施费用的调整方式要分项目仔细斟酌而定，这也是结算审计时引起纠纷最多的问题，需要合同双方签约时高度重视。因为措施项目更多的是竞争性项目，有的可能在投标时作了调整，有的可能采用不平衡报价调高或调低了措施费用。如果在结算时大规模调整，可能对业主方及其他投标企业不公平，如果都不调整，可能在某些情况下对中标企业不利，对实体项目因工作量变化而引起的有关措施项目可以按照合同约定对增减部分工程量的措施费用进行调整，但原中标范围内的及与增减工程量无关的措施费用不应调整。例如，混凝土工程量增加但建筑面积不变时可以调整增加部分的模板费用，但依据建筑面积计算的综合脚手架、垂运费、超高费，按次或台计算的大型机械进出场费等不应该调整。当然具体如何调整还需视合同双方根据招标文件规定及工程具体情况在合同条款中详细约定而定。

(3)对于合同中的材料及设备供应条款，如果存在甲供情况，一定要约定清楚供应的方式、时间、数量、装卸费、材保费、安装费以及扣回时间、金额等费用的结算方式，还要约定好如果一方违约时如何处理等内容。

(4)关于工程变更条款也要根据招标文件的要求仔细研究后，就变更价款、调整范围、可操作性等做出详细约定。例如，某合同约定，单项变更不超出 1000 元时不计，但在结算审计时双方对于单项的理解产生很大的争议，业主方认为每一条为一项，施工方则坚持认为每份变更单为一项，结果对结算工作造成了很大影响。

(5)对于竣工验收与结算的条款在签订时对结算的编制与审核要求，竣工结算的资料要求、报送时间及责任划分等问题应当作出明确约定，此部分约定不明确也容易引起后期纠纷。

(6)在推行建设工程工程量清单计价方式后，承包方为获取最大的利益，可能会利用不平衡报价、工程变更和索赔手段追求额外的费用。因此，这也要求业主方在评标阶段高度关注投标方标书中的保留条款及数据计算等，更要重视询标工作。在开标后定标之前，在建设工程招投标管理部门的监督下，可以对投标人进行询标，以排除不合理报价，避免错报、漏报，便于招投标双方对有关问题互相解释、澄清。业主方在合同签订时也要仔细谨密，对合同主要条款及索赔、反索赔事项等进行周密考虑后再签订施工合同。

(7)签订合同时还要注意在招投标过程中形成的补遗，修改、书面答疑、询标纪要、各种协议等均应作为合同文件的组成部分。特别注意对于作为付款和结算依据的工程量价格清单，应当根据评标阶段作出的修正稿重新整理、审定，并且应当表述清楚，哪些将按完成的工程量测算付款，哪些须按总价付款，等等。

## 6.2 合同审查

从法律意义上来说，合同审查就是按照法律法规以及当事人的约定对合同的内容、格式进行审核。要审查合同如何成立或者是否成立，如何生效或者是否生效，有无效力待定或者无效的情形，合同权利义务如何终止或者是否终止，相应的合同约定或者条款会产生什么样的法律后果和民事法律关系。

### 6.2.1 合同审查的方法

(1)合同条款的审查。全面细致地对合同条款逐一审查，这是审查合同的基本方法。重点有三方面内容必须审查：一看合同的主体，二看合同的标的，三看合同的数量条款。对于特定合同，应按照特定合同的特点和要求对其必备条款进行审查，查漏补缺。

(2)文字审查。合同是文字的游戏，使用规范的语言能够避免误会，防止争议的发生。

(3)合法性审查。主要审查是否违反法律强制性规定及合同的效力问题。

(4)涉他权利审查。同标的可能涉及他人知识产权或者其他利益，应该对其进行审查，避免侵权。

(5)清洁条款审查。清洁条款的审查很重要，在科技发达的当今社会仿制模仿的技术越来越高，清洁条款对于避免纠纷发生也愈发重要。

### 6.2.2 合同审查事项

(1)审查合同主体是否有相应资质等硬件条件。

(2)审查合同条款是否完备。

(3)审查合同内容是否为合同双方的真实意思表示。

(4)审查合同内容的合法性及合理性。

(5)审查合同的文字是否规范。

(6)审查合同签订的手续和形式是否完备。

(7)其他事项。

### 6.2.3　施工合同审查的要点

**1. 施工合同总体情况的审查**

(1)审核发包人开发资格资质是否符合工程建设要求(营业执照年检、资质等级、注册资金、经营范围)。

(2)审核工程招投标手续是否齐全,是否合法,中标程序是否符合《中华人民共和国招标投标法》和该工程招标文件的内容。

(3)审核该工程建设单位是否办理规划许可证和施工许可证。

(4)对于通过招投标的施工合同要了解合同签订背景,审查是否存在"阴阳合同"的情况,在建设单位要求签订两份合同内容明显不一致的情况下(即对备案合同的合同价款、工期、结算方式、工程款支付方式进行了实质性的变更),依照《最高人民法院关于审理建设工程施工合同纠纷案件适用法律问题的解释》第二十一条"当事人就同一建设工程另行订立的建设工程施工合同与经过备案的中标合同实质性内容不一致的,应当以备案的中标合同作为结算工程价款的根据。"和《中华人民共和国招标投标法》第四十六条"招标人和中标人应当自中标通知书发出之日起三十日内,按照招标文件和中标人的投标文件订立书面合同。招标人和中标人不得再行订立背离合同实质性内容的其他协议。"揭示和规避"阴阳合同"造成的法律风险,证明阴阳合同的相关约定违法,属于无效约定。

(5)审核建设施工合同使用的文本格式是否符合公司要求,原则上必须使用统一格式的施工合同示范文本订立合同。

**2. 对建设施工合同实体内容的审查**

(1)协议书部分

①审核承包范围,具体要求有:

a. 承包范围可以在招标文件确定的范围基础上有所增减,但是不得对招标文件实质性内容进行改变。

b. 审核合同承包的范围是否与承包方施工资质相匹配,如发生不匹配的情况将造成该部分施工合同无效的风险。

c. 明确详细的承包范围有利于承包方在发生合同价款结算、工程变更索赔、保修范围确定、担保等纠纷时,掌握更多的主动权,能够通过承包范围反映出在合同价里承包方的施工范围,对于承包范围外的施工,应当由建设单位追加额外工程款,避免建设单位将增加部分归为合同价不予以补偿的风险。

d. 审核《建设施工合同》承包范围与《工程质量保修书》保修范围的一致性,承包范围与保修范围必须内容相同，从而避免对在回访维修过程中，造成的维修责任难以界定的纠纷。

e. 审核承包范围是否与承包方向银行提供的工程履约担保（合同总价 10%）中保函的内容相一致，避免建设单位因增加合同范围外的工程与承包方发生争议而向银行主张保函的款项。

f. 审核承包范围文字表述的合意性，避免发生歧义。

②审核合同工期的合理性、有效性，是否存在迫于建设单位压力，致使工期明显不足的因素，造成工程逾期违约赔偿等法律风险。

③原则上主张先签合同后开工的工作步骤，中标时间、合同签订时间、合同开工时间、竣工时间应符合时间上的逻辑关系，避免因时间节点不明确而造成的法律风险和损失。

(2)通用条款部分

①综合审查建设工程施工合同的通用条款部分与专用条款部分有无矛盾的约定，如有冲突以专用条款的约定为准。

②专用条款中对基本条款未作特别约定时，通用条款中的对应条款自动成为合同双方一致同意的合同约定。

③揭示《施工合同示范文本》通用部分第 31 条“确定变更价款”的法律风险。承包方提出变更价款报告和发包方工程师确认变更价款报告做出了明确的时限规定（均为 14 天），其中的第 31.2 条规定了若承包人在双方确定变更后 14 天内不向工程师提出变更工程价款报告，则视为该项变更不涉及合同价款的变更。

(3)专用条款部分

①审核对工期延误的具体约定对承包方是否公平，对于相关的违约赔偿责任的认定及赔偿金额是否合理，赔偿金额是否设定最高上限，并揭示相应的法律风险。

②合同中如对竣工工期或相应部分完成结点时间要求比较严格，可建议项目部在施工过程中积极与建设单位协商签订延期协议，避免触发违约条款，造成经济赔偿。

③审核专用条款中有无对建设单位直接分包单位施工原因中造成承包方工期延误的处理约定，对于建设单位直接分包单位原因造成工期延误的情况，建设单位应对工期予以调整并赔偿承包方相应的损失。

④审核专用条款部分“合同价款与支付”的内容是否合理，选用哪种合同价款的确定方式（a. 采用固定价格合同 b. 采用可调价格合同 c. 采用成本加酬金合同），及相应的“合同价款中包括的风险范围”、“风险费用的计算方法”、“风险范围以外合同价款调整方法”、“合同价款调整方法”等约定是否存在法律风险及经济性风险。

⑤审核是否有“双方约定合同价款的其他调整因素”，并对该约定的法律风险予以揭示。

⑥审查工程款支付比例是否满足施工要求，有无垫资情况，垫资部分及所承担的相应的经营风险。

⑦审核对于结算的具体事宜双方有无具体的约定，约定内容是否存在风险隐患，对结算日期及结算审计应有具体的时间节点，避免建设单位故意拖延办理结算而造成工程款

长时间难以支付的情况发生。项目部应注意掌握结算的主动权，依据《最高人民法院的关于审理建设工程施工合同纠纷案件适用法律问题的解释》第二十条规定“当事人约定，发包人收到竣工结算文件后在约定期限内不予答复，视为认可竣工结算文件的，按照约定处理。”及时主动的报送，促使建设单位对工程价款进行结算。

⑧审核专用条款中对违约方面是否约定“双方约定的承包人其他违约责任”，约定承担的违约责任是否合理、公平，有无法律风险。

⑨明确合同争议解决的途径，明确约定通过哪家仲裁机构或哪家法院处理争议。

## 复习题

1. 合同谈判前需要进行哪些准备？
2. 合同谈判的内容有哪些？
3. 施工合同示范文本的内容主要有哪些？
4. 合同审查的方法有哪些？
5. 施工合同专用条款部分的审查要点是什么？

# 第三篇

# 建筑工程合同管理篇

# 第 7 章 施工合同管理

施工合同管理是指建设主管机关、相应的金融机构以及建设单位、监理单位、承包企业依照法律和行政法规、规章制度，采取法律的、行政的手段，对施工合同关系进行组织、指导、协调和监督，保护施工合同当事人的合法权益，处理施工合同纠纷，防止和制裁违法行为，保证施工合同法规的贯彻实施等一系列活动。施工合同作为约束发包方和承包方权利和义务的依据，合同管理的作用主要体现在以下几个方面：

(1)促使施工合同的双方在相互平等、诚信的基础上依法签订切实可行的合同。

(2)有利于合同双方在合同执行过程中进行相互监督，以确保合同顺利实施。

(3)合同中明确的规定了双方具体的权利与义务，通过合同管理确保合同双方严格执行。

通过施工合同管理，增强合同双方履行合同的自觉性，调动建设各方的积极性，使合同双方自觉遵守法律规定，共同维护当事人双方的合法权益。

## 7.1 施工合同的概述

### 7.1.1 施工合同的概念

施工合同是指建筑安装工程承包合同，是建设项目的主要合同，是由具有法人资格的发包方和承包方为完成商定的建筑安装工程，明确双方权利、义务关系的合同。

### 7.1.2 施工合同的分类

**1. 建设工程施工合同的类型**

建设工程施工合同是发包人与承包人就完成特定工程项目的建筑施工、设备安装、工程保修等工作内容，确定双方权利和义务的协议。建设工程施工合同是建设工程的主要合同之一，是工程建设质量控制、进度控制、投资控制的主要依据。根据合同计价方式的不同，建设工程施工合同可以分为总价合同、单价合同和成本加酬金合同三种类型。

(1)总价合同

总价合同是指在合同中确定一个完成项目的总价,承包人据此完成项目全部内容的合同。这种合同类型能够使发包人在评标时易于确定报价最低的承包人,并且易于进行支付计算。但这类合同仅适用于工程量不太大且能精确计算、工期较短、技术不太复杂、风险不大的项目。因而采用这种合同类型要求发包人必须准备详细而全面的设计图纸(一般要求施工详图)和各项说明,使承包人能准确计算工程量。总价合同又可以分为固定总价合同和可调总价合同。

①固定总价合同。这是建设工程施工经常使用的一种合同形式。总价被承包人接受以后,一般不得变动。所以在招标签约前,设计工作必须已经基本完成(达80%至100%),工程量和工程范围已十分明确。但工程范围不宜过大,以减少双方风险。也可采用分期完成和分期付款办法。

固定总价合同的特点:固定总价合同的价格计算是以图纸及规定、规范为基础,承发包双方就施工项目协商一个固定的总价,由承包方一笔包死,不能变化。采用这种合同时,合同总价只有在设计和工程范围有所变更的情况下才能随之做相应的变更,除此之外,合同总价是不能变动的。因此,作为合同价格计算依据的图纸及规定、规范应对工程作出详尽的描述。采用固定总价合同时,承包方要承担实物工程量、工程单价、地质条件、气候和其他一切客观因素造成亏损的风险。在合同执行过程中,承发包双方均不能以工程量、设备、材料价格、工资等变动和地质条件恶劣、气候恶劣等为理由,提出对合同总价调值的要求,因此承包方要在投标时对一切费用的上升因素做出估计并包含在投标报价之中。因此,这种形式的合同适用于工期较短(一般不超过一年),对最终产品的要求又非常明确的工程项目。

固定总价合同适用于以下情况:a.工程量小、工期短、估计在施工过程中环境因素变化小,工程条件稳定并合理;b.工程设计详细,图纸完整、清楚,工程任务和范围明确;c.工程结构和技术简单,风险小;d.投标期相对宽裕,承包方可以有充足的时间详细考察现场、复核工程量,分析招标文件,拟定施工计划。

②可调总价合同。在报价及签订合同时,以招标文件的要求及当时的物价计算总价合同。但在合同条款中双方商定:如果在执行合同中由于通货膨胀引起工料成本增加达到某一限度时,合同总价应相应调整。这种合同方式,发包人承担了通货膨胀这一不可预见的费用因素的主要风险,承包人承担通货膨胀因素的次要风险以及通货膨胀因素外的其他风险。

可调总价合同的特点:可调总价合同的总价一般也是以图纸及规定、规范为计算基础,但它是按“时价”进行计算的,这是一种相对固定的价格。在合同执行过程中,由于通货膨胀而使所用的工料成本增加,因而对合同总价进行相应的调值,即合同总价依然不变,只是增加调值条款。因此可调总价合同均明确列出有关调值的特定条款,往往是在合同特别说明书中列明。调值工作必须按照这些特定的调值条款进行。这种合同与固定总价合同不同之处在于,它对合同实施中出现的风险做了分摊,发包方在一定程度上替承包方承担了通货膨胀这一风险。

可调总价合同适用于：工程内容和技术经济指标规定很明确的项目，由于合同中列明调值条款，所以工期在一年以上的项目较适于采用这种合同形式。

(2)单价合同

单价合同是承包人在投标时，按招标文件就分部分项工程所列出的工程量表，确定各分部分项工程费用的合同类型。单价合同的特点是单价优先，即初步的合同总价与各项单价乘以实际完成工程量之和发生矛盾时，以后者为准。这类合同的适用范围比较宽，其风险可以得到合理的分摊，并且能鼓励承包人通过提高工效等手段从成本节约中提高利润。这类合同能够成立的关键在于双方对单价和工程量计算方法的确认。在合同履行中需要注意的问题则是双方对实际工程量计量的确认。单价合同也可以分为固定单价合同和可调单价合同。

①固定单价合同。这也是经常采用的合同形式。特别是在设计或其他建设条件(如地质条件)还不太明确的情况下(但技术条件应明确)，而以后又需增加工程内容或工程量时，可以按单价适当追加合同内容。在每月(或每阶段)工程结算时，根据实际完成的工程量结算，在工程全部完成时以竣工图的工程量最终结算工程总价款。

②可调单价合同。合同单价可调，一般是在工程招标文件中规定。根据合同约定的条款，在合同中签订的单价，如在工程实施过程中物价发生变化等，可作调整。有的工程在招标或签约时，因某些不确定性因素而在合同中暂定某些分部分项工程的单价，在工程结算时，再根据实际情况和合同约定对合同单价进行调整，确定实际结算单价。

(3)成本加酬金合同

成本加酬金合同，是由发包人向承包人支付工程项目的实际成本，并按事先约定的某一种方式支付酬金的合同类型。

成本加酬金合同的特点：在这类合同中，业主承担项目实际发生的一切费用，因此也就承担了项目的全部风险。但是承包单位由于无风险，其报酬也就较低。这类合同的缺点是发包人对工程总造价不易控制，承包人也往往不注意降低项目成本。成本加酬金合同有多种形式，但目前流行的主要有如下几种：成本加固定费用合同；成本加定比费用合同；成本加奖金合同；成本加保证最大酬金合同；工时及材料补偿合同。成本加酬金合同通常用于如下情况：

①工程特别复杂，工程技术、结构方案不能预先确定，或者尽管可以确定工程技术和结构方案但是不可能进行竞争性的招标活动以总价合同形式确定承包商，如研究开发性质的工程项目；

②时间特别紧迫，如抢险救灾工程，来不及进行详细的计划和商谈。

对业主而言，这种合同也有一定的优点：

①通过分段施工，缩短工期，而不必等待所有施工图完成后才开始招标和施工。

②减少承包方对立情绪，承包方对工程变更和不可预见条件的反应会比较积极和快捷。

③利用承包方的施工技术专家，帮助改进或弥补设计中的不足。

④业主可以根据自身力量和需要，较深入地介入和控制工程施工和管理。

⑤通过确定最大保证价格约束工程成本不超过某一限值，从而转移一部分风险。

成本加酬金合同适用于需要立即开展的项目(紧急工程),如抢险救灾工程,来不及进行详细的计划和商谈的新型工程项目,以及风险很大的项目(保密工程)。

**2. 建设工程施工合同类型的选择**

各种不同类型的合同有着各自的应用条件,合同各方的权利和责任的划分是不同的,合同各方承担的风险也不同,在实践中应根据工程项目的具体情况进行选择。选择合同类型时应考虑以下因素:

(1)项目规模和工期长短。如果项目的规模较小,工期较短,则合同类型的选择余地较大,总价合同、单价合同及成本加酬金合同都可选择。由于选择总价合同发包人可以不承担风险,因此发包人较愿选用;对这类项目,承包人同意采用总价合同的可能性也较大,因为这类项目风险小,不可预测因素少。

如果项目规模大、工期长,则项目的风险也大,合同履行中的不可预测因素也多。这类项目不宜采用总价合同。

(2)项目的竞争情况。如果在某一时期和某一地点,愿意承包某一项目的承包人较多,则发包人拥有较多的主动权,可按照总价合同、单价合同、成本加酬金合同的顺序进行选择。如果愿意承包项目的承包人较少,则承包人拥有的主动权较多,可以尽量选择承包人愿意采用的合同类型。

(3)项目的复杂程度。如果项目的复杂程度较高,则意味着对承包人的技术水平要求高,项目的风险较大。因此,承包人对合同的选择有较大的主动权,总价合同被选用的可能性较小。如果项目的复杂程度低,则发包人对合同类型的选择有较大的主动权。

(4)项目的单项工程的明确程度。如果单项工程的类别和工程量都已十分明确,则可选用的合同类型较多,总价合同、单价合同、成本加酬金合同都可以选择。如果单项工程的分类已详细而明确,但实际工程量与预计的工程量可能有较大出入时,则应优先选择单价合同,此时单价合同为最合理的合同类型。如果单项工程的分类和工程量都不甚明确,则无法采用单价合同。

(5)项目准备时间的长短。项目的准备包括发包人的准备工作和承包人的准备工作。对于不同的合同类型他们分别需要不同的准备时间和准备费用。总价合同需要的准备时间和准备费用最高,成本加酬金合同需要的准备时间和准备费用最低。对于一些非常紧急的项目如抢险救灾等项目,给予发包人和承包人的准备时间都非常短,因此,只能采用成本加酬金的合同形式。反之,则可采用单价合同或总价合同形式。

(6)项目的外部环境因素。项目的外部环境因素包括:项目所在地区的政治局势是否稳定、经济局势因素(如通货膨胀、经济发展速度等)、劳动力素质(当地)、交通、生活条件等。如果项目的外部环境恶劣则意味着项目的成本高、风险大、不可预测的因素多,承包人很难接受总价合同方式,而较适合采用成本加酬金合同方式。

总之,在选择合同类型时,一般情况下是发包人占有主动权。但发包人不能单纯考虑己方利益,应当综合考虑项目的各种因素、考虑承包人的承受能力,确定双方都能认可的合同类型。

# 7.2　施工合同的履约管理

## 7.2.1　施工合同履约的概念及原则

施工合同履约是指债务人全面的、适当的完成其合同义务，债权人的合同债权得到完全实现，如交付约定的标的物，完成约定的工作并交付工作成果，提供约定的服务等。

施工合同的履行有以下几个原则：

**1. 实际履行原则**

实际履行原则是指合同当事人必须严格按照合同规定的标的履行自己的义务，未经权利人同意，不得以其他标的代替履行或者以支付违约金和赔偿金来免除合同规定的义务。

实际履行原则的基本含义为两个方面：一是当事人应自觉按约定的标的履行，不得任意以其他标的代替约定标的，尤其不能简单地用货币代替合同规定的实物或行为；二是当事人一方不履行或不完全履行时，首先应承担按约履行的责任，不得以偿付违约金或赔偿损失来代替合同标的履行，对方当事人有权要求其实际履行。

如果允许合同债务人随意以支付违约金和赔偿损失来代替实际履行，合同的法律效力也就不存在了，商品交易的秩序也就难以维持。当然，采用实际履行原则也并非坚持一切合同都必须实际履行，双方经协商可以变更或解除合同，债权人如并不要求必须实际履行，也可以用支付违约金和赔偿损失的方法免除债务人的合同义务。在贯彻实际履行原则时，应从实际出发，根据合同的性质和债权人的实际要求确定是否必须履行。

**2. 全面履行原则**

全面履行原则又称“正确履行原则”或“适当履行原则”，是指当事人按照合同规定的标的及其质量、数量，由适当的主体在适当的履行期限、履行地点，以适当的履行方式，全面完成合同义务的履行原则。合同是双方当事人根据自己的实际需要而订的，合同中的各项条款都反映了当事人所追求的目的和实际承受能力，如果不严格按照合同条款全面履行，权利人的合同目的就可能落空，从而造成很大的经济损失。所以，当事人应全面履行自己的义务。

各种合同的履行方法，法律法规有规定的，按照法律法规的规定履行；没有规定的，按照双方当事人协商的方法履行。全面履行与实际履行既有区别又有联系。实际履行强调债务人按照合同约定交付标的物或者提供服务，至于交付的标的物或提供的服务是否适当，则无力顾及。全面履行既要求债务人实际履行交付标的物或提供服务，也要求所交付的标的物和提供的服务符合法律和合同的规定。可见，全面履行必然是实际履行，而实际履行未必是全面履行。全面履行一般不会存在违约责任，而实际履行不适当时则会产生违约责任。

**3. 协作履行原则**

协作履行原则是指当事人不仅适当履行自己的合同债务，而且应基于诚实信用原则的要求协助对方当事人履行其债务的原则。合同的履行,若只有债务人的给付行为,而没有债权人的受领给付,则合同的内容仍难实现。不仅如此,在建筑工程合同、技术开发合同、技术转让合同、提供服务合同等场合,债务人实施给付行为也需要债权人的积极配合,否则,合同的内容也难以实现。因此,履行合同,不仅是债务人的事,也是债权人的事,协助履行往往是债权人的义务。只有双方当事人在合同履行过程中相互配合、相互协作,合同才会得到适当的履行。

应当强调,协作履行原则并不漠视当事人的各自独立的合同利益,不降低债务人所负债务的力度。那种以协作履行为借口,加重债权人负担,逃避自己义务的行为,是与协作履行原则相悖的。

**4. 诚实信用原则**

诚实信用原则就是当事人在市场活动中应讲信用,恪守诚实信用原则诺言,诚实不欺,在追求自己利益的同时不损害他人和社会利益,要求民事主体在民事活动中维持双方的利益以及当事人利益与社会利益的平衡。

诚实信用原则作为一种民事立法的价值追求,本身不直接涉及民事主体具体的权利义务,其性质具有高度的抽象性,自然也就会产生模糊性。诚实信用原则的内涵和外延因此也都不具有确定性,是未形成的法规。根据诚实信用原则,民事主体在实施民事行为时,应当讲究信用,严守诺言,不把自己利益的获得建立在损害国家、他人和社会利益的基础上,应当在不损害国家、他人和社会利益的前提下追求自己的利益。诚实信用原则作为社会时代的代言人,司法机关的工具,起到了无法估量的重要作用。

诚实信用原则的作用有:指导当事人行使权利履行义务,完善立法机制,承认司法活动的能动性,并有助于克服成文法的局限性,降低交易成本,提高交易效率。

## 7.2.2 施工合同履约的方法

**1. 树立合同管理意识,提高企业的风险防范能力**

意识对行为具有指导作用。合同管理不仅仅是合同管理人员的职责,由于合同涉及面广,整个管理层,特别是企业负责人,都应有合同管理的观念和知识,营造一个人人都重视合同管理的氛围,强化全员合同管理意识。通过强化理论学习,总结合同管理的经验和教训,提高合同管理水平,从而提高企业的风险防范能力。如果承包方的合同管理人员不具备良好的合同管理知识,难免会在市场经济中吃亏上当。如某房地产开发公司(外资企业),其外籍负责人利用外商投资项目可以不用招标投标的空子及买方市场的优势地位,同数家承包方签订了建筑工程施工合同,并收取了一定数量的订金,待承包方进驻现场后,才发现上当受骗,而该房地产开发公司的业主已不知去向,给数家承包方造成损失。

**2. 建立合同管理的组织机构,健全和完善合同管理的网络组织**

目前,不少承包方合同管理比较随意,没有专门的合同管理机构,也没有专人管理。合同管理是一项重要的经济管理工作,合同管理水平的高低对企业的经济效益影响很大,因此,企业必须结合实际,健全和完善以合同管理为核心的组织机构。要逐步建立起公司、分公司、项目部各层次的合同管理机构，配合专业的合同管理人员，形成合同管理的网络组织，负责合同管理的各项工作，以维护企业或项目的经济利益或合法权益。合同管理的网络组织之间相互衔接紧密，环环相扣，做到层层落实，层层检查，横管成线，纵管成网，规范合同管理全过程，根据工程的实际情况，项目部将重大工程项目(常指纳入国家、省、市重点建设的项目，建筑面积5万平方米以上，总高度在80米以上，单跨在24米以上或基础埋深在7米以上的工程)的合同原件及合同执行情况上报分公司，分公司再将各项目部合同情况上报总公司，总公司市场部利用计算机对上报项目进行台账登记，实施合同的动态管理，从而实现合同管理的网络组织的优化及合同履行状况的及时处理功能。

**3. 培养合同管理人才**

做好合同管理工作，人是关键因素。必须以人为本，加大合同管理人才的培养力度，重视合同管理人才选拔培养的各项工作。合同管理人才是高智力型的综合性人才，一个优秀的合同管理人才，不仅要具备工程技术方面的知识，还得具备管理学、经济学、法学等方面的知识，一个只懂法而不懂工程施工技术的人不知道如何进行合理的索赔，一个只懂工程施工技术的人如果不懂合同、法学、经济学，就不能很好地依靠法律来维护自己的合法权益。因此，合同管理人才的培养不是一件简单易行的事，要做好如下一些工作：一是要重视人才的选拔。要选调素质高、学习能力强、知识面广、责任心强的人员充实合同管理队伍。二是要加强理论学习和讨论。鼓励合同管理人员参加法律和经济管理方面的学习及相关的执业资格培训，提高他们的理论水平。三是要创造同业交流的渠道，引导同业交流。真知灼见往往都在交流中产生，可以适当组织业余活动，建立有效的交流渠道，以达到互相促进，互补不足的目的。四是要建立激励机制。建立完善的岗位竞争机制和奖罚机制，以机制激励人。五是要在实践中培养、锻炼、造就人才。项目部是最基层的部门，也是培养人才的一线部门，把合同管理人才放到施工一线从事合同管理的具体工作，在实际工作中掌握合同管理的理论、方法。分公司与项目部的合同管理人员应实行轮岗，以完善其能力结构。

**4. 建立健全完善的合同管理制度**

(1)合同交底制度

在承包方的项目管理中，有各种各样的交底，诸如技术交底、安全交底等，而罕见的是合同交底。技术交底、安全交底是由技术员、施工工长对各施工班组做出的具体要求，即施工班组在施工过程中应达到的技术标准和安全注意事项。而合同交底是针对项目各部门管理人员做出的，它具有一定的抽象性，易被合同管理的相关部门所忽视。经过2004年2月至3月对国有某建筑工程局某公司一定数量项目的问卷调查发现，项目部从材料部门、内业部门、施工部门到技术部门，很少有人清楚本项目的合同签订情况，更没有相关人员来对各部门进行合同交底，对于工程施工过程中什么情况是属于业主违约，什么情况是属于合同变更，什么情况是属于工程师行为不公正等无人追究，也不知道怎么追究。合同交底应该由合同管理工程师或项目经理对合同管理人员做出，合同管理人员应将合同的主要内容对所涉及的相关部门做出解释和说明，应对合同涉及的注意事项及各岗位的合同责任交代清楚，使各部门熟悉合同中的主要内容、各种规定及管理程序等，了解承包人的合同责任和工程范围，并将承包合同所明确的各层次的经济责任进行交底，为顺利执行合同打好基础。具体说来，合同交底应该是合同管理工程师或项目经理向合同管理人员作出安排，再由合同管理人员对物资、设备采购部做出关于材料方面的合同解释；对机械管理部门作出关于施工现场施工机械使用、维修、保养、折旧等方面的合同解释；向工程施工管理部门作出关于工程施工方面的，诸如工程量变更、隐蔽工程验收、安全施工、文明施工、工期计划与执行及工期延误与停工等方面的合同解释；对内业部门作出来往信件、文件、资料等方面的搜集与整理，为索赔搜集书面依据，同时对预结算作出关于工程款支付前工程量确认的合同解释；对质量检查部门作出关于质量达标、检验等方面的合同解释。由此形成一套完整的合同交底制度，同时，各相关部门对自己应履行的合同范围也清楚明了，从而便于合同管理的顺利实施。

(2)责任落实及责任分解制度

在合同交底的基础上，将合同的责任分解落实到各个门，使他们对各自的工作范围、责任等有详细的了解，合同责任落实到人，使各工程小组都能尽心尽职，共同圆满地实施合同。

(3)信息反馈及每日工作报送制度

在合同履行过程中，应建立每日工作报送制度，要求各职能部门必须将每天的合同实施情况及合同的变更情况报送到合同管理工程师处，便于合同管理工程师及时掌握合同履行的信息，从而能及时对已经发生或将要发生的各种问题作出决策。注意搜集、整理与合同履行相关的往来文件、会议记录、工程图片、变更洽商等重要资料，以便为合同争议或工程索赔提供依据。

(4)建立施工合同信息管理系统

在工程施工过程中，会有大量的关于合同履行的信息，承包方要对信息进行有效的管理，就必须建立施工合同信息管理系统。建筑工程的特征决定了其合同管理的特点。建筑产品造价高，投入的生产要素多，合同的价格高，使合同管理对工程的经济效益影响很大。建筑产品的形成过程复杂，生产周期长，其合同管理的时期也长。建筑产品的生产受外界因素干扰较大，风险较大，合同变更频繁，合同管理必须随着这些情况的变化不断地作出调整，因而合同管理是动态的、开放的系统，外界因素的干扰会不断打乱计划好的合同管理的平衡状态，从而要求合同管理人员必须随时掌握信息，这样才能不断地对合同实施动态管理。

施工合同管理工作极为复杂、繁琐，是严密和精细的管理工作。在施工过程中，合同的相关文件、各种工程资料数量繁多。合同管理的最基本的工作就是资料的搜集、处理、利用及保存，可为今后解决合同争议提供证据。

正是由于合同管理的上述特点，使得单纯地依靠人工来进行合同管理，既耗时又费力，而且使信息的传递过程过于缓慢，尤其在建设工程合同条件和 FIDIC 合同条件中都有大量的关于时效限制的条款，而且索赔文件及其说明材料连篇累牍，编撰审阅费时费事，无法满足承包方参与国际市场竞争的要求。

在信息技术高速发展的今天，要提高合同管理人员的工作效率，使其适应国际化的管理模式，就需要利用现代社会先进的计算机技术，建立方便实用的计算机管理网络。有效地提高项目的经营管理水平，使合同管理人员从繁重的文字、案卷工作中解放出来，从而提高合同管理的工作效率。

**5. 合同履行情况的总结、评价制度**

合同履行过程复杂，应当在合同履行完毕后对合同的履行情况进行总结，认真总结在合同履行过程中所遇见的问题及采取的解决办法，正确地评价合同，形成书面报告等，使合同管理的效力充分得以发挥。

## 复习题

1. 什么是施工合同？
2. 简述施工合同的分类。
3. 选择合同类型时要考虑的因素有哪些？
4. 施工合同履约要遵循哪些原则？
5. 简述施工合同履约的方法。
6. 如何完善合同管理制度？

# 第 8 章 施工合同索赔

索赔是当事人在实施合同过程中，根据法律规定、合同的约定及惯例，对不应由自己承担责任的情况造成的损失，向合同当事人提出给予赔偿或者补偿要求的行为。在工程建设各个阶段，都有可能发生索赔，但施工阶段索赔的情况发生较多。索赔是一种正当的权利要求，它是一种以法律和合同为依据的、合情合理的行为。索赔包括工期索赔和费用索赔。

施工合同索赔是指在施工合同履行过程中，根据法律、合同规定及惯例，当事人一方由于另一方未履行合同所规定的义务或者出现了应当由对方承担的风险而遭受实际损失时，通过一定的合法程序向对方提出给予补偿要求的行为。

## 8.1 工程索赔起因

工程索赔，是指在建设工程实施过程中，合同当事人一方对于非自身原因造成的损失或延误，依据合同的有关规定，向另一方提出调整合同价格、调整合同工期或其他方面的合理要求，以弥补自己的损失，维护自身的合法权益的行为与权利。由于受施工现场条件、气候条件的变化，施工进度、物价的变化以及合同条款、规范、标准文件和施工图纸的变更、差异、延误等因素的影响，使得工程承包中不可避免地出现索赔，它是一种正常的经济补偿行为。

索赔的原因非常多而且复杂，总结起来主要有以下几点：

**1. 工程项目的特殊性**

现代工程规模大、技术性强、投资额大、工期长、材料设备价格变化快。工程项目的差异性大、综合性强、风险大，使得工程项目在实施过程中存在许多不确定的变化因素，而合同则必须在工程开始前签订，它不可能对工程项目所有的问题都作出合理的预见和规定，而且发包人在实施过程中还会有许多新的决策，这一切使得合同变更极为频繁，而合同变更必然会导致项目工期和成本的变化。

**2. 工程项目内外部环境的复杂性和多样性**

工程项目的技术环境、经济环境、社会环境、法律环境的变化，如地质条件变化、材料价格上涨、货币贬值、国家政策和法规的变化等，会在工程实施过程中经常发生，使得工程计划实施过程与实际情况不一致，这些因素同样会导致工程工期和费用的变化。

**3. 参与工程建设主体的多元性**

由于工程参与单位多，一个工程项目往往会有发包人、总承包人、工程师、分包人、指定分包人、材料设备供应商等众多参与单位。各方面的技术、经济关系错综复杂，既相互联系，又相互影响，只要一方失误，不仅会造成其自身的损失，而且会影响其他合作者，造成他人的损失，因此索赔是不可避免的。

**4. 工程合同的复杂性及容易出错性**

建设工程合同文件多，而且复杂，经常会出现措辞不当、条理有缺陷、图纸错误等情况，因而，索赔在所难免。

承包方在实际工程施工过程中，仔细分析引起索赔事件发生的原因是做好索赔工作的首要问题。引起索赔的具体原因有以下几种情况：

**1. 业主的行为引起的索赔**

(1)因业主提供的招标文件中的错误、漏项或与实际不符，造成中标施工后突破原标价或合同包干价造成的经济损失。

(2)业主未按合同规定交付施工场地。

(3)业主未在合同规定的期限内办理土地征用、青苗树木补偿、房屋拆迁、清除地面、架空和地下障碍等工作。导致施工场地不具备或不完全具备施工条件。

(4)业主未按合同规定将施工所需水、电、电讯线路从施工场地外部接至约定地点，或虽接至约定地点但没有达到保证施工期间的需要。

(5)业主没有按合同规定开通施工场地与城乡公共道路的通道或施工场地内的主要交通干道，没有满足施工运输的需要，没有保证施工期间道路的畅通。

(6)业主没有按合同的约定及时向承包方提供施工场地的工程地质和地下管网线路资料，或者提供的数据不符合真实准确的要求。

(7)业主未及时办理施工所需的各种证件、批文和临时用地、占道及铁路专用线的申报批准手续而影响施工。

(8)业主未及时将水准点与坐标控制点以书面形式交给承包方。

(9)业主未及时组织有关单位和承包方进行图纸会审，未及时向承包方进行设计交谈。

(10)业主没有妥善协调处理好施工现场周围地下管线和邻接建筑物、构筑物的保护而影响施工顺利进行。

(11)业主没有按照合同的规定提供应由业主提供的建筑材料、机械设备。

(12)业主拖延承担合同规定的责任，如拖延图纸的批准、拖延隐蔽工程的验收、拖延对承包方所提问题进行答复等，而造成的施工延误。

(13)业主未按合同规定的时间和数量支付工程款。

(14)业主要求赶工。

(15)业主提前占用部分永久工程。

(16)因业主中途变更建设计划,如工程停建、缓建造成施工力量大运迁、构件物质积压倒运、人员机械窝工、合同工期延长、工程维护保管和现场值勤警卫工作增加、临建设施和摊销量加大等造成的经济损失。

(17)因业主供料无质量证明,委托承包方代为检验;或按业主要求对已有合格证明的材料构件、已检查合格的隐蔽工程进行复验所发生的费用。

(18)因业主所供材料亏方、亏吨、亏量或设计模数不符合定点厂家定型产品的几何尺寸,导致施工超耗而增加的量差损失。

(19)因业主供应的材料、设备未按合约规定地点堆放的倒运费用或业主供货到现场、由承包方代为卸车堆放所发生的人工和机械台班费。

**2. 业主代表的不当行为引起的索赔**

(1)业主代表委派的具体管理人员没有按合同规定提前通知承包方,对施工造成的影响。

(2)业主代表发出的指令、通知有误。

(3)业主代表未按合同规定及时向承包方提供指令、批准、图纸或未履行其他义务。

(4)业主代表对承包方的施工组织进行不合理干预。

(5)业主代表对工程苛刻检查、对同一部位的反复检查、使用与合同规定不符的检查标准进行检查、过分频繁的检查、故意不及时检查。

**3. 设计变更或设计缺陷引起的索赔**

(1)因设计漏项或变更而造成人力、物资、资金的损失和停工待图、工期延误、返修加固、构件物资积压、改换代用以及连带发生的其他损失。

(2)因设计提供的工程地质勘查结果与实际不符而影响施工所造成的损失。

(3)按图施工后发现设计错误或缺陷,经业主同意采取补救措施进行技术处理所增加的额外费用。

(4)设计驻工地代表在现场临时决定,但无正式书面手续的某些材料代用,局部修改或其他有关工程的随机处理事宜所增加的额外费用。

(5)新型、特种材料和新型特种结构的试制、试验所增加的费用。

**4. 合同文件的缺陷引起的索赔**

(1)合同条款规定用语含糊、不够准确。

(2)合同条款存在着漏洞,对实际可能发生的情况未做预料和规定,缺少某些必不可少的条款。

(3)合同条款之间存在矛盾。

(4)双方的某些条款中隐含着较大风险,对单方面要求过于苛刻,约束不平衡,甚至发现某些条文是一种圈套。

**5. 施工条件与施工方法的变化引起的索赔**

(1)加速施工引起劳动力资源、周转材料、机械设备的增加以及各工种交叉干扰增大工作量等额外增加的费用。

(2)因场地狭窄以致场内运输运距增加所发生的超运距费用。

(3)因在特殊环境中或恶劣条件下施工发生的降效损失和增加的安全防护、劳动保健等费用。

(4)在执行经业主批准的施工组织设计和进度计划时,因实际情况发生变化而引起施工方法的变化所增加的费用。

**6. 国家政策法规的变更引起的索赔**

(1)每季度由工程造价管理部门发布的建筑工程材料预算价格的变化。

(2)国家调整关于建设银行贷款利率的规定。

(3)国家有关部门关于在工程中停止使用某种设备、材料的通知。

(4)国家有关部门关于在工程中推广某些设备、施工技术的规定。

(5)国家对某种设备、建筑材料限制进口、提高关税的规定。

(6)在外资或中外合资工程项目中货币贬值也有可能导致索赔。

**7. 不可抗力事件引起的索赔**

(1)因自然灾害引起的损失。

(2)因社会动乱、暴乱引起的损失。

(3)因物价大幅度上涨,造成材料价格、工人工资大幅度上涨而增加的费用。

**8. 不可预见因素的发生引起的索赔**

(1)因施工中发现文物、古董、古建筑基础和结构、化石、钱币等有考古、地质研究价值的物品所发生的保护等费用。

(2)异常恶劣气候条件造成已完工程损坏或质量达不到合格标准时的处置费、重新施工费。

**9. 分包商违约引起的索赔**

(1)业主指定的分包商出现工程质量不合格、工程进度延误等违约情况。

(2)平行分包商在同一施工现场交叉干扰引起工效降低所发生的额外支出。

## 8.2 索赔的程序与依据

### 8.2.1 索赔的程序

工程索赔是集工程技术,施工经验,合同知识,法律经济基础等多方面知识的综合应用,因此工程索赔是一种高智力,高水平的经营管理活动。对于大多数工程项目,索赔的出现在所难免,它是合同双方伸张自身权益的手段。但是想要做好合同索赔工作,必须在整个工程全过程中树立起索赔意识,建立索赔管理体系。

首先在工程项目招投标阶段,即应该树立起索赔意识。例如,在投标前对合同文件条款充分研究,对施工现场方面仔细勘查。其次在工程实施阶段,要做好索赔工作。在项目实施过程中,索赔工程人员应该对索赔工作有一个总的时间安排。每个工程项目可能有很多具体的索赔事项,它们发生的时间有先有后,但应随着整个工程的建设进度,合理安排索赔事件的发现，申报，论证，讨论及解决的时间。最后在工程竣工阶段，合同双方应就工程中未达成一致的争端进行协商谈判，力争友好协商的解决，避免将争端推向仲裁或诉讼。

工程索赔的具体程序如下：

(1)承包人提出索赔申请。索赔事件发生28天内，向监理工程师发出索赔意向通知。

(2)发出索赔意向通知后28天内，向监理工程师提出补偿经济损失和(或)延长工期的索赔报告及有关资料。

其中索赔报告的具体内容根据该索赔事件的性质和特点而有所不同。但就报告的必要内容与文学结构而论，一个完整的索赔报告应包括以下四个部分：①总论部分。包括序言、索赔事项陈述、具体索赔要求、报告编写及审核人员名单；②根据部分。本部分主要说明自己具有的索赔权利，这是索赔能否成立的关键；③计算部分。索赔计算的目的，是以具体的计算方法和计算过程，说明自己应得的经济补偿额或(和)工期补偿时间。如果说根据部分的任务是解决索赔能否成立，则计算部分的任务就是决定应得到多少索赔款额和工期；④证据部分。证据部分包括该索赔事件所涉及的一切证据资料，以及对这些证据的说明，证据是索赔报告的重要组成部分，没有翔实可靠的证据，索赔是不能成功的。

(3)监理工程师审核承包人的索赔申请。工程师在收到承包人送交的索赔报告和有关资料后，于28天内给予答复，或要求承包人进一步补充索赔理由和证据。工程师在28天内未予答复或未对承包人作进一步要求的，视为对该项索赔已经认可。

监理工程师审查索赔报告应注意以下几点：

①接到施工单位的索赔意向通知后，监理工程师应建立自己的索赔档案，密切关注事件的影响，在检查施工单位的同期纪录时，随时就记录内容提出自己的不同意之处或自己希望的应予以增加的记录项目。在接到正式索赔报告后，认真研究施工单位报送的索赔资料。首先在不确定责任归属的情况下，客观分析事件发生的原因，重温合同的有关条款，研究施工单位的索赔证据，并查阅其同期纪录。通过对事件的分析，监理工程师再依据合同条款划清责任界限，如有必要时还可以要求施工单位进一步提供补充资料。尤其是对施工单位与建设单位或监理工程师都负有一定责任影响的事件，更应划分出各方应承担的合同责任比例，最后再审查施工单位提出的索赔补偿要求，剔除其中的不合理部分，拟定自己计算的合理款额和工期延长天数。

②依据合同条件内涉及索赔原因的各种条款内容，可以归纳出监理工程师判定施工单位索赔成立的条件为：a. 与合同相对照，事件已造成了施工单位的额外支出，或直接工期损失；b. 造成费用增加或工期损失的原因，按合同约定不属于施工单位应承担的行为责任或风险责任；c. 施工单位按合同规定的程序，提交了索赔意向通知书和索赔报告。以上三个条件没有先后主次之分，应当同时具备。

(4)当该索赔事件持续进行时，承包人应当阶段性地向监理工程师发出索赔意向，在索赔事件终了后28天内，向工程师提供索赔的有关资料和最终索赔报告。

(5)工程师与承包人谈判达不成共识时，工程师有权确定一个他认为合理的单价或价格作为最终的处理意见，报送并通知相应承包人。

(6)发包人审批工程师的索赔处理证明。

(7)承包人是否接受最终的索赔决定。

承包人未能按合同约定履行自己的各项义务和发生错误给发包人造成损失的，发包人也可按上述时限向承包人提出索赔。

## 8.2.2　索赔的依据

索赔要有依据，证据是索赔报告的重要组成部分，证据不足或没有证据，索赔就不可能成立。索赔证据要求具有真实性、全面性、法律证明效力和及时性。承包方在工程承包施工中的成功索赔基于多种因素，而索赔依据的提供是索赔成功的最基本因素。但是，引起索赔的因素千变万化，涉及的索赔依据也是多种多样的。为了确保索赔的成功，承包方必须充分了解业主对索赔依据的要求和处理习惯，按照实事求是的原则，认真做好取证工作，使索赔依据具有很强的说服力，承包方还必须建立健全必要的索赔业务管理制度，保存完整的工程技术资料，这是索赔取证工作的首要环节，也是搞好工程索赔的基础。承包方应指定专人负责工程索赔资料的搜集与保管。

**1. 工程索赔的依据**

(1)各种图文资料

招标文件和投标文件、施工合同文本及附件，其他签约资料(如备忘录、修正案等)，经认可的工程施工组织设计、专项施工方案，各种工程图纸，技术规范等，这些索赔的依据可在索赔报告中直接引用。

①工程合同

工程合同是当事人双方签订的经济契约，是具有法律效力的经济文件，它是承包方获取索赔的主要依据。任何工程索赔的提出，都必须按照工程合同中所规定的条款内容作为依据。熟悉和合理利用合同条款并作为索赔依据，就等于明确了索赔的努力方向，并有可能从中挖掘和寻找到索赔依据。因此，承包方必须全面熟悉工程合同的条款内容，严格履行合同条款的规定，切实加强工程合同的管理。

②施工图纸

施工图纸是施工的主要依据。因设计问题或业主需求的改变，对施工图纸的修改情况是经常发生的。按照图纸修改规定的要求，业主或设计师会将修改意见及签订日期标明，修改后的图纸资料就是寻找工程索赔相当重要的依据。

③工程量清单

工程量清单是拟建工程项目的实物数量指标(即工程量指标)，建设工程项目的施工就是以这些实物数量为中心而展开的。但是，任何一个建设工程，工程量清单标注的数量与施工图纸实物量都有可能出现差异。而且，在实际施工过程中，由于施工条件与环境变化等多方面因素的改变，原工程量清单所估算的数量也可能会有一些变动。

④技术规范

建筑技术规范是国家统一制定的建筑法规，任何施工单位和个人都必须严格遵照执行，它也是一种极其重要的索赔依据。就建筑施工技术规范本身而言，双方不存在什么争议，但是，施工中是否严格按照技术规范要求组织实施，确认的施工方法是否与技术规范一致，特别是业主有没有超越技术规范规定的要求等，这些问题都可以用来寻找索赔的理据。而且，在建筑技术规范的解释中，可以找到与工程索赔有关条款的规定。

⑤国家有关法律、法令、政策文件，官方的物价指数、工资指数，各种会计核算资料，材料的采购、订货、运输、进场、使用方面的凭据。

⑥气象资料，工程检查验收报告和各种技术鉴定报告，工程中送停电、送停水、道路开通和封闭的记录和证明也是重要的索赔依据。

(2)各种业务记录

①定期与业主代表的谈话记录资料。业主代表(主要是驻工地的代表)对合同和工程实际情况掌握的第一手资料，与他们交谈的目的是摸清施工中可能发生的意外情况，以便做到事前心中有数，一旦发生进度延误，承包方即可提出延误原因，且说明该原因是由业主造成的。

②会议记录。业主与承包方、承包方与分包商之间定期或临时召开现场会议，讨论工程情况的会议记录，从记录中既可以查阅业主签发工程变动通知的背景和签发通知的日期，也能查阅在施工中最早发现某一重大情况的确切时间。应注意的是：会议记录只有经过各方签署后才可作为索赔的依据。

③来往信函。有关工程的来往信函必须全部保存妥当，直到合同全部履行完毕，所有索赔均获解决为止。这些信函内容一般反映工程的进展情况，以及出现的各种需要解决或者需要双方解决的问题，与工程有关的当事人等。这些信函的签发日期对计算工程延误时间具有很大的参考价值。

④施工备忘录。施工中发生影响工期或工程资金的所有重大事情，均应写入备忘录存档，备忘录应按年、月、日顺序编写，以便查阅。

⑤工程照片。指在工程的每个阶段拍摄的，特别是对关键部位所拍的照片将作为工程施工情况的记录和证据。所有工程照片都要标明工程名称和拍摄日期。除了标书上规定需要定期拍摄的工程照片外，承包方自己也应经常注意拍摄工程照片。保存完整的工程照片能有效地显示工程进度，以便作为索赔时的证据。

⑥记工卡及考勤记录。记工卡是国外施工中工长通常做的一项工作，应由业主的工地监督人员签字认可。正确地运用记工卡是承包方建立成本核算最可靠的方法。当业主改变工程时，必然会相应地引起原计划作业程序、工时消耗和材料费用的改变，承包方必须按照一定的编号系统，用记工卡详细记下这段工程的工程量和实际费用。所有这些数据资料，都应整理、记录、存入同一工程档案内，立案备查。

(3)工程进度记录

工程进度记录包括进度计划和具体的进度以及项目现场的有关文件。这些记录文件都是变更索赔的重要证据。

①各种施工进度表。开工前和施工中编制的所有工程进度表，都应妥善保存。业主代表和分包商编制的进度表亦应收集入档。

②施工日志。这是业主驻工地工程师或监理人员、承包方都必须按日填写的工作记

录。业主代表的责任是检查工程质量、工程进度，提供关于气候、施工人数、设备使用和部分工程局部竣工情况；承包方也应对上述情况做详尽的业务记录，以便用它来调整、平衡或纠正业主作为正式文件所提出的各项资料和数据。

③进度日记。它是项目经理应当保存的一份准确无误的记录资料，用简明扼要的文字记录每天的工作进度情况，包括例行公事和发生的异常事件。其中，还应包括有业主代表参加的所有工程会议，以及与分包商、材料商召开的会议记录。工程进展情况记录应尽可能翔实，以备检查和作为发出函件的依据。对于工地的气候条件、工作条件、设备性能和运转情况也要简明记载。如有可能，应由项目工程师、质检员、劳工关系代表等复核进度日记，以保证记录的质量和完整性。

④工程检查和验收报告。由驻地工程师签证的工程检查和验收报告，反映某一单项工程在某一特定阶段竣工的时间和验收日期。有效地利用这些资料是办理索赔的依据。

⑤施工用料及设备的报表。

(4)工程会计资料

承包方应建立一套科学、完整的会计制度，加强财务管理，及时提供有价值的成本资料，没有完整的工程会计资料，就无法有效地提出索赔。

需要收集、保存的工程会计资料包括记工卡、工资表、工人福利协议、经会计师核证的薪水报告单、购料定单、收讫发票、收款票据、设备使用单、总分类账、财务信件、经会计师核证的财务决算表、工程预算、工程成本报告书等。以便及时发现索赔的机会，准确地计算索赔的款额，争取合理的资金回收。

## 8.3　索赔费用

### 8.3.1　索赔费用的组成

#### 1. 人工费

索赔费用中的人工费包括：完成合同之外的额外工作所花费的人工费用；由于非施工单位责任导致的工效降低所增加的人工费用；法定的人工费增长以及非施工单位责任工程延误导致的人员窝工费和工资上涨费等。

#### 2. 材料费

索赔费用中的材料费包括：由于索赔事项的材料实际用量超过计划用量而增加的材料费；由于客观原因材料价格大幅度上涨所需的费用；由于非施工单位责任工程延误导致的材料价格上涨和材料超期储存费用。

#### 3. 施工机械使用费

索赔费用中的施工机械使用费包括：由于完成额外工作增加的机械使用费；非施工单位责任工效降低导致需增加的机械使用费；由于建设单位或监理工程师原因导致机械停工的窝工费。

**4. 分包费用**

分包费用索赔指的是分包人的索赔费。分包人的索赔应如数列入总承包人的索赔款总额以内。

**5. 工地管理费**

工地管理费指施工单位完成额外工程、索赔事项工作以及工期延长期间的工地管理费，但如果对部分工人窝工损失索赔时，因其他工程仍然进行，可能不予计算工地管理费索赔。

**6. 利息**

索赔费用中的利息包括：拖期付款利息；由于工程变更导致工程延误所增加投资的利息；索赔款的利息；错误扣款的利息。关于这些利息的具体利率，有这样几种规定：按当时的银行贷款利率；按当时的银行透支利率；按合同双方协议的利率。

**7. 总部管理费**

总部管理费主要指工程延误期间所增加的管理费。

**8. 利润**

一般来说由于工程范围的变更和施工条件的变化引起的索赔，施工单位可列入利润。索赔利润的款额计算通常是与原报价单中的利润百分率保持一致，即在直接费用的基础上增加原报价单元中的利润率，作为该项索赔的利润。

## 8.3.2 索赔费用计算的原则和方法

**1. 索赔费用计算的原则**

在确定赔偿金额时，应遵循以下两个原则：

(1)所有赔偿金额，都应该是施工单位为履行合同所必须支出的费用。

(2)按此金额赔偿后，应使施工单位恢复到未发生事件前的财务状况。即施工单位不致因索赔事件而遭受任何损失，但也不得因索赔事件而获得额外收益。

根据上述原则可以看出，索赔金额是用于赔偿施工单位因索赔事件而受到的实际损失(包括支出的额外成本和失掉的可得利润)，而不考虑利润，所以索赔金额计算的基础是成本。

**2. 索赔费用计算的方法**

(1)实际费用法

实际费用法即根据索赔事件所造成的损失或成本增加，按费用项目逐渐进行分析，计算索赔金额的方法。这种方法比较复杂，但能客观地反映施工单位的实际损失，比较合理，易于被当事人接受，在国际工程中被广泛采用。

实际费用法是计算工程索赔时最常用的一种方法。这种方法的计算原则是以承包方为某项索赔工作所支付的实际开支为根据，向业主要求费用补偿。用实际费用法计算时，在直接费的额外费用部分的基础上，再加上应得的间接费和利润，即是承包方应得的索赔金额。由于实际费用法所依据的是实际发生的成本记录或单据，所以，在施工过程中，系统而准确地积累记录资料是非常重要的。

(2)总费用法

总费用法就是当发生多次索赔事件后，重新计算该工程的实际总费用，实际总费用减去投标报价时的估算总费用，即为索赔金额，即

索赔金额＝实际总费用－投标报价估算总费用

这种计算方法简单但不尽合理，因为在实际完成工程的总费用中，可能包括由于施工单位的原因(如管理不善，材料浪费，效率太低等)所增加的费用，而这些费用是属于不该索赔的；另一方面，原合同价也可能因工程变更或单价合同中的工程量变化等原因而不能代表真正的工程成本。凡此种种原因，使得采用此法往往会引起争议，遇到障碍，故一般不常用。所以这种方法只有在难以采用实际费用法时才使用。

(3)修正的总费用法

修正的总费用法是对总费用法的改进，即在总费用计算的原则上，去掉一些不合理的因素，使其更合理。修正的内容如下：将计算索赔款的时段局限于受到外界影响的时间，而不是整个施工期；只计算受影响时段内的某项工作所受影响的损失，而不是计算该时段内所有施工工作所受的损失；与该项工作无关的费用不列入总费用中；对投标报价费用重新进行核算；按受影响时段内该项工作的实际单价进行核算，乘以实际完成的该项工作的工程量，得出调整后的报价费用。

按修正后的总费用计算索赔金额的公式如下：

索赔金额＝某项工作调整后的实际总费用－该项工作的报价费用

修正的总费用法与总费用法相比，有了实质性的改进，它的准确程度已接近于实际费用法。

## 8.4 工期索赔

工期索赔指承包人向业主或者分包人向承包人要求延长工期；是由于非承包人责任的原因而导致施工进程延误，要求批准顺延合同工期的索赔。

### 8.4.1 工期索赔的分析

工期索赔值可通过关键线路分析法得到。

分析的基本思路为：计算某干扰事件对该作业工作时间的影响增加值，如果该作业处在关键线路上，则增加值为索赔工期。如果该作业处在非关键线路上，则分析该增加值与该作业总时差与自由时差的关系，如果增加值大于工作总时差，则增加值与总时差的差值为索赔的工期；如果增加值小于工作总时差但大于工作自由时差，则不存在工期索赔，但应考虑对紧后工作开始时间产生影响的工程变更费用和工期补偿；如果增加值小于工作自由时差，则不会对工程项目实施产生任何不利影响。

这种考虑干扰后的网络计划又作为新的实施计划，如果有新的干扰事件发生，则在此基础上可进行新一轮分析，提出新的工期索赔。这样在工程实施过程中进度计划是动态的，是不断地被调整的。而干扰事件引起的工期索赔也可以随之同步进行。

### 8.4.2 工期索赔的计算

工期索赔一般采用分析法进行计算，首先要确定索赔事件发生对施工活动的影响及引起的变化，然后再分析施工活动变化对总工期的影响。分析法主要依据合同规定的总工期计划、进度计划以及双方共同认可的对工期修改文件，调整计划和受干扰后实际工程进度记录。如，施工日记、工程进度表等，施工单位应在每个月底以及在干扰事件发生时，分析对比上述资料，以发现工期拖延以及拖延原因，提出有说服力的索赔要求。

常用的计算工期索赔的方法有如下四种：

(1)网络分析法。网络分析法是通过分析索赔事件发生前后网络计划工期的差异计算索赔工期的。这是一种科学合理的计算方法，适用于各类工期索赔。

(2)对比分析法。对比分析法比较简单，适用于索赔事件仅影响单位工程或分部分项工程的工期，需由此计算其对总工期的影响，计算公式为：

总工期索赔=(额外或新增工程量价格/原合同总价)×原合同总工期

(3)劳动生产率降低计算法。在索赔事件干扰正常施工导致劳动生产率降低，而使工期拖延时，可按下面公式计算：

索赔工期=[(预期劳动生产率－实际劳动生产率)/预期劳动生产率]×计划工期

(4)简单累加法。在施工过程中，由于恶劣气候、停电、停水及意外风险造成全面停工而导致工期拖延时，可以一一列举各种原因引起的停工天数，累加结果，即可作为索赔天数。应该注意的是由多项索赔事件引起的总工期索赔，最好用网络分析法计算索赔工期。

## 8.5 承包人在施工索赔中应注意的问题

为了顺利地进行索赔工作，承包方提出索赔时必须有充分的证据，同时必须谨慎地选择证明损失的最佳方法，并根据合同规定，及时提出索赔要求。若超过索赔期限，则遭遇损失方将无权提出索赔要求。因此，承包方在施工过程的项目管理中应认识到如下几点：

### 8.5.1 树立承包方索赔意识

首先，由于我国承包方大多受到其在国内进行工程承包管理模式的影响，索赔意识较为薄弱。对此承包方应该突破自身管理的思维惯性，在投标之初便应树立良好的索赔意识。“索赔意识”也可以说就是索赔的“自觉性”。承包方应从合同双方一开始合作时，就仔细研究合同中双方的权利与义务，并充分考虑在工程承包中可能出现的风险和合同中对于这些风险在业主和承包方之间是如何进行划分的，对哪些可以进行索赔、哪些不可以进行索赔做到心知肚明。事先便要估计出哪些问题将来可能会产生索赔机会，然后留待问题出现后进行索赔，而不是仅仅被动地等待引起索赔的干扰事件发生后，才被动地考虑进行索赔。对于合同中业主不合理的免责条件，承包方应在签约前向业主提出修改，并通过书面确认，做好相关文件的保留归档工作。只有这样，在将来一旦问题发生时，承包方便可以从合同文件中找到索赔的法律依据，为最终索赔成功奠定基础。

## 8.5.2 承包方索赔机会分析

施工索赔是一种技巧，是施工方保护自己并获取利益的手段。施工方在事业上的成功，很大程度上取决于其是否善于利用索赔。而在施工管理中能否及时、全面地发现潜在的索赔机会是索赔工作的前提条件。

实际上，施工索赔机会存在于项目施工的全过程。包括：第一，业主及业主代表的行为潜藏着索赔机会。第二，设计变更潜藏着索赔机会。第三，合同文件的缺陷潜在着索赔机会。第四，不可抗力以及不可预见因素的发生潜藏着索赔机会等。

以上各项均潜藏着索赔机会，但这并不意味着承包方就能够获得工期或费用补偿。其关键还在于索赔管理人员的经验和业务水平如何，是否能够抓住机遇及时获得索赔。

以某公司某工程项目部施工的某工程为例，甲方某港务局提供的施工场地条件与合同条款约定出入较大，使乙方重新布置施工平面，不能按原计划日期开工的情况。

乙方一些管理人员认为，虽然甲方提供的施工场地条件与合同条款有较多出入，但场地面积没有减少，推迟开工时间最多5天，乙方项目部有能力在今后的施工中赶上去，可以不向甲方提供索赔申请。另一部分管理人员认为推迟开工日期是由于甲方提供施工场地变动较大而造成的，应提出工期索赔5天的申请。还有管理人员认为甲方没有按照合同约定履行提供施工场地条件的义务，使乙方推迟5天时间开工，而乙方按照原合同开工日期与机械施工公司签订了租用机械挖土运土的协议，由于推迟开工造成乙方对租用协议的违约，违约金应由甲方承担；同时场地的变化改变了原提供的施工运输通道，使乙方增加了运输费用，甲方应承该项措施费用，因此可以向甲方提出工期和费用索赔的申请。

从这个案例中可以看出，一个索赔机会可能形成多种处置结果，索赔管理人员的业务水平和经验的差别将对索赔机会的把握产生较大的影响。

项目施工中潜在的索赔机会是客观存在的，而且是多方面的。

如何提出索赔要求并保证最终索赔的成功，会因事件的具体情况不同而有所不同，但只要索赔管理人员有较强的索赔意识，善于研究合同文件、实际工程事件、捕捉索赔机会，善于学习和总结索赔的工作经验，就能够恰当地维护自身利益，获取索赔。

## 8.5.3 提高索赔成功率的关键

施工索赔是工程造价的一项重要工作，其关键是提高施工索赔的成功率，索赔就是要“索”，你不主动的“索”，对方没有义务无偿的“赔”。

**1. 做好收集,整理签证工作**

索赔直接涉及当事人双方的切身经济利益,因此,索赔对于项目双方均非常重要。索赔的基础在于充分的事实,确凿的证据,并辅之以相应的法律法规及合同条款,使之真正成为索赔的依据。同时还要考虑周详,措词严谨,价款要可调,计价依据要明确,开工资料要齐全,图纸要弄清,记录要详细,对因建设方或监理方原因造成的工程返工,窝工,增加工程量等要一一签证,不能轻易放过。

**2. 主动创造索赔机会**

在施工过程中,要坚持一切指令都以书面形式存在。对有关的现场损失必要时要有摄像、录像,对停水、停电、设计变更、工程量增减等更是要确保资料的完整。对隐蔽工程、土石方工程、拆除工程等各项签证的时间要求等都要及时记录,要做到不错、不漏。否则便可能会错失索赔的机会。

**3. 注意索赔技巧**

施工索赔是一种客观存在,它是工程造价的管理手段、公关策略、组织艺术的综合体现。索赔的成败在很大程度上取决于业主的态度,因此在索赔过程中还应注意以下几点:

(1)施工单位首先要严于律己,确保工程质量,在业主和监理心目中赢得良好的信誉。对要索赔的项目也应通情达理,适时的取得人证、物证,不要轻易流露索赔的意向。在事实确凿,理由充分,时间恰当之时则要把握时机。

(2)索赔需要一定的时间和空间。对一些数额较大或造成损失事实不明显和有争议的项目不能急于提出索赔,要不断搜集和整理好索赔的证据,等时机成熟时再进行索赔。对于事实清晰、损失价值不大的则做短平快处理,并可适量妥协,目的是保证大额索赔的成功。切忌因过多的小额索赔,而导致工程监理和业主反感,从而影响大额索赔的顺利进行。

## 8.6 工程反索赔

既然项目经理寄盈利希望于索赔,自然业主也会千方百计地通过反索赔以减少索赔额。建设单位向施工单位索赔的主要途径:一是减少或防止可能产生的索赔;二是反索赔对抗(平衡)施工单位的索赔要求。反索赔通常是业主对付项目经理索赔的手段。索赔和反索赔是进攻和防守的关系,在合同实施过程中项目经理必须能攻善守,攻守相济,才能立于不败之地。反索赔就是反驳、反击或者防止对方提出的索赔,不让对方索赔成功或者全部成功。一般认为,索赔是双向的,业主和承包方都可以向对方提出索赔要求,任何一方也都可以对对方提出的索赔要求进行反驳和反击,这种反击和反驳就是反索赔。针对一方的索赔要求,反索赔的一方应以事实为依据,以合同为准绳,反驳和拒绝对方的不合理要求或索赔要求中的不合理部分。工程反索赔可以事前预防或减少损失发生,降低项目的开发成本,维护自身的利益。

## 8.6.1　反索赔的类型

**1. 工期延误反索赔**

工期延误反索赔是指工期延误属于施工单位的责任时，建设单位对施工单位进行索赔即由施工单位支付延期竣工违约金。建设单位在确定违约金的费率时，一般要考虑以下因素：建设单位盈利损失；由于工期延长而引起的贷款利息增加；工程拖期带来的附加监理费；由于本工程拖期竣工不能使用，租用其他建筑的租赁费。违约金的计算方法，在每个合同文件中均有具体规定，一般按每延误一天赔偿一定的款额计算，累计赔偿额一般不超过合同总额的10％。

**2. 施工缺陷索赔**

施工缺陷索赔指施工单位的施工质量不符合施工技术规程的要求，或使用的设备和材料不符合合同规定，或工程存在缺陷，承包商在保修期满前（或规定的时限内）未完成应负责的修补工程，建设单位可据此向承包商索赔，并有权雇用他人来完成工作，发生的费用由承包商承担。

**3. 对指定分包人的付款索赔**

对指定分包人的付款索赔指工程施工单位未能提供已向分包人付款的合理证明时，建设单位可以直接按照监理工程师的证明书，将施工单位未付给指定分包人的所有款项（扣留保留金）付给分包人，并在应付给施工单位的任何款项中如数扣回。

**4. 建设单位合理终止合同或施工单位不正当放弃工程的索赔**

如果建设单位合理地终止施工单位的承包，或者施工单位不合理地放弃工程，则建设单位有权向施工单位收回由新的施工单位完成全部工程所需的工程款与原合同未付部分的差额。

**5. 对超额利润的索赔**

如工程量增加很多（超过有效合同价的15％），使承包方在不增加任何固定成本的情况下预期收入增大，或由于法规的变化导致施工成本降低，建设单位可向承包方索赔，收回部分超额利润。

**6. 对承包商承担责任不当的索赔**

由于工伤事故给建设单位方人员和第三方人员造成的财产或人员的损失，及承包方运送建材，施工机械设备时损坏的公路，道桥管理部门提出索赔等。

**7. 承包方不履行的保险费用索赔**

如果承包方未能按照合同条款指定的项目投保，并保证保险有效，建设单位可以按投保并保证保险有效，建设单位所支付的必要的保险费可在应付给承包方的款项中如数扣回。

## 8.6.2　反索赔的特征

对于索赔和反索赔都具有一个共同的目的，即获取损失的特征。反索赔也具有一些索赔的特征，主要表现在以下方面：

(1)反索赔一般是不主张也不补偿，提出主张是获得补偿的前提。

(2)反索赔是在索赔方提出的事后或者事中提出的。

(3)反索赔同样是依法、依约和依惯例解决问题的过程。同索赔一样，反索赔也要依据合同以及法律法规的规定。

(4)反索赔发生在建设工程合同实施过程中，其本身属于正常的商业经营行为。

(5)反索赔要按固定的程序进行，必须以合同的约定为基础，并且要以发生实际损失为前提。

(6)反索赔也是一种期待的权益，能否成功则要看证据是否确实充分，证据不足难以得到确认。

除此之外，反索赔具有自身的特殊性——对抗性，对通过以下对比予以揭示。

## 8.6.3 反索赔的做法

在合同实施过程中，双方都在寻找索赔机会，一旦干扰事件发生，都推卸自己的责任，并企图进行索赔。若不能有效地进行反索赔，则同样要蒙受损失。所以索赔和反索赔具有同等重要的作用。

**1. 防止对方提出索赔**

积极的防御通常表现在：

(1)防止自己违约，要按照合同办事。通过加强工程管理，特别是合同管理，使对方找不到索赔的理由和依据。工程按照合同顺利实施，没有损失发生，不需提出索赔，合同双方没有争执，达到很好的合作效果，皆大欢喜。

(2)对于实际工程中所发生的干扰事件，双方常常都有责任，而许多项目经理采取先发制人的策略，首先提出索赔，目的是争取在索赔中的有利地位，打乱对方的阵脚，争取主动权。另外，早日提出索赔，可以防止超过索赔的时效而失去索赔机会。

**2. 反击对方的索赔要求**

为了避免和减少损失，必须反击对方的索赔请求。对项目经理来说，这个索赔可能来自业主、总(分)包商、供应商。最常见的反击对方索赔的要求措施有：

(1)反驳索赔方的索赔报告

通常涉及以下内容：

①索赔要求或者索赔报告的时限性。判断是否在合同规定时限内提出了索赔要求和索赔报告。

②判断索赔事件的真实性。

③干扰事件责任分析。是否为索赔人自己疏忽大意、管理不善或自身其他原因造成的。

④索赔理由分析。索赔要求是否和合同条款或有关法律法规的规定一致。

⑤干扰事件影响分析。如索赔事件和影响之间是否存在因果关系，干扰事件的影响

范围的大小，索赔方是否采取了有效的减员控制措施。

⑥索赔证据的分析。证据是否存在不足、不当或者片面的情形。

⑦索赔值的审核。这是索赔反驳中的最后一步，也是关键的一个环节。分析的重点在于各项数据是否准确，计算方法是否合理，各种取费是否合理适度，有无重复计算等问题。

(2)反索赔中主动提出索赔

反索赔中主动提出索赔本质上仍属于索赔，但与对索赔报告进行反驳又不同，此种情形下的索赔最重要的目的之一还是反驳对方的索赔主张。其内容如下：

①工程质量反索赔。有关工程质量的问题往往是因为承包方的原因造成的。

②担保的反索赔。这是业主向承包方不按期归还预付款的违约责任行为进行索赔的一种方法。担保的反索赔包括两种情况：

a. 预付款担保反索赔，是业主向承包方不按期归还预付款的违约责任行为进行索赔的一种方法。预付款是指在合同规定开工或工程价款支付前，由业主预付给承包方的款项。一般由业主在应支付给承包方的工程进度款中直接扣还。为了保证承包方偿还业主的预付款，施工合同中都规定承包方必须对预付款提供等额的经济担保。

b. 履约担保反索赔，是业主向承包方的不履行合同行为进行索赔的一种方法。履约担保是承包方和担保方为了业主的利益不受损害而做出的一种承诺，担保承包方按施工合同所规定的条件施工。担保期限为工程竣工期或缺陷责任期满。在银行担保和担保公司担保中，担保金额一般为合同价的10%～20%。

③拖延工期的反索赔。业主要求承包方补偿拖期完工给业主造成的经济损失，包括业主可期待盈利的损失，工期延长引起的贷款利息增加，工程拖期带来的附加监理费，工程不能如期使用而租用其他建筑的租赁费等。赔偿额通常在招标文件中予以规定，一般以每延误一日赔偿一定数额计算，累计赔偿额一般不超过合同总额的10%。

④保修期内的反索赔。这种反索赔在工程保修期内，因承包方工程质量原因，出现承包方无偿保修情形下进行。如，承包方在规定时间内未予维修，则业主可就另行雇用他人维修的费用以及承包方未在合理时间内进行维修所造成的损失向承包方提出反索赔。

⑤保留金的反索赔。保留金的金额一般为合同总价款的5%左右。保留金是从支付承包方的月工程进度款中扣下一笔合同价百分比的基金，由业主保留下来，一旦承包方违约就以其直接补偿业主的损失。一般应在这个工程或规定的单项工程完工时退还保留金的50%。

⑥承包方未遵循监理工程师指示的反索赔。承包方未能按照监理工程师的指示完成应由其自费进行的缺陷补救工作，如出现未移走或者调换不合格的材料或重新做好的情形，业主也可以提出索赔。

⑦工程变更或者放弃时的反索赔。由于承包方的原因修改、变更合同进度计划，从而导致业主增加额外费用支出，由于承包方的原因致使合同终止，由于承包方不正当放弃工程等情况下，业主可以提出索赔。在承包方不正当放弃工程的情况下，衡量损失的标准是合同价格与业主此后完成工程的实际费用之间的差值，以及考虑此前业主已经支付给违

约的承包方的款项和违约的承包方实际完成的工程价值。

⑧不可抗力的反索赔。这是指对于在不可抗力引发风险事件之前已经被监理工程师认定不合格的工程费用，业主可以提出索赔。

## 8.6.4 索赔与反索赔的区别与联系

**1. 当前对索赔与反索赔的认识误区**

关于索赔与反索赔的内涵，目前国内的意见不一致，存在一些认识误区。有意见认为，应从《合同法》和《合同条件》的规定来理解和解释索赔与反索赔。这一类意见认为，索赔是双方面的，乙方可以向甲方提出索赔，甲方也可以向乙方提出索赔，这是由甲、乙双方之间平等的主体地位所决定的。工程施工中发生了干扰事件后，双方都在进行合同分析。一方面想在合同中找到对自己有利的条款作为依据，尽快追回在事件中所产生的损失。另一方面又想在合同中找到对合同另一方不利的条款，尽量推卸掉己方的责任，防止己方可能产生的经济损失。因此，把追回己方损失的手段称为索赔，把防止和减少合同另一方向己方提出索赔的手段称为反索赔。也就是说，凡是主动提出权利要求的，均被称为“索赔”；凡是对此项“索赔”进行反驳，修改或拒绝的行为，均属于“反索赔”。甚至还有人认为，索赔就是承包方依据合同赋予的权利，对合同甲方过错给予惩罚，从而弥补损失并由此获利的过程。更有甚者，根本不知索赔一词。

**2. 对索赔与反索赔含义的界定**

根据工程施工索赔规范，普遍按索赔的对象来界定索赔与反索赔，通常把承包方就非承包方原因所造成的承包方的实际损失，向业主提出的经济补偿或工期延长的要求，称为“索赔”；把业主向承包方提出的，由于承包方违约而导致业主损失的补偿要求称为“反索赔”。并且此种要求均以补偿实际损失为原则，并不存在惩罚的意思。这一定义已为国际工程承包界所公认和普遍应用，具有特定的明确含义，当然，如果从广义的一般含义来说，承包方可以向业主提出某种索赔，业主可以反驳或拒绝承包方的此项索赔即进行反索赔。分包商可以向总承包方提出索赔，总承包方可以针对此项索赔进行反索赔。承包方可以向供货商提出索赔，供货商也可以反驳此项索赔，即进行反索赔等等。但是，在施工索赔实践中，一般并不是从广义的角度理解索赔和反索赔，而是按其特定的含义，把承包方向业主提出的补偿要求，称为“索赔”；把业主对承包方提出的补偿要求，称为“反索赔”，一般包括两个方面：一是对承包方提出的索赔要求进行分析、评审和修正，否定其不合理的要求，接受其合理的要求。二是对承包方在履行义务中的其他缺陷责任，如某部分工程质量达不到施工技术规程的要求，或拖期建成，可独立地提供损失补偿要求。

**3. 实际操作中建设工程索赔与反索赔的关系**

施工索赔常常是承包方获取更多利润的一个手段，也是其维护自身利益的有效途径。按照国际上对索赔及反索赔的界定，我们可以这样来理解我国实际工作中的索赔与反索赔：在建设工程中，索赔是合同双方经常发生的正常的管理业务，我们习惯上把承包方向业主提出的补偿损失的权利要求称作“施工索赔”，其索赔的目的主要是争取工期和费用。

而对于业主向承包方提出的索赔，要求根据合同条款进行评议，否定其索赔要求中的不合理部分，称其为“反索赔”。

(1)风险引起的索赔

一般包括合同风险、政治风险、经济风险，如物价暴涨、自然条件的变化、施工现场条件复杂、各种法律法规的变化、涉外项目的货币汇兑风险等等。近年来，由于我国建设工程施工队伍不断扩大，绝大部分承包方存在工作严重不足的现象，建筑市场竞争日趋激烈，建设单位利用自己处于主导地位的便利，在招标和合同签订时，采用不正当或不合法手段，把本该由业主承担的风险转嫁到承包方身上，导致承包方承担的风险比例增大，所以此类施工索赔往往由承包方提出，而且双方的分歧往往较大。

(2)施工条件变化引起的索赔

工程在施工过程中，不可避免地出现新的变化，尤其是设计变更。承包方的报价是以原招标文件和设计图纸为基础计算的，根据合同条款，施工图纸中改变了任何工作的数量和性质，或改变了工程任何部分的施工程序或施工方案，都是变更，如果此类变更影响了承包方的费用，承包方就可以要求重新估计，并提出延长工期的要求，在实际施工中，此类索赔也会经常引起争议，主要是业主和承包方因为各自利益角度的不同，对合同条款中“一个有经验的承包方无法预见的事件”理解的偏差。

(3)工程量变化引起的索赔

实际施工时，完成的工程量往往与设计工程量有出入，第四版FIDIC52.3条款明确规定，当合同价变更增减超过15%时，允许对有效合同价进行调整，引起合同价变化的原因就是工程量变化。主要引起的索赔有以下几个方面：第一，是承包方施工设备失调造成的损失，由于承包方在投标时，根据招标文件和合同文件所述的工程量和施工要求，制订施工方案，确定应配备的施工设备的数量、种类、型号，并据此组织订货，运输进场，而工程量的大量增加，势必要求增加新的施工机械，或增加原有机械的数量，提高了承包方的计划投资，扩大了工程的计划成本。如果工程量大量削减，则引起原有设备的窝工或弃置不用，导致承包方的亏损，同时，工程量的变化，还使承包方已准备好的建筑材料数量变化，引起索赔。第二，由于工程量变化引起原定工期的变化，从而使工期延长或赶工期，引起索赔。

(4)工期延长和延误引起的索赔

工期延长和延误引起的索赔通常包括两个方面：一是承包方要求延长工期，二是承包方要求偿付由于非承包方的原因导致工程延误而引起的损失。工程施工中，由于天气、水文、地质等因素影响，都将造成工程的工期延长或延误，当承包方额外支出的费用得不到补偿时，势必引起索赔。

(5)加速施工引起的索赔

当工程项目计划进度受到干扰，影响了总目标工期的实现，导致项目不能按时竣工，业主的经济利益受到影响，业主通过分析认为工程的推迟完工将给自己带来重大的经济损失或政治影响时，或由于部分工程的延期导致一系列工程的延期时，业主可采用赶工期措施，发布加速施工指令，要求承包方投入更多资源来完成该工程项目，保证总目标工期的实现，这必然导致承包方工程成本的增加，引起承包方的索赔。

(6)其他原因引起的索赔

业主违约，如未按规定及时提供施工场地，不按时交付施工图纸、设备和支付工程款，导致承包方施工队伍未能及时进场施工，或承包方资金周转困难，影响工程进度，引起索赔。

综上所述，索赔和反索赔是根据不同的索赔对象而界定的，其根本目的就是合同的一方向另一方就对方责任引起的事件，向对方提出的补偿要求。索赔与反索赔都必须以合同为依据，要求发生的事件真实，证据确凿，费用计算合理、准确，责任分析清楚，这样处理起来易于合同双方接受，减少争议和纠纷。随着建筑领域法制的日益完善，作为建设工程合同的双方，都应按照游戏规则办事，严格遵守国际通用的 FIDIC 合同条件，诚实守信，只有这样，建设工程领域才能健康有序地发展。

### 8.6.5 工程索赔与伙伴合作关系

虽然索赔是合同方尤其是承包方合理伸张自身权益的手段，但同时也是一把双刃剑。有时，索赔会因激怒对方而带来报复性伤害，尤其是一些强势业主。因此，这就要求索赔方柔中有刚、委婉巧妙、恰到好处地激发对方认同感，赢得对方的同情与重视。对于每一项索赔工作，承包方和业主都应力争通过友好协商的方式解决，不要轻易付诸仲裁或诉讼。因为后者不仅需要花费巨额的仲裁或诉讼费用，而且往往也会将时间拖得很久，另外过多的仲裁或诉讼记录对合同方的名誉也有所影响。

现如今，建筑工程倡导将伙伴合作关系引入工程合同范本之中，伙伴合作关系是指两个或两个以上的组织之间为了获取特定的商业利益，充分利用各方资源而做出的一种互相承诺。例如，2000 年，英国咨询建筑师协会出版了“项目伙伴关系合同标准文本”，这是第一份以项目伙伴关系命名的标准合同文本，它把在项目中建立伙伴关系的理念以合同的形式固定下来，促进了伙伴关系管理模式的进一步完善和发展。

因此，从上述可见，合理的工程索赔需要处理好伙伴合作关系，尤其是在市场拓展阶段，有时候工程的利益需要服从企业市场战略，需要结交当地有优势的工程群体，而此时把牺牲索赔利益充当市场拓展的必要手段就显得非常明智。

## 复习题

1. 什么是工程索赔与反索赔？
2. 工程索赔是由什么原因引起的？
3. 业主的哪些行为会引起索赔？
4. 工程索赔的依据有哪些？
5. 简述承包人在施工索赔中应注意的问题。
6. 索赔与反索赔的区别与联系各是什么？

# 第 9 章 工程合同争议处理

## 9.1 工程合同常见的争议

所谓合同争议，是指合同当事人对于自己与他人之间的权利行使、义务履行以及利益分配有不同的主张、意见、请求的法律事实。一旦其中一方怠于或拒绝履行自己应尽的义务，则其与另一方之间的法律争议就在所难免。在某些情况下，合同法律关系中的当事人都无意违反法律的规定或者合同的约定，但由于他们对于引发相互间法律关系的法律事实有着不同的看法和理解，也可能产生合同争议；另外，由于合同立法中法律漏洞的存在，也会导致当事人对于合同法律关系和合同法律事实的解释互不一致。

### 9.1.1 合同争议的特点

**1. 主体特定**

合同纠纷的主体特定，就是指合同当事人。合同纠纷涉及第三人的情况也存在，但并不多见，主要是发生在订立合同的双方或多方当事人之间。

**2. 争议内容的多样化**

合同纠纷的内容涉及合同本身内容的各个方面，纠纷内容多种多样，几乎每一个与合同有关的方面都会引起纠纷。例如，在订立合同的当事人方面也会有纠纷，合同一方当事人是法人的分支机构，本没有对外签订合同的权利却签订了合同，一旦该方违约但无力承担债务时，必须、也应当由设立该分支机构的法人来承担责任。如果该法人不愿意，则纠纷就会产生。再如，双方口头协商订立了合同，在履行过程中因对原先协商的某一条款理解不一致，因口头无书面证明，纠纷遂起等等。

**3. 属于民事纠纷**

签订合同的当事人是平等主体的公民、法人或其他组织，合同行为是民事法律行为，因此，合同纠纷从本质上说是一种民事纠纷，民事纠纷应通过民事方式来解决，如协商、调解、仲裁或诉讼等。民事方式区别于行政方式和刑事方式：行政方式是通过行政手段来直接干预合同纠纷，这与《合同法》平等的理念不符合，与中国社会主义市场经济的要求相违背。刑事方式是国家通过刑事手段来解决合同纠纷，合同一旦需要通过刑事方式解决，就不能称为合同纠纷，而是刑事案件。利用合同进行诈骗的情况很多，对于此类情况，应以诈骗案处理，而不是一般的合同纠纷。

## 9.1.2 工程合同争议产生的原因

**1. 合同条款完整性、严密性不足，存在错误或疏漏**

合同条款是合同双方履行权利与义务的依据。然而在实际合同的签订过程中，由于各种原因，往往造成合同条款的完整性、严密性不足，甚至存在一些错误或疏漏，这些问题的存在，极易引起承包方与业主之间的纠纷。

**2. 业主与承包方不能正视彼此的相互关系，造成对合同管理的错误认识**

业主和承包方通过合同联结到一起，最终目标是把项目做好。为此，双方应当在制订和履行合同时采取积极合作的态度。但是，由于各自利益的制约，在项目实施中始终不能采取良好合作的态度，业主想花最少的钱办最好的事，而承包方追求的是最大的利润。因此，在合同签订时业主凭借其在建筑市场中相对优势的地位，往往制订十分苛刻的合同条件，有时则无视承包方的合理要求与利益；承包方也会利用一些办法甚至不正当手段降低成本。这样一来，双方的争议就在所难免。

**3. 专业的合同管理人员缺乏**

合同管理是一项专业性强，技术性要求高的工作。其合同管理人员不仅要通晓法律知识，还要熟悉建筑项目的运作规律。目前这类人才缺乏。

**4. 现场签证不及时、不规范**

现场签证是施工现场由业主代表和监理工程师签批，用以证实施工活动中某些特殊情况的一种书面手续。其作用是为工程结算和索赔与反索赔提供依据。但在实际运作中，有的监理工程师时常只发口头指令，而疏于及时用书面形式发布指令或对索赔进行书面答复。待工程结算时，有的给予补签，有的则不予认可，而且补签的内容也不一定准确，造成承包方和发包方在结算时矛盾重重，纠纷不断。

## 9.1.3 工程合同争议的分类

**1. 合同主体的争议**

合同主体的争议包括承包方资质不够导致的纠纷、联合体承包导致的纠纷以及因“挂靠”问题而产生的纠纷。

**2. 工程款支付的争议**

因为承包方竞争过分激烈，发包人处于优势地位，导致承包方为了获得承建工程的机会而被迫接受许多不利条件，例如，较低的合同价格、较高的工程质量、较短的工期、垫资等。在合同实施过程中，承包人争取一切可能的机会增加工程价款（如索赔），发包人则会尽可能减少增付价款，从而导致纠纷的产生。具体原因有：

(1)“三边工程”引起的工程造价的失控，“三边工程”即边设计、边施工、边投产。同时，材料、人工的价格上涨可能导致工程造价大幅度调整。

(2)从业人员的法律意识薄弱。发包人为了达到减少价款的目的，故意规避法律法规，与承包方签订“阴阳合同”。而承包方为了达到承揽工程的目的，不管发包人提出任何要求，也不管自己能否达到，一律全盘接受。

(3)施工合同调价与索赔条款的重合。

(4)合同缺陷。一方面原因是我国建筑从业人员“懂技术的不懂法律，懂法律的不懂技术”的现状。另一方面原因是双方理解的分歧，例如，施工合同中规定某种型号的钢材单价为 5000 元/吨，作为承包方一方会理解为出厂价，作为发包人一方则会理解为送货价。

(5)工程款拖欠。一是由于审批不严导致建设单位资金不足；二是由于建筑市场的供大于求造成的。

**3. 工程质量的争议**

工程质量争议产生的原因为：

(1)勘察、设计单位测量或设计的原始数据不准。

(2)施工单位的原因：

①施工单位脱离设计图纸、违反技术规程以及偷工减料。

②不具备相应资质进行施工和其他相关违法活动。

③未履行属于自己在施工前产品检验的强化责任。

④施工单位对于在质量保修期内的质量缺陷不履行质量保修责任。

(3)监理单位监理制度不严格。

**4. 工程合同变更的争议**

工程合同变更的争议产生的原因为：

(1)工程本身具有不可预见性；

(2)设计与施工以及不同专业设计之间的脱节；

(3)“三边工程”导致大量变更发生；

(4)大量的口头变更导致事后责任无法分清；

(5)单方解除合同。

**5. 其他工程合同争议**

除了上述四项工程合同争议的类别，还有工期进度和工程量的争议、合同竣工验收的争议、安全事故赔偿的争议以及不可抗力的争议等。

## 9.2　工程合同争议的解决方式

### 9.2.1　工程合同争议的解决方法

根据建设工程合同特点，按照行业划分原则，我国有关行政主管部门，如建设部、水利部、铁道部、交通部、国家电力工业管理局和国家工商行政管理局分别颁布了《建设工程施工合同》、《水利水电工程施工合同》、《铁路建设工程施工合同》、《电力建设工程施工合同》、《港口工程施工合同》等标准合同文本，并在全国推广使用。这些合同文本对争议解决方式的规定除《水利水电工程施工合同》外都基本按照《合同法》第128条规定。在争议解决方式方面主要存在部门分割、行业分割、行政干预严重、解决方式单一等问题；争议解决程序不明确，内容简单，操作性不强，不能根据工程项目特点选取相应的争议解决方法；工程发生争议后，又普遍要求提请行政主管部门调解，而对社会性中介调解机构却缺乏规定或提示；合同文本没有充分考虑当事人的主体性选择权，争议解决方式的选择有很大的局限性，缺乏灵活性的非诉讼解决方法。

目前我国建设工程施工合同主要有以下几种争议调解方法：

**1. 监理工程师的调解**

监理工程师熟悉工程情况且具有合同管理能力，调解施工单位和建设单位的合同纠纷，往往能使一些日常的、琐碎的施工合同纠纷及时地以较低的代价得到现场解决。我们对监理工程师的认识在很多方面多是基于对FIDIC合同条件中工程师的认识，对监理单位提出公正性要求也是借鉴了FIDIC合同条件中对其工程师提出的公正性要求。实际上，包括FIDIC在内的大多数国际上通行的合同文本均已摒弃了工程师担任准仲裁者制度，约定由与工程毫无关系的独立的第三人来担任准仲裁者这一角色。

**2. 民间调解**

专业人士或律师接受合同纠纷双方当事人委托，居中公平主持调解，力争使双方达成协议。专业人士或律师具有一定的专业知识和法律水平，熟悉政策与规范，更有利于说服当事人，从而使当事人双方的纠纷在合乎法律和情理的情况下解决。专业人士和律师主持调解非诉讼事件的方式方便当事人，省时省力，又能使问题得到解决，免除了仲裁与诉讼之累。但我国目前不仅在合同文本中对社会中介调解机构缺乏足够的支持，同时也缺乏足够的相关机构强力的政策支持。

**3. 行政调解**

施工合同纠纷的行政调解人一般是一方或双方当事人的业务主管部门。业务主管部门对下属企业单位的生产经营和技术业务情况比较熟悉和了解，在符合国家法律政策的要求下，教育说服当事人自愿达成调解协议。但由于我国目前存在着较为严重的部门分割、行业分割和行政干预，如果合同争议涉及不同地区或不同部门利益时，行政调解显然难以胜任这项工作。

## 9.2.2 建设工程争议评审制度

建设工程争议评审制度是当事人在履行建设工程合同发生争议时，根据约定，将有关争议提交争议评审组(以下简称评审组)进行评审，由评审组做出评审意见的一种争议解决方式。

当事人可以对评审意见的效力做出约定，评审意见依约定对当事人产生约束力。

评审组分为常设评审组和临时评审组。

当事人可以在签订合同时或者在约定的期限内确定评审组成员，成立常设评审组，以跟踪了解合同履行的情况，协助预防争议；常设评审组可以根据当事人的申请，评审有关争议。当事人也可以在争议发生后，成立临时评审组，评审特定争议。评审组的产生方式和工作内容、评审程序、评审意见的效力、评审组成员的报酬和费用等根据当事人的约定来确定。

除非当事人另有约定，评审组由一名或三名评审专家组成。评审专家应当具有合同管理、合同解释和建设工程行业的专业知识和实践经验。仲裁委员会设立推荐性的《建设工程争议评审专家名册》(以下简称《评审专家名册》)，供当事人选定评审组成员时参考。当事人也可以在《评审专家名册》之外选择评审组成员。常设评审组由三人组成，双方当事人应当在约定的期限内，或者在没有约定期限的情况下，在合同签订后 28 天内或合同开始履行后 28 天内(以较早的时间为准)，各自选定一名评审专家，并书面通知对方和评审专家。当事人未能在上述期限内选定评审专家的，任一方当事人可以请求仲裁委员会秘书长代为指定上述评审专家。

根据上述规定产生的两名评审专家应在第二名评审专家确定之日起 14 天内共同选定第三名评审专家，并书面通知双方当事人。

两名评审专家未能在上述期限内共同选定第三名评审专家的，任一方当事人可以请求仲裁委员会秘书长代为指定第三名评审专家。第三名评审专家应当担任评审组的首席评审专家。

常设评审组应当研究当事人提交的相关资料，在合同履行期间定期与当事人会晤，进行现场考察，以保证熟悉合同文件、及时跟踪了解合同的履行情况以及合同履行过程中出现的分歧。

任何一方当事人作为申请人，申请评审组通过评审程序解决争议时，应当向评审组提交书面的评审申请，并同时将评审申请转交被申请人。

评审申请应当包括：

(1)当事人关于将争议提交评审组解决的约定；

(2)争议的相关情况和争议要点；

(3)申请人提交评审解决的争议事项和具体的评审请求；

(4)申请人对争议的处理意见及所依据的文件、图纸及其他证明材料。

评审组应当依据合同的条款和合同项目所在地或者其他与合同有最密切联系地的法律规定，参考相关的国内外行业惯例和技术标准规范，公平合理、独立公正地做出评审意见。

## 9.3　工程合同纠纷的处理

由于建设工程施工过程本身错综复杂，涉及法律适用的新情况和新问题层出不穷，承、发包双方在出现合同争议后有时还会遇到无法可依的尴尬局面，各地法院因司法理念和对法律精神的理解差异及建筑行业专业性较强，在审判实践中司法标准不统一的现象也时有出现。为及时、公正审理建设工程施工合同纠纷案件，依法保护当事人的合法权益，规范建筑市场秩序，促进建筑业健康发展，加强对建筑工程施工合同纠纷的处理及合同管理研究就显得尤为重要，本节就此进行探讨。

## 9.3.1 建筑工程施工合同纠纷的特点

**1. 建筑工程施工合同纠纷比较复杂**

一项建筑工程的顺利进行，既离不开建设方、施工方、分包方等多方合同的顺利履行；也离不开农民工、政府和其他各方工作的顺利进行。在工程建筑领域内，由于法律的强制规定，比如《建筑法》禁止工程违法转包分包，禁止把工程发包给不具有资质的单位和个人的规定与工程现实状况严重不符，由于利益的诱惑，存在大量的违法转包、分包、挂靠等事实，这些均加剧了建筑工程施工合同纠纷的复杂性。

**2. 建筑工程施工合同纠纷比较专业**

在建筑工程施工过程中，行政审批，环评，勘测设计，施工组织、建设方、施工方、监理方等各方的合同关系、工程关系均比较专业。在建设工程施工合同中，工程进度、工程预算与结算、工程责任、工程款支付等也都比较专业，包括工程合同履行过程中的财务、税收等专业问题。所以处理建筑工程施工合同纠纷应具备一定的工程知识。

**3. 建筑工程施工合同纠纷的有效解决，离不开律师的介入**

合理合法维护当事人权益，有效解决建筑工程施工前后和施工中的纠纷，离不开律师扎实的法律知识。这也是优秀律师的必备条件，在为当事人处理建筑工程施工合同纠纷时，扎实的法律知识是问题最合理、最有效解决的前提，也是赢得当事人信任的基础。

## 9.3.2 当前建筑工程施工合同纠纷存在的主要问题

(1)“阴阳合同”充斥市场。“阴阳合同”是指发包人在有形建筑市场通过公开招标选择承包人，并按照招标文件及中标通知书要求，与中标承包人签订施工合同，俗称“阳合同”；在有形建筑市场以外，另行与承包人签订一份合同书或补充协议，该合同未经建设行政主管部门审查备案，但在实际施工活动中被双方认可，即所谓的“阴合同”。发包人利用自己在建设工程发包中的主导地位，将自身的一些风险转移到承包人身上。

(2)承包方合同意识淡薄，缺乏专业的合同管理人才，主要表现在：

①不严格按合同办事。出现问题后不能依照合同办事，而是习惯于找领导协调，即便是正当的索赔也不能理直气壮地提出。

②不设立合同管理部门，缺乏专业的合同管理人才。大多数项目管理机构都未设立合同管理部门，缺乏可行的有效的动态合同管理制度和具体的操作流程，不能对工程进行及时的跟踪和有效的动态合同管理。合同管理是高智力型的，涉及全局，又是专业性、技术性强、极为复杂的管理工作，对合同管理人员的素质要求很高。管理人才的缺乏极大地影响了我国的承包方合同管理水平的提高。

## 9.3.3　如何处理建筑工程施工合同纠纷及进行合同管理

**1. 结合实际，做实基础工作，规范建筑工程施工合同管理**

规范管理环节，实现建筑工程施工合同管理手续的档案化。建筑工程施工合同管理环节主要涉及建筑工程施工合同的签订、变更、续订、解除、终止等，因此，企业应当依法健全、完善各项手续，合理规避各种不必要的法律风险。一些企业的管理人员总习惯于口头通知，而不采取书面方式，这样做确实比较省时、省力，甚至在一定程度上提高了工作效率，但也给建筑工程施工合同管理工作埋下了一些隐患，当出现建筑工程施工争议时，企业很难拿出对自己有利的实质凭证而陷入被动。因此，企业应当把完备建筑工程施工合同管理过程中的各项书面材料作为一项基础工作加以重点落实，提升企业管理的主动权。实现动态管理，增强工作的及时性和针对性。建筑工程施工合同管理是一项时效性较强的工作，各环节都有严格的时限。为确保工作的及时开展，应当充分借助现代信息手段，通过电子表格甚至信息管理系统等建立健全建筑工程施工合同台账，对企业的建筑工程施工合同进行动态跟踪管理，随时掌握建筑工程施工合同签订情况，及时准确地进行建筑工程施工合同续签、变更、终止或解除，依法清理各种不规范的建筑工程施工关系，提升企业的建筑工程施工合同管理水平。

**2. 建设期间建筑工程施工合同的终止纠纷处理**

因承包人违约，造成业主强行终止与承包人的建筑工程施工合同时，承包人应承担因此而产生的额外增加费用和合同中列明的其他费用。业主可暂停向承包人支付任何款项，在本工程缺陷责任期满后，再由监理工程师查清承包人实施和完成本工程与缺陷修复应结算的费用以及应扣除的完工拖延损失赔偿金(如有)和业主已实际支付给他的各项费用，并予以证实。因业主违约，造成承包人与业主终止建筑工程施工合同时，业主应向承包人支付终止之日前已完成的全部工程的费用和其他应得费用，还应支付给承包人由于该项合同终止而引起的或涉及的对承包人的损失或损害的费用。新的施工单位(包括部分分割工程的承接单位)必须满足项目招标时的相应资质和强制性条件要求。业主与新的施工单位重新签订合同，合同价款由双方协商确定。

**3. 施工合同的管理**

业主负责组织技术交底、提供施工图纸，并督促设计单位派驻设计代表，同时派驻相关人员与承包人协商并解决工程中出现的问题；并委托监理工程师对工程的质量、进度、费用进行控制和管理，接收合同文本并检查、确认其完整性和有效性。承包人应熟悉和研究合同文本，全面了解和明确业主的要求，根据工程的总体计划合理确定项目合同控制目标，制订实施计划和保证措施。业主严格依据合同变更程序对项目合同进行管理，依据合同约定程序或规定，对合同履行中发生的变更、违约、争端、索赔等事宜进行处理和(或)解决，管理合同文件，并进行合同收尾。

**4. 加强监理工程师在建筑工程施工合同管理方面的责任**

总监理工程师主持开工前的第一次工地例会，驻地监理工程师主持施工阶段每月一次的常规工地例会，并签发会议纪要。监理工程师有权参加施工单位为实施合同组织的有关会议。根据工程实际情况，监理工程师有权按业主授权和施工合同文件规定的变更程序、变更范围，对工程或其任何部分的型式、质量、数量及任何工程施工程序做出变更决定，确定变更工程的单价和价格，在得到业主同意后，下达变更令。监理工程师必须认真审查施工单位的任何分包人的资格和分包工程的类型、数量，提出意见报业主核准；监督施工单位主要技术、管理人员的构成、数量与合同所列名单是否相符；对不称职的主要技术、管理人员，有权提出更换要求。对施工单位进场的主要机械设备的数量、规格、性能按合同要求进行监督、检查。由于机械设备的原因影响工程的进度、工期、质量的，监理工程师有权提出补充、更换机械设备，承包人不能满足要求时，业主可停止支付工程款。监理工程师督促业主及时妥善完成合同规定的责任事项和法定承诺。

**5. 工程单价变更纠纷的处理应遵循的原则**

工程单价变更纠纷的处理，应遵循以下原则：

(1)工程量清单中存在与变更工程细目相同的，其单价应按工程量清单中已有的细目单价确定。

(2)工程量清单中无相同细目但存在类似细目的，变更工程应参照类似细目单价，业主应积极组织监理工程师与承包人协商，及时确定变更单价。

(3)工程量清单中没有适合或类似参考单价的，应由承包人依据合同单价分析表中的工、料、机单价和费率编制补充单价并考虑投标调价函的调价比例，报监理工程师和业主审查确定；若是新增材料或设备，则按市场价格编制清单单价报监理工程师和业主审查确定，业主应及时审查确定正式单价，尽量避免以暂定单价进行计量。

(4)如果变更工程单价一时不能议定，监理工程师可确定暂定单价报业主批准后，作为暂付账款记入期中支付证书中，并办理有关手续。

## 复习题

1. 什么是合同争议？
2. 合同争议产生的原因有哪些？
3. 合同双方当事人之间自行协商解决纠纷时应当遵守哪些原则？
4. 合同争议与工程合同争议的解决方式有哪些？
5. 简述建筑工程合同纠纷的特点。
6. 如何处理建筑工程施工合同纠纷及合同管理？

# 第四篇

# 国际工程的招投标与合同管理篇

# 第10章 国际工程的招标与投标

国际工程承包是指一个国家的政府部门、公司、企业或项目所有人(一般称工程业主或发包人)委托国外的工程承包人负责按规定的条件承担完成某项工程任务。国际工程承包是一种综合性的国际经济合作方式。

## 10.1 国际采购的原则

在国际工程中,通过招标投标选择承包方是最重要的发包方式,许多国际机构都制订了招标投标程序,其中世界银行的招标投标程序最为完善、最有影响、适用范围也最大。本节主要介绍世界银行贷款项目的采购原则。

世界银行贷款项目的采购原则和采购程序由《国际复兴开发银行贷款和国际开发协会信贷采购指南》(简称《采购指南》)规定,既适用于土建工程,也适用于货物和咨询服务。其基本原则为:

(1)在项目采购中,必须注意经济性和效率性。

(2)世界银行贷款项目为合格的投标人承包项目提供平等的竞争机会,不论投标人来自发达国家还是发展中国家。

(3)世界银行作为一个开发机构,其贷款项目应促进借款国的制造业和承包业的发展。

## 10.2 国际通行的工程采购方式

### 10.2.1 国际竞争性招标方式

**1. 国际竞争性招标**

国际竞争性招标一般适用于购买大宗材料设备,且标的金额较大,市场竞争激烈的情况。其特点在于招标信息必须通过国际公开广告的途径予以发布,使所有合格的投标人有机会了解投标要求和参与投标竞争。世界银行借款的项目绝大部分采用这种方式。它不仅可以通过公开、公平和公正的方式来避免贪污受贿行为，而且可以获得价格优惠并符合要求的材料设备，因此成为国际上最为提倡的工程设备材料采购方式。但国际竞争性招标程序费时过多，从准备招标文件、报价、评标到授予合同需花费很长时间，需要的文件也很多，费时费力。因此在有些情况下，国际竞争性招标并不是最经济的采购方式。

**2. 有限国际招标**

有限国际招标实质上是一种不公开刊登广告，而直接邀请投标人投标的国际竞争性招标。根据世界银行《采购指南》的规定，有限国际招标作为一种合适的采购方式，适用于以下几种情况：①合同金额小；②供货人数量有限；③有其他作为例外的理由可证明不完全按照国际竞争性招标的程序进行采购是正当的。

## 10.2.2 国际竞争性招标程序

国际竞争性招标（International Competitive Bidding，ICB），是指邀请世界银行成员国的承包方参加投标，从而确定最低评标价的投标人为中标人，并与之签订合同的整个程序和过程，是世界银行贷款项目采购的主要程序。

**1. 总采购公告**

公开通告投标机会是世界银行及其他国际开发机构所要求的，目的是使所有合格而有能力、符合要求的投标人不受歧视地拥有公平的投标机会，同时使业主（或购货人）能进一步了解市场供应情况，有助于经济、有效地达到采购的目的。

世界银行要求，当某一项目的资金来源已经初步确定（如已初步确定由世界银行提供贷款，本国配套资金也已基本落实），项目初步设计已经完成，项目评估已经或接近完成，在项目评估阶段已经确定了必须以国际竞争性招标方法进行采购的那部分设备和工程，就可以准备一份总采购通告，并及早送交世界银行，安排免费在联合国出版的《发展商务报》上刊登。送交世界银行的时间不应迟于招标文件已经准备好、将向投标人公开发售之前 60 天，以便及早安排刊登，使可能的投标人有时间考虑对这项采购的投标。

**2. 资格预审和资格定审**

凡采购大而复杂的工程，以及在例外情况下，采购专为用户设计的复杂设备或特殊服务，在正式投标前宜先进行资格预审，对投标人是否有资格和能力承包这项工程或制造这种设备先期进行审查，以便缩小投标人的范围。这样做也可以使不能胜任的承包方或供应商避免因准备投标而花费巨大的人力、财力。一个项目的具体采购合同是否要进行资格预审，应由借款人和世界银行充分协商后，在贷款协定中明确规定。资格预审首先要确定投标人是否有投标资格，在有优惠待遇的情况下，也可确定其是否有资格享受本国或地区的优惠待遇。

除了确定投标资格外，资格预审的目的是为了审定可能的投标人是否有能力承担该项采购任务。资格预审应预先规定评审标准及合格要求，并应将合同的规模和合格要求通知愿意参加预审的承包方或供应商。经过评审后，凡符合标准的，都应准予投标，而不应限定预审合格的投标人的数量。资格预审一结束，就应将招标文件发给预审合格的投标人，其间的时间间隔不宜太长。因为相距时间太长，时过境迁，原来已合格的可能不再合格，原来不合格的可能又具备了合格条件，这样，正式投标时将不得不重新进行资格预审或至少再进行资格定审。如果在投标前未进行过资格预审，则应在评标后对标价最低、并拟授予合同标书的投标人进行资格定审，以便审定他是否有足够的人力、财力、资源，能有效地实施采购合同。资格定审的标准应在招标文件中明确规定，其内容与资格预审的标准相同。如果评标价最低的投标人不符合资格要求，就应拒绝这一投标，而对次低标的投标人进行资格定审。

**3. 准备招标文件**

招标文件是评标及签订合同的依据。它向投标人提供与所需采购的货物或工程有关的一切情况、投标应注意的一切事项和评标的具体标准。它还规定了招标人与投标人之间的权利和义务，并提出了授予合同后业主与承包方或供应商之间的权利义务关系，作为今后签订正式合同的基础。招标文件的各项条款应符合《采购指南》的规定。世界银行虽然并不“批准”招标文件，但需其表示“无意见”(Noobjection)后招标文件才可以公开发售。在准备招标文件或世界银行审查过程中，也可能有忽略或产生错误。但招标文件一经确定，世界银行也已表示“无意见”，并已公开发售后，则除非有十分严重的不妥之处或错误，即使其中有些规定不符合《采购指南》，评标时也必须以招标文件为准。

招标文件的内容必须明白确切，应说明工程内容、工程所在地点、所需提供的货物、交货及安装地点、交货或竣工进程表、保修和维修要求以及其他有关的条件和条款。如有必要，招标文件还应规定将采用的测试标准及方法，用以测定交付使用的设备是否符合规格要求。图纸与技术说明书内容必须一致。

招标文件还应说明在评标时除报价以外需考虑的其他因素，以及在评标时如何计量或用其他方法评定这些因素。如果允许对设计方案、使用原材料、支付条件、竣工日程等提出替代方案，招标文件应明确说明可以接受替代方案的条件和评标方法。招标文件发出后如有任何补充、澄清、勘误或更改，包括对投标人提出的问题所做出的答复，都必须在距投标截止期足够长的时间以前，发送给原招标文件的每一个收件人。

**4. 具体合同招标广告(投标邀请书)**

除了总采购通告外，借款人应将具体合同的投标机会及时通知国际社会。为此，应及时刊登具体合同的招标广告，即投标邀请书。与总采购通告有所不同，这类具体合同招标广告不要求，但鼓励刊登在联合国《发展商务报》上。即使不刊登在联合国《发展商务报》上，至少应刊登在借款人国内广泛发行的一种报纸上；如有可能，也应刊登在官方公报上。

从发出广告到投标人做出反应之间应有充分时间，以便投标人进行准备。一般从刊登招标广告或发售招标文件(两个时间中以较晚的时间为准)算起，给予投标商准备投标的时间不得少于45天。

对大型工程和复杂的设备，为了使预期的投标人熟悉情况，便于准备投标，应鼓励业主在投标前召集投标准备会议，组织现场考察，以求投标更切合实际。

**5. 开标**

在招标文件“投标人须知”中应明确规定投交标书地址、投标截止时间和开标时间及地点。对投交标书的方式不得加以限制，以免延误。应该允许投标人亲自或派代表投交标书。开标时间一般应是投标截止时间或紧接在截止时间之后。招标人应在规定时间当众开标，应允许投标人或其代表出席开标会议，对每份标书都应当众读出其投标人、报价和交货期或完工期；如果要求或允许提出替代方案，也应读出替代方案的报价及完工期。标书是否附有投标保证金或保函也应当众读出。不能因为标书未附投标保证金或保函而拒绝开启。标书的详细内容是不可能也不必全部读出的。开标时应做记录，列明到会人员及宣读的有关标书的内容。如果世界银行有要求，还应将记录的副本送交世界银行。开标时一般不允许提问或做任何解释，但允许记录和录音。

在投标截止时间以后收到的标书，尤其是已经开始宣读标书以后收到的标书，不论出于何种原因，一般都可加以拒绝。

上述公开开标的程序是国际竞争性招标最常采用的开标程序，也是世界银行要求其贷款项目采用国际竞争性招标方法时必须遵循的程序。公开开标也有其他变通办法，例如“两个信封制度”(Two Envelope System)，即要求投标书的技术性部分密封装入一个信封，而将报价装入另一个密封信封。第一次开标时先开启技术性标书的信封；然后将各投标人的标书交评标委员会评比，查看其是否在技术方面符合要求。这一步骤所需时间短至几小时，长至几个星期。如标书在技术上不符合要求，立即通知该标书的投标人。第二次开标时再将技术上符合要求的标书报价公开读出。技术上不符合要求的标书，其第二个信封不再开启。如果采购合同简单，两个信封也可能在一次会议上先后开启。

**6. 评标**

评标主要有审标、评标、资格定审三个步骤。

(1)审标。审标是先将各投标人提交的标书就一些技术性、程序性的问题加以澄清并初步筛选。如，投标人是否具备投标资格，是否附有要求交纳的投标保证金，是否已按规定签字，是否在主要方面均符合招标文件提出的要求，是否有重大的计算错误，其他方面是否都符合规定等。

(2)评标。按招标文件所明确规定的标准和评标方法，评定各标书的评标价。评标时既要考虑报价，也要考虑其他因素。投标书中如有与招标文件所列要求不重大的偏离者，应按招标文件规定办法在评标中加以计算。有些问题则可以通过双方一同举行澄清会议，寻求一致意见，加以解决。然后按评标价由低至高，评定各标书的评标次序。

(3)资格定审。如果未经资格预审，则应对评标价最低的投标人进行资格定审。定审结果，如果认定他有资格，又有足够的人力、财力资源承担合同任务，就应报送世界银行，建议授予合同。如发现他不符合要求，则再对评标价次低的投标人进行资格定审。

评标只是对标书的报价和其他因素，以及标书是否符合招标程序要求和技术要求进行评比，而不是对投标人是否具备实施合同的经验、财务能力和技术能力的资格进行评审。对投标人的资格审查应在资格预审或定审中进行。在评标考虑的因素中，不应把属于资格审查的内容包括进去。

**7. 授予合同或拒绝所有投标**

按照招标文件规定的标准，对所有符合要求的标书进行评标，得出结果后，应将合同授予其标书评标价最低，并有足够的人力财力资源的投标人。在正式授予合同之前，借款人应将评标报告，连同授予合同的建议，送交世界银行审查，征得其同意。

招标文件一般都规定借款人有拒绝所有投标的权利。借款人在采取这样的行动之前应先与世界银行磋商。借款人不能仅仅为了希望以更低价格采购到所需设备或工程而拒绝所有投标，再以同样的技术规格要求重新招标。但如果评标价最低的投标报价也大大超出了原来的预算，则可以废弃所有投标而重新招标。或者，作为替代办法，可在废弃所有投标后再与最低标的投标人谈判协商，以求取得协议。如不成功，可与次低标的投标人谈判。如果所有投标均有重大方面不符合要求之处，或招标缺乏有效的竞争，借款人也可废弃所有投标而重新招标。

**8. 合同谈判和签订合同**

中标人确定后，应尽快通知中标的投标人准备谈判。在正式通知授予合同后，业主（或购货人）必须与承包方或供应商进行合同谈判。但合同谈判并不是重新谈判投标价格和合同双方的权利义务，因为对投标价格的必要调整已在评标的过程中确定，同时双方间的权利义务以及其他有关商务条款，招标文件中都已明确规定。而且《采购指南》还规定："不应要求投标人承担技术规格书中没有规定的工作责任，也不得要求其修改投标内容作为授予合同的条件。"这就是说，合同价格是不容谈判的。也不得在谈判中要求投标人承担额外的任务，但有些技术性或商务性的问题是可以而且应该在谈判中确定的。如：①原招标文件中规定采购的设备、货物或工程的数量可能有所增减，合同总价也可随之按单价计算而有所增减；②投标人的投标中，对原招标文件中提出的各种标准及要求，总会有一些非重大性的差异。如技术规格上某些非重大的差别，交货或完工时间提前或推迟，工程预付款的多少及支付条件，损失赔偿的具体规定，价格调整条款及所依据的指数的确定等等，都应在谈判中进一步明确。

合同谈判结束，中标人接到授标信后，即应在规定时间内提交履约担保。双方应在投标有效期内签署合同正式文本，一式两份，双方各执一份，并将合同副本送世界银行。

## 10.3 国际项目的投标与报价

国际工程报价投标工作涉及面很广，它要求投标报价的人员具有广博的知识和丰富的经验，其中包括专业知识，例如：设计、施工组织与技术、设备材料等。同时还必须具备商务方面知识，例如法律、金融、税务、保险以及当地的政治、经济状况等。另外，投标报价人员还必须熟悉国际工程施工和投标报价的规范和操作程序，只有这样，投标报价人员才能参与激烈的国际工程承包市场的竞争。

投标报价与工程施工是密切关联的统一体，有时一个项目的投标报价如果略微出现一些小差错，工程施工也许还可以弥补项目的不足。而有时一个项目的投标报价很合理，可工程施工出现漏洞也可能会拖垮项目。这就对做投标报价的人员提出了一个课题，你是否非常熟悉国际工程施工的全过程，你是否真正了解建筑公司的实际施工成本。国际投标和国内投标的区别就在于，国内投标报价可参照规定的定额，而国际投标报价由投标人自己测定定额。

在承包方式上，投标报价一般有两种方法：一种是作为分包报价；一种是作为总承包投标报价。从项目性质来看，一种是私人资本投资的，一种是国家政府投资的或亚洲和世界银行贷款或其他国际组织贷款的。

不管政府投资也好，国际金融机构贷款也好，一般都按国际标准的招投标程序进行，国际投标报价主要从利润和承担风险程度来考虑，承包者相互竞争，在相互保密的情况下编出投标书，当众开标，由有关人员进行综合测评，决定中标者。一般来说，国际投资报价过程为：市场调查，踏勘现场，选择总包管理班子和施工队伍，编制投标报价书，确定最终报价。

**1. 投标环境调查**

投标报价的第一步是投标环境的调查，例如，在某公路和桥梁的投标报价中包括了如下调查工作：

(1)政治、社会和法律方面

工程项目所在国的社会制度和政治制度一般可以通过我国驻外使、领馆了解，调查当地的社会和政治情况，风土人情，与承包方活动有关的经济法、工商企业法、建筑法、劳动法、税法、金融法、外汇管理法、经济合同法以及经济纠纷的仲裁程序等。此外还必须了解当地的民法和民事诉讼法，以及移民法和外国人管理法。

(2)自然条件、市场情况

该公路项目位于南太平洋岛国，一年中有六个月为雨季，在雨季期间伴随台风，有时会形成小型洪水。从市场情况看，当地建筑材料、钢材、沥青需进口，水泥、黄沙由当地供应，石子无法满足工程的需要。当地的物价指数每年平均上升2%～5%。当地工人工资水平略低于中国外派人员工资，但他们的工效比中国外派人员的工效差50%。在这种条件下，允许部分外籍工人入境工作。当地外汇汇率比较稳定。

(3)工程项目情况

该公路是在原有道路基础上予以修复，总长54公里，道路转变处多，河流多，共需架设16座桥，挖填土方量多，总计挖填土方量为400万立方米，在部分施工区域没有水电，运输道路不平坦，地下水位较高。特别是公路项目需要较大的石料，业主提供开采的区域，中方派专人到采石区调查。

除了投标环境调查外，在编制报价表之前，必须对整个项目制订一个初步的施工方案。该方案中至少要包括：根据工程进度需投入多少施工设备、大宗的建筑材料采购方法、当地劳工和国内人员的比例、流动资金的来源和使用。

对海外工程做出既合理又有竞争性的报价是国际工程承包中一个值得研究的课题，即便在目前，我们国内的工程投标大多也还按国家规定的定额条件做报价。所以，在国内，一个工程报价人员只要熟悉国家定额和有关补充规定，做一个工程报价并不太困难。况且，现在都使用计算机，有报价软盘。因此，国内工程报价可以在短时间内完成，并且几个人做的报价价格相差不会很大。

最初，中方人员都把国内的报价经验用于海外工程的报价，把海外的建筑材料价格、设备价格、当地的人工单价(如果当地人工单价较低，就使用自己测算的单价)一一代入相应的预算定额，再加上管理费、利润。实践证明，这样机械地代入相应的定额，做出的报价与当地的建筑市场上的报价相差甚远。

**2. 分析**

报标报价的第二步就是分析。例如：某国公路投标(1998 年)，投标工作范围：①38 千米长，16.8 米宽，沥青路面，挖填土方量 150 万立方米(平均运距 20 千米)，石子 35 万立方米。②三座桥梁，跨度 60～90 米(预应力 T 型梁，预制安装，砼桥墩)。具体做标：按国内定额的运距、机械台距，计算出 150 万立方米挖填土方量。其次，按照国内工效分别计算出公路和桥梁的总工数，代入当地材料单价汇总后得出投标总价，开标结果比最低标高出 40%。

同样，某国 1 号公路投标(1999 年底)，投标工作范围：①54 公里长，两排车道(7.4 米宽)，滚入式沥青路面。挖填土方量 400 万立方米，石子 20 万立方米。②16 座桥梁，1 座涵洞，跨度 12～60 米(预应力 T 型梁，预制安装)。具体做标：首先派遣施工专家和报价人员分别考察现场，了解当地材料价格，根据标书要求和当地政治、地理、环境性、货币稳定性等综合因素，做出较详细的施工大纲。然后根据施工大纲测算自己的实际成本(不是照套国内定额)，最后得出合理而且具有竞争性的报价。

在该项目中共有五家公司投标，中方公司的报价低于咨询工程师公布的标底 8.5%，而其余四家中，两家高于标底 20%以上，两家低于标底 20%以下。

同样两个公路项目，投标价格相差这么大，关键是国内工程报价与海外工程报价尽管有相同之处，但其实质完全不相同。国内投标是在半计划经济半市场经济的框架下进行的，而海外工程投标是完全在市场经济条件下进行的，这就要求我们的报价人员不仅要熟悉预算定额，更要了解施工工艺和技术、商务条件、本公司的实际成本和工人的实际工效。

在 2000 年 11 月，上海外经集团参加了越南河内四万人体育场项目招标，该项目是越南政府召开 2003 年东南亚运动会的主会场。招标内容为设计、施工、设备供货，通常我们称之为交钥匙工程。

在第一阶段资格预审中共有国内外投标商 14 家，在第二阶段的技术投标中共有国内外投标商 7 家，在第二阶段的标价投标中共有 4 家，美国、德国、法国和中方的联合体(上海外经集团和建工集团为总承包方，上海现代设计集团和澳大利亚 BVN 设计所为设计者)。在激烈的竞标中，中方的 5298 万美元为最低标价，德国公司为 5730 万美元，法国公司为 5635 万美元，美国公司为 6879 万美元。

在这次投标中，中方的联合体敢于与世界上技术先进、经验丰富的承包方展开竞争，关键是在投标前中方的编标人员对该项目的情况、越南的政治和经济状况、竞争对手等进行了详细的调查，制订了投标的原则。

在设计方面，中方的工作人员力求美观和实用相结合，整个体育场既要有现代建筑的雄伟，又要体现越南的传统民族风格。设计工作由上海现代设计集团和澳大利亚 BVN

设计所具体实施，他们具有设计上海八万人体育场和澳大利亚2000年奥运会主会场的经验。

在报价方面，中方联合体采取成熟的施工技术，确保整个项目在两年内完成，中方提供先进的体育场设备，确定保本微利、创建信誉的报价原则。上海外经集团和上海建工集团作为总承包方，主要准备投标报价文件。

整个投标文件分两大部分：技术和商务文件、价格文件。作为价格文件的编制人，首先需要收集有关信息，例如，当地建材价格、税收、当地建筑公司的预算定额、国内建材的价格、国内设备的价格，以及合同的支付条件、预付款、保留金等。收集完初步的原始资料后，对工程项目分类。

针对报价内容，确定桩和基础、上部结构由当地分包商承担施工，中方派一定比例技术人员与当地劳务分包商承担内外装修，屋架装修将全部由国内建筑公司负责，国内专业公司实施水、电、风和弱电部分的工作。

同时，根据A、B、C分类法，A类为价值100万美元以上的部分，B类为价值100万美元以下、20万美元以上的部分，C类为价值20万美元以下部分。首先，中方联合体花最大的精力，研究分析A类部分：土建结构、装修、屋架和屋面、给排水、电气和空调；之后再着重研究分析B类部分：扩音、摄像、记分牌、电梯、座椅和跑道；最后了解C类部分：有线、无线通话、卫星闭路电视和其他设备。

经过分层研究，计算出材料、人工的直接费是比较准确的。计算出直接费用后，中方人员还必须注意间接费的计算。一般来说，在国外投标时，间接费的费用计算偏高，主要是编标人员完全按国内标准来制订费率，而不考虑实际间接费是多少，所以往往直接费基数略大一些，有时会计算出间接费是直接费的30%～40%，而这次计算间接费时完全按照实际情况，间接费的费率为实际人工、材料和设备费的24%。由于在投标报价前，中方联合体制订了报价的原则、计算的依据，因而最终战胜了对手。

国际工程投标是一项较为复杂的工作，但只要掌握它的规律，做好投标前的准备工作，同时针对不同的项目制订不同的投标报价的原则，以及在计算中采用A、B、C分类法，那么中国的国际工程承包方是可以在海外建筑市场争得一席之地的。对长期从事海外工程的技术人员来说，应该不断熟悉海外投标的一套模式，在实践中不断积累经验，为中国的建筑承包方真正走向海外建筑市场而努力。

## 复习题

1. 简述世界银行贷款项目的采购原则。
2. 国际通行的工程采购方式有哪些？并简述不同采购方式的特点和适用范围。
3. 简述国际竞争性招标的程序。
4. 招标过程中资格预审的作用是什么？
5. 简述招标过程中评标阶段的三个步骤。
6. 简述在承包方式上，国际工程的投标报价方法。

# 第11章 国际建设工程承包合同管理

招标成交的国际建设工程承包合同采用的不是单一合同，而是由一些有关文件组成的通常称为合同文件(Contract Documents)的方式。合同文件包括：招标通知书、投标须知、合同条件、投标书、中标通知书和协议书等。国际上著名的标准合同格式有FIDIC(国际咨询工程师联合会)、ICE(英国土木工程师学会)、JCT(英国合同审定联合会)、AIA(美国建筑师学会)、AGC(美国总承包方协会)等组织制定的系列标准合同格式，其中FIDIC影响最大也最为常见，其"红皮书"被工程界称为工程领域的"圣经"且有新版。本章主要介绍FIDIC合同管理。

## 11.1 FIDIC合同条件概述

### 11.1.1 国际通用合同条件内容

合同条件用以明确规定合同各方的权利、义务，合理平衡合同各方利益，公平分配合同各方风险责任。国际上通用的合同条件一般包括以下内容：

**1. 监理工程师和监理工程师代表权责条款**

合同中应该规定，发包人须将其任命的监理工程师及时通知承包人。监理工程师是发包人的代理人，在监理工程师中选定监理工程师代表负责监督工程施工和处理履约中出现的问题。

**2. 工程承包的转让和分包条款**

合同一般规定，承包人未经发包人或其代理人同意，不得将全部合同、合同的任何部分、合同的任何利益和权益转让给第三者。经发包人或其代理人同意，承包人方可把部分工程分包给他人，但原承包人仍对全部工程负责。

**3. 承包人一般义务条款**

根据合同规定，承包人应该负责工程项目的全部设计和施工，并无偿提供为施工所必备的劳务、材料、机器设备及管理知识。

**4. 特殊自然条件和人为障碍条款**

对于工程承包合同，一般来说履行时间较长，在履行合同中，可能会由于特殊自然条件和人为原因给工程的施工带来困难，必须采取一定的措施才能排除，例如，增加施工机械设备、劳动力、材料等，这样就要增加承包费用或推迟工期。以上问题须经监理工程师确认，发包人才能偿付额外增加的费用或同意工程延期。

**5. 竣工和推迟竣工条款**

合同中规定竣工时间和标准，工程完成后承包人经监理工程师验收无误后发给竣工证明，标志着工程项目已全部竣工。如果出现一些特殊情况，如工程变更、自然条件变化、人为障碍使工程延误，承包人经监理工程师同意，可以延长工程的竣工期限。

**6. 专利权和专有技术条款**

承包人或分包人须向发包人提供专利和专有技术，并承担被第三方控告合同范围内专利权为非法以及专利权被第三方侵犯时的责任；对于承包人提供的专有技术，双方应订立保密条款。

**7. 维修条款**

合同中的维修条款是说明维修期限和维修费用的负担问题。维修期限一般是从竣工证书签发之日起计算，一般土木工程维修期限为 12 个月。在维修期限内，承包人应按监理工程师的要求，对工程缺陷进行维修、返工或弥补等。如果工程的缺陷是由于承包人的疏忽造成，由承包人负担由此而产生的费用。如果由于其他原因造成，由发包人负担相应费用。

**8. 工程变更条款**

合同签订后，发包人或监理工程师有权改变合同中规定的工程项目，承包人应按变更后的工程项目要求进行施工。因工程变更增加或减少的费用，应在合同的总价中予以调整，工期也要相应改变。

**9. 支付条款**

支付条款一般规定在合同条件的“特殊条件”之中，主要包括：

(1)预付款。工程开工前，发包人应按合同规定支付给承包人一部分预付款，预付款金额一般是合同总价的 5%～15%，以便承包人购置机械设备和采购材料等。

(2)临时结算。发包人每月向承包人支付一次，每月支付的金额应扣除承包人的保留金，保留金通常是每月支付金额的 5%～10%，但保留金的累计金额达到合同总价款的 5% 时，就不再扣留。承包人交付的保留金应在工程竣工和维修期满后全部退还给承包人。

(3)支付期限。一般规定，在监理工程师签发结算单之日起十五至三十天以内，发包人要向承包人付清费用。

(4)迟付加息。如果发包人不按规定付款，应按工程项目所在国中央银行放款利率加息。在结算证书之日起 30 天内，发包人付清全部价款。

**10. 违约惩罚条款**

合同项下的双方当事人在履行合同过程中，可能会出现违约的行为，针对各方违约的情况，分别订立违约惩罚条款。

(1)对承包人违约的惩罚。承包人凡是未经发包人书面同意而转让和分包承包工程;承包人凡是无正当理由不按时开工;承包人未按合同规定标准准备材料;承包人不听从监理工程师的正当警告;承包人忽视工程质量等,均属承包人的违约行为。对此,发包人有权终止合同,没收承包人的履约保证金或者采取其他必要的惩罚措施。

(2)对发包人违约的惩罚。凡是以下情况即构成发包人违约:未向承包人按时支付费用;干扰、阻碍或拒绝向承包人签发付款证明;无正当理由中途决定停工,故意制造事端,挑剔和责难承包人等等。对于发包人的违约行为,承包人有权终止合同,发包人须赔偿承包人因准备开工或施工中所有费用的支出和机器设备折旧费用、运输费用等。

除上述合同条款外,还应订立仲裁条款、特殊风险条款等。

## 11.1.2　FIDIC 合同条件的部分内容

**1. FIDIC 合同条件概述**

(1)FIDIC 合同条件简介

FIDIC 是国际咨询工程师联合会的法文(Fédération Internationale Des Ingénieurs Conseils)缩写。FIDIC 创建于 1913 年,目前已有 60 多个国家和地区为其成员,是国际工程咨询界最具权威的联合组织,中国工程咨询协会代表我国于 1996 年加入该组织。FIDIC 组织编制了一系列规范性合同条件,除世界银行、亚洲开发银行、非洲开发银行等国际金融组织的贷款项目采用这些合同条件外,一些国家的国际工程项目也以此为基础编制合同条件。

其中,在国际工程承包中比较常用的是 FIDIC 施工合同条件,它主要适用于土木工程施工。

(2)FIDIC 合同条件的构成

FIDIC 合同条件由通用合同条件和专用合同条件两部分构成,且附有合同协议书、投标函和争端仲裁协议书。通用合同条件与专用合同条件一起构成了决定一个具体工程项目各方的权利义务及对工程施工的具体要求的合同条件。

①FIDIC 通用合同条件。FIDIC 通用合同条件是固定不变的,只要是属于房屋建筑或者工程的施工,如:工民建工程、水电工程、路桥工程、港口工程等的工程建设项目都适用。通用合同条件包括以下问题:一般规定,业主,工程师,承包方,指定分包商,职员与劳工,工程设备、材料和工艺,开工、延误及暂停,竣工检验,业主接收,缺陷责任,计量与估价,变更与调整,合同价格与支付,业主提出终止,承包方提出暂停与终止,风险与责任,保险,不可抗力,索赔、争端与仲裁。通用条件可以适用于所有土木工程,其条款非常具体而明确。

②FIDIC 专用合同条件。FIDIC 专用合同条件是考虑到工程的具体特点和所在地区的情况可能予以必要的变动而设置的,其中某些条款的出现可能由于以下原因:

a. 在通用合同条件的措词中专门要求在专用合同条件中包含进一步信息,如果没有这些信息,合同条件则不完整。

b. 在通用合同条件中提及在专用合同条件中可能包含有补充材料。但如果没有这些补充材料，合同条件仍不失其完整性。

c. 工程类型、环境或所在地区要求必须增加的条款。

d. 工程所在国法律或特殊环境要求通用合同条件所含条款有所变更。此类表述：在专用合同条件中说明通用合同条件的某条或某条的一部分予以删除，并根据具体情况给出适用的替代条款，或者条款之一部分。

(3)FIDIC 合同条件的具体应用

FIDIC 合同条件在应用时对工程类别、合同性质、前提条件等都有一定的要求。

①FIDIC 合同条件适用的工程类别。FIDIC 合同条件适用于房屋建筑和各种工程，其中包括工业与民用建筑工程、疏浚工程、土壤改善工程、道桥工程、水利工程、港口工程等。

②FIDIC 合同条件适用的合同性质。FIDIC 合同条件在传统上主要适用于国际工程施工。但对 FIDIC 合同条件进行适当修改后，同样也适用于国内合同。

③应用 FIDIC 合同条件的前提。FIDIC 合同条件注重业主、承包方、工程师三方的关系协调，强调工程师在项目管理中的作用。在土木工程施工中应用 FIDIC 合同条件应具备以下前提：

a. 通过竞争性招标确定承包方。

b. 委托工程师对工程施工进行监理。

c. 按照单价合同方式编制招标文件(但也可以有些子项采用包干方式)。

(4)FIDIC 合同条件下合同文件的组成及优先次序

在 FIDIC 合同条件下，合同文件除合同条件外，还包括其他对业主、承包方都有约束力的文件。构成合同的这些文件应该是互相说明、互相补充的，但是这些文件有时会产生冲突或含义不清。此时，应由工程师进行解释，其解释应按构成合同文件的如下先后次序进行：

①合同协议书

合同协议书要有业主和承包方的签字，有对合同文件组成的约定，是使合同文件对业主和承包方产生约束力的法律形式和手续。

②中标函

中标函是由业主签署的正式接受投标函的文件，即业主向中标的承包方发出的中标通知书。它的内容很简单，除明确中标的承包方外，还明确项目名称、中标标价、工期、质量等事项。

③投标函

投标函是由承包方填写的，提交给业主的，对其具有法律约束力的文件。其主要内容是工程报价，同时保证按合同条件规范、图纸工程量表、其他资料表、所附的附录及补充文件的要求，实施并完成招标工程并修补其任何缺陷；保证中标后，在规定的开工日期后尽早地开工，并在规定的竣工日期内完成合同中规定的全部工作。

④专用合同条件

这部分的效力高于通用合同条件，有可能对通用合同条件进行修改。

⑤通用合同条件

这部分内容若与专用合同条件冲突，应以专用合同条件为准。

⑥规范

规范包括强制性标准和一般性规范。它是指对工程范围、特征、功能和质量的要求和施工方法、技术要求的说明书，对承包方提供的材料的质量和工艺标准、样品和试验、施工顺序和时间安排等都要做出明确规定。一般技术规范还包括计量、支付方法的规定。

规范是招标文件中的重要组成部分。编写规范时可引用外国某一通用规范，但一定要结合本工程的具体环境和要求来选用，同时还包括按照合同根据具体工程的要求对选用规范的补充和修改内容。

⑦图纸

图纸是指合同中规定的工程图纸、标准图集，也包括在工程实施过程中对图纸进行的修改和补充。这些修改和补充的图纸均须经工程师签字后正式下达，才能作为施工及结算的依据。另外，招标时提供的地质钻孔柱状图、探坑展示图等地质、水文图纸也是投标人的参考资料。

⑧资料表

资料表包括工程量表、数据、表册、费率或价格表等。标价的工程量表是由招标人和投标人共同完成的。作为招标文件的工程量表中要有工程的每一类目或分项工程的名称、估计数量以及计量单位，但单价和合价应留出空格，这些空格由投标人填写。投标人填入单价和合价后的工程量表称为“标价的工程量表”，是投标文件的重要组成部分。

**2. FIDIC 合同条件中的各方**

FIDIC 合同条件中涉及的各方是指业主、工程师、承包方和指定分包商。

(1)业主

业主是合同的当事人，在合同的履行过程中享有大量的权利并承担相应的义务。

①业主应当在投标书附录中规定的时间(或几个时间)内给予承包方进入现场、占有现场各部分的权利。此项进入和占有权不可为承包方独享。

②许可、执照或批准。业主应当根据承包方的请求，提供以下合理协助：取得与合同有关，但不易得到的工程所在国的法律文本；协助承包方申请工程所在国要求的许可、执照或批准。

③业主人员。业主应负责保证在现场的业主人员和承包方进行合作。

④业主的资金安排。业主应当在收到承包方的任何要求后 28 天内，提出其已做并将维持的资金安排的合理证明，说明业主能够按照规定支付合同价格。

⑤业主的索赔。如果根据合同条款或合同有关的另外事项，业主认为有权得到任何支付，和(或)对缺陷通知期限的延长，业主或者工程师应当向承包方发出通知，说明细节。通知应当在业主了解引起索赔的事项或者情况后尽快发出。关于缺陷通知期限任何延长的通知，应在该期限到期前发出。

(2)工程师

工程师由业主任命,与业主签订咨询服务委托协议书,根据施工合同的约定,对工程的质量、进度和费用进行控制和监督,以保证工程项目的建设能满足合同的要求。

①工程师的职责和权力。业主任命工程师管理合同,工程师应当履行合同中规定的职责。工程师应当是有能力履行相应职责的合格技术人员和其他专业人员。工程师可以行使合同中明文规定的或者必然隐含的赋予他的权力。如果要求工程师在行使规定权力前须得到业主批准,这些要求应当在专用合同条件中写明。但是,为了合同目的,工程师行使这些应当由业主批准但尚未批准的权力,应当视为业主已经予以批准。除得到承包方同意外,业主承诺不对工程师的权力作进一步的限制。工程师无权修改合同。

工程师在行使职责和权力时,还需要注意以下问题:

a.工程师履行或者行使合同规定或隐含的职责或权力时,应当视为代表业主执行。

b.工程师无权解除任何一方根据合同规定的任何任务、义务或者职责。

c.工程师的任何批准、校核、证明、同意、检查、检验、指示、通知、建议、要求、试验或类似行动(包括未表示、不批准),不应解除合同规定承包方的任何职责,包括对错误、遗漏、误差和未遵办的职责。

②工程师的委托。工程师可以向其助手指派任务和委托权力。这些助手包括驻地工程师、被任命为检验和试验各项工程设备、材料的独立检查员。这些指派和委托应当使用书面形式,在双方收到书面通知后才生效。助手应是合适的合格人员,能够履行这些任务,行使这些权力,但助手只能在授权范围内向承包方发出指示。助手在授权范围内做出的任何批准、校核、证明、同意、检查、检验、指示、通知、建议、要求、试验或类似行动,应具有工程师做出的行动同样的效力。如承包方对助手的确定或者指示提出质疑,承包方可将此事项提交工程师,工程师应当及时对该确定或指示进行确认、取消或者改变。

③工程师的指示。工程师可在任何时间按照合同规定向承包方发出指示、实施工程和修补缺陷可能需要的附加或修正图纸,承包方应当接受这些指示。如果指示构成一项变更,则按照变更规定办理。一般情况下,这些指示应当采用书面形式。如果给出的是口头指示,在收到承包方的书面确认后两个工作日内工程师仍未发出书面拒绝或进行答复,则应当确认工程师的口头指令为书面指令。

④工程师的替换。如果业主准备替换工程师,必须提前不少于42天发出通知以征得承包方的同意。如果要求工程师在行使某种权力之前需要获得业主批准,则必须在专用合同条件中加以限制。

(3)承包方

承包方是指其投标书已被业主接受的当事人,以及取得该当事人资格的合法继承人,也是合同的当事人,负责工程的施工。

①承包方的一般义务包括:

a.承包方应当按照合同约定及工程师的指示,设计(在合同规定的范围内)、实施和完成工程,并修补工程中的任何缺陷。

b.承包方应提供合同规定的生产设备和承包方文件,以及此项设计、施工、竣工和修补缺陷所需的所有临时性或永久性的承包方人员、货物、消耗品及其他物品和服务。

c. 承包方应对所有现场作业、所有施工方法和全部工程的完备性、稳定性和安全性承担责任。除非合同另有规定，承包方对所有承包文件、临时工程及按照合同要求的每项生产设备和材料的设计承担责任，不应对其他永久工程的设计或规范负责。

d. 当工程师提出要求时，承包方应提交其建议采用的工程施工安排和方法的细节。

②承包方提供履约担保。承包方应当在收到中标函后 28 天内向业主提交履约担保，并向工程师送一份副本。履约担保可以分为企业法人提供的保证书和金融机构提供的保函两类。履约担保一般为不需承包方确认违约的无条件担保形式。履约担保应担保承包方圆满完成施工和保修的义务，而不是到工程师颁发工程接收证书为止。但工程接收证书的颁发是对承包方按合同约定圆满完成施工义务的证明，承包方还应承担的义务仅为保修义务，如果双方有约定的话，允许颁发整个工程的接收证书后将履约保函的担保金额减少一定的百分比。业主应当在收到履约证书副本后 21 天内，将履约担保退还承包方。

在下列情况下业主可以凭履约担保索赔：

a. 专用合同条件内约定的缺陷通知期满后仍未能解除承包方的保修义务时，承包方应延长履约保函有效期而未延长。

b. 按照业主索赔或争议、仲裁等决定，承包方未向业主支付相应款项。

c. 缺陷通知期内承包方接到业主修补缺陷通知后 42 天内未派人修补。

d. 由于承包方的严重违约行为，业主终止合同。

③承包方代表。承包方应当任命承包方代表，并授予其代表承包方根据合同采取行动所需的全部权力。承包方代表的任命应当取得工程师的同意。任命后，未经工程师同意，承包方不得撤销承包方代表的任命，或者任命替代人员。

④关于分包。承包方不得将整个工程分包。承包方应当对分包商的行为或违约负责。

⑤安全责任。承包方应当承担的安全责任包括：

a. 遵守所有适用的安全规则；

b. 负责有权在现场的所有人员的安全；

c. 努力清除现场和工程不需要的障碍物，以避免对人员造成危害；

d. 在工程竣工和移交前，提供围栏、照明、保卫和看守；

e. 因实施工程为公众和邻近土地所有人、占用人使用和提供保护及任何需要的临时工程。

⑥中标金额的充分性。承包方应当被认为已经确信中标合同金额的正确性和充分性，中标合同金额应当包括根据合同承包方承担的全部义务，以及为正确地实施和完成工程并修补任何缺陷所需的全部有关事项。

(4)指定分包商

①指定分包商的概念。指定分包商是由业主(或工程师)指定、选定，完成某项特定工作内容并与承包方签订分包合同的特殊分包商。业主有权将部分工程项目的施工任务或涉及提供材料、设备、服务等工作内容发包给指定分包商实施。合同内规定有承担施工任务的指定分包商，大多因业主在招标阶段划分合同包时，考虑到某部分施工的工作内容有较强的专业技术要求，一般承包单位不具备相应的能力，但如果以一个单独的合同对待又

限于现场的施工条件或合同管理的复杂性，工程师无法合理地进行协调管理，为避免各独立合同之间的干扰，则只能将这部分工作发包给指定分包商实施。由于指定分包商是与承包方签订分包合同的，因而在合同关系和管理关系方面与一般分包商处于同等地位，对其施工过程中的监督、协调工作纳入承包方的管理之中。指定分包工作内容可能包括部分工程的施工，供应工程所需的货物、材料、设备，设计，提供技术服务等。

②对指定分包商的付款。为了不损害承包方的利益，给指定分包商的付款应从暂定金额内开支。承包方在每个月末报送工程进度款支付报表时，工程师有权要求他出示以前已按指定分包合同给指定分包商付款的证明。如果承包方没有合法理由而扣押了指定分包商上个月应得工程款，业主有权按工程师出具的证明从本月应得款内扣除这笔金额直接付给指定分包商。

按 FIDIC《土木工程施工合同条件》的规定，工程分包的方式有两种，即一般分包和指定分包。一般分包是指总包单位自行选择分包单位（需经业主同意），并与之签订分包合同。指定分包是指总包单位根据业主的指令将承包工程中的某些专业部分交由业主选择或指定的分包人来完成。FIDIC“红皮书”第 5.1 款明确给出了指定分包商的定义：“指定的分包商是指在合同中阐明和指定的分包商，或工程师根据第 13 条（变更与调整）指示总承包方雇用的分包商”。

a. 一般分包与指定分包的相同点

i. 指定的分包商与一般分包商在合同关系与管理关系方面处于相同的地位。在业主与工程总承包方签订的合同中，承担施工任务的指定分包商，大部分是业主在招标阶段划分合同包时，考虑到某些施工内容具有较强的专业知识，而总包商又没有能力承担而指定或选择的分包商。指定的分包商虽然是由业主选定的，但只与总承包方签订合同，与业主没有合同关系，且接受工程总承包方的管理。

ii. 指定的分包商与一般分包商都不能将所承担的施工任务再转包。

iii. 一般分包商或指定分包商，都禁止承担整个工程项目（即禁止总承包方转包）。

iv. 工程总承包方即使与分包商（包括一般分包商与指定分包商）签订分包合同，也不能解除总包合同规定的总包的任何责任和义务，即总包商对分包商的行为负完全责任。

b. 一般分包与指定分包的不同点

i. 选定分包的程序不同。一般分包商是由工程总承包方选定，经业主同意的。而指定分包商是由业主选择，经总承包方同意。

ii. 业主对分包商利益的保护不同。在 FIDIC 合同条件内列有保护指定分包商的条款。

通用条款第 59.5 款规定：承包方在每个月末报送工程进度款支付报表时，工程师有权要求他出示以前已按指定分包合同给指定分包商付款的证明。若承包方无合法理由而扣压了指定分包商上个月应得工程款，业主有权按工程师出具的证明从本月应得工程款内扣除这笔金额直接付给指定分包商。对于一般分包商则无此类规定，业主和工程师不介入一般分包合同履行的监督。

③工程总承包方对指定分包商的反对

如果工程总承包方对指定分包商反对，按 FIDIC“新红皮书”第 5.2 款（对指定分包商的反对)规定:“如果主包商有理由对指定的分包商提出反对,他就没有义务雇用该分包商,此时,主包商应尽快通知工程师,并提供证明材料,如果主包商有正当理由对指定的分包商提出反对而雇主固执己见,那么雇主就要对指定分包商的所作所为承担相应的责任。”

**3. FIDIC 合同价格和付款**

(1)合同价格

接受的合同款额指业主在“中标函”中对实施、完成和修复工程缺陷所接受的金额,来源于承包方的投标报价并对其确认。但最终的合同价格则指按照合同各条款的约定,承包方完成建造和保修任务后,对所有合格工程有权获得的全部工程款。

(2)合同价格调整的原因

最终结算的合同价与中标函中注明的接受的合同款额一般不会相等,原因有以下几点:

①合同类型特点。FIDIC 合同条件适用于大型复杂工程采用单价合同的承包方式。为了缩短建设周期,通常在初步设计完成后就开始施工招标,在不影响施工进度的前提下陆续发放施工图,因此承包方据以报价的工程量清单中各项工作内容项下的工程量一般为估计工程量。合同履行过程中,承包方实际完成的工程量可能多于或少于清单中的估计量。单价合同的支付原则是,按承包方实际完成工程量乘以清单中相应工作内容的单价,结算该部分工作的工程款。另外,大型复杂工程的施工期较长,通用条件中包括合同工期内因物价变化对施工成本产生影响后计算调价费用的条款,每次支付工程进度款时均要考虑约定可调价范围内项目当地市场价格的涨落变化。而这笔调价款没有包含在中标价格内,仅在合同中约定了调价原则和调价费用的计算方法。

②发生应由业主承担责任的事件。合同履行过程中,可能因业主的行为或他应承担风险责任的事件发生后,导致承包方增加施工成本,合同相应条款都规定应对承包方受到的实际损害给予补偿。

③承包方的质量责任。合同履行过程中,如果承包方没有完全地或正确地履行合同义务,业主可凭工程师出具的证明,从承包方应得工程款内扣减该部分给业主带来损失的款额。

④承包方延误工期或提前竣工。签订合同时双方需针对因承包方责任而延误工期的,约定日拖期违约赔偿额和最高违约赔偿限额。如果合同内规定有分阶段移交的工程,在整个合同工程竣工日期以前,工程师已对部分分阶段移交的工程颁发了工程接收证书且证书中注明的该部分工程竣工日期未超过约定的分阶段竣工时间,则全部工程剩余部分的日拖期违约赔偿额应相应折减。当合同内约定有部分工程的竣工时间和奖励办法时,为了使业主能够在完成全部工程之前占有并启用工程的某些部分提前发挥效益,约定的部分工程完工日期应固定不变。也就是说,不因该部分工程施工过程中出现非承包方应负责原因工程师批准顺延合同工期,而对计算奖励的应竣工时间予以调整(除非合同中另有规定)。

⑤包含在合同价格之内的暂定金额。某些项目的工程量清单中包括“暂定金额”款项,尽管这笔款额计入在合同价格内,但其使用却由工程师控制。暂定金额实际上是一笔业主方的备用金,用于招标时对尚未确定或不可预见项目的储备金额。施工过程中工程

师有权依据工程进展的实际需要经业主同意后，用于施工或提供物资、设备，以及技术服务等内容的开支，也可以作为供意外用途的开支，他有权全部使用、部分使用或完全不用。工程师可以发布指示，要求承包方或其他人完成暂定金额项内开支的工作，因此只有当承包方按工程师的指示完成暂定金额项内开支的工作任务后，才能从其中获得相应支付。由于暂定金额是用于招标文件规定承包方必须完成的承包工作之外的费用，承包方报价时不将承包范围内发生的间接费、利润、税金等摊入其中，所以他未获得暂定金额内的支付并不损害其利益。承包人接受工程师的指示完成暂定金额项内支付的工作时，应按工程师的要求提供有关凭证，包括报价单、发票、收据等结算支付的证明材料。

(3)预付款

预付款是业主从未来的工程款中提前支付给承包方的一笔款项。合同工程是否有预付款，以及预付款的金额多少、支付(分期支付的次数及时间)和扣还方式等均要在专用合同条件内约定。承包方需首先将银行出具的履约保函和预付款保函交给业主并通知工程师，工程师在21天内签发"预付款支付证书"，业主按合同约定的数额和外币比例支付预付款。预付款保函金额始终保持与预付款等额，即随着承包方对预付款的偿还逐渐递减保函金额。预付款在分期支付工程进度款的过程中按百分比扣减的方式偿还。自承包方获得工程进度款累计总额(不包括预付款的支付和保留金的扣减)达到合同总价(减去暂定金额)10%那个月起扣。本月证书中承包方应获得的合同款额(不包括预付款及保留金的扣减)中扣除25%作为对预付款的偿还，直至还清全部预付款。

(4)工程进度款的支付程序

①工程量计量。工程量清单中所列的工程量仅是对工程的估算量，不能作为承包方完成合同规定施工义务的结算依据。每次支付工程月进度款前，均需通过测量来核实实际完成的工程量，以计量值作为支付依据。采用单价合同的施工工作内容应以计量的数量作为支付进度款的依据，而总价合同或单价包干混合式合同中按总价承包的部分可以按图纸工程量作为支付依据，仅对变更部分予以计量。

②承包方提供报表。每个月的月末，承包方应按工程师规定的格式提交一式六份本月支付报表。内容包括提出本月已完成合格工程的应付款要求和对应扣款的确认。

③工程师签证。工程师接到报表后，对承包方完成的工程形象、项目、质量、数量以及各项价款的计算进行核查。若有疑问时，可要求承包方共同复核工程量。在收到承包方支付报表的28天内，按核查结果以及总价承包分解表中核实的实际完成情况签发支付证书。工程师可以不签发证书或扣减承包方报表中部分金额的情况包括：

a.合同内约定有工程师签证的最小金额时，本月应签发的金额小于签证的最小金额，工程师不出具月进度款的支付证书。本月应付款接转下月，超过最小签证金额后一并支付。

b.承包方提供的货物或施工的工程不符合合同要求，可扣发修正或重置工作所需的相应的费用，直至修整或重置工作完成后再支付。

c.承包方未能按合同规定进行工作或履行义务，并且工程师已经通知了承包方，则可以扣留部分款额，直至工作或义务履行后返还。

工程进度款支付证书属于临时支付证书，工程师有权对以前签发过的证书中发现的错、漏或重复进行修正，承包方也有权提出更改或修正，经双方复核同意后，将增加或扣减的金额纳入本次签证中。

④业主支付。承包方的报表经过工程师认可并签发工程进度款的支付证书后，业主应在接到证书后及时给承包方付款。业主的付款时间不应超过工程师收到承包方的月进度付款申请单后的 56 天。

⑤竣工结算。颁发工程接收证书后的 84 天内，承包方应按工程师规定的格式报送竣工报表。工程师接到竣工报表后，应对照竣工图进行工程量详细核算，对其他支付要求进行审查，然后再依据审查结果签署竣工结算的支付证书。此项签证工作，工程师也应在收到竣工报表后 28 天内完成。业主依据工程师的签证予以支付。

⑥保留金。保留金是按合同约定从承包方应得的工程进度款中相应扣减的一笔金额保留在业主手中，作为约束承包方严格履行合同义务的措施之一。当承包方有一般违约行为使业主受到损失时，可从该项金额内直接扣除损害赔偿费。例如，承包方未能在工程师规定的时间内修复缺陷工程部位，业主雇用其他人完成后，这笔费用可从保留金内扣除。

a. 保留金的约定和扣除。承包方在投标书附录中按招标文件提供的信息和要求确认了每次扣留保留金的百分比和保留金限额。每次月进度款支付时扣留的百分比一般为 5%～10%，累计扣留的最高限额为合同价的 2.5%～5%。从首次支付工程进度款开始，用该月承包方完成合格工程应得款加上因后续法规政策变化的调整和市场价格浮动变化的调价款为基数，乘以合同约定保留金的百分比作为本次支付时应扣留的保留金。逐月累计扣到合同约定的保留金最高限额为止。

b. 保留金的返还。扣留承包方的保留金分两次返还：

第一次，颁发工程接收证书后的返还。颁发了整个工程的接收证书时，将保留金的前一半支付给承包方。如果颁发的接收证书只是限于某部分工程或区段工程，则

$$\text{返还金额}=\text{保留金总额}\times\frac{\text{颁发接收证书的部分工程或区段工程的合同价值}}{\text{最终合同价格的估算值}}\times 40\% \tag{11.1}$$

第二次，保修期满颁发履约证书后将剩余保留金返还。整个合同的缺陷通知期满，返还剩余的保留金。如果某部分工程颁发了接收证书，则在该部分工程的缺陷通知期满后，返还部分剩余的保留金，计算公式为：

$$\text{返还金额}=\text{保留金总额}\times\frac{\text{颁发接收证书的部分工程的合同价值}}{\text{最终合同价格的估算值}}\times 40\% \tag{11.2}$$

第二次支付后剩余的保留金应在各缺陷通知期限的最末一个期满日期后一次性返还。

合同内以履约保函和保留金两种手段作为约束承包方忠实履行合同义务的措施，当承包方严重违约而使合同不能继续顺利履行时，业主可以凭履约保函向银行获取损害赔

偿；而因承包方的一般违约行为令业主蒙受损失时，通常利用保留金补偿损失。履约保函和保留金的约束期均是承包方负有施工义务的责任期限（包括施工期和保修期）。在实际施工中，可以履约保函代换保留金。当保留金已累计扣留到保留金限额的60%时，为了使承包方有较充裕的流动资金用于工程施工，可以允许承包方提交履约保函代换保留金。业主返还保留金限额的50%，剩余部分待颁发履约证书后再返还。保函金额在颁发接收证书后不递减。

⑦最终结算。最终结算是指颁发履约证书后，对承包方完成全部工作价值的详细结算，以及根据合同条件对应付给承包方的其他费用进行核实，确定合同的最终价格。

颁发履约证书后的56天内，承包方应向工程师提交最终报表草案，以及工程师要求提交的有关资料。最终报表草案要详细说明根据合同完成的全部工程价值和承包方依据合同认为还应支付给他的任何进一步款项，如剩余的保留金及缺陷通知期内发生的索赔费用等。

工程师审核后与承包方协商，对最终报表草案进行适当的补充或修改后形成最终报表。承包方将最终报表送交工程师的同时，还需向业主提交一份“结清单”进一步证实最终报表中的支付总额，作为同意与业主终止合同关系的书面文件。工程师在接到最终报表和结清单附件后的28天内签发最终支付证书，业主应在收到证书后的56天内支付。只有当业主按照最终支付证书的金额予以支付并退还履约保函后，结清单才生效，承包方的索赔权也即行终止。

**4. 有关争端处理的规定**

(1)对争端的理解

对争端应作广义的理解、当事人对合同条款和合同履行的不同理解和看法都是争端。凡是当事人对合同是否成立、成立的时间、合同内容的解释、合同的履行、违约的责任，以及合同的变更、中止、转让、解除、终止等发生的争端，均应包括在内；也包括对工程师的任何意见、指示、决定、证书或估价方面的任何争端。FIDIC合同条件中规定，争端应提交争端裁决委员会(Dispute Adjudication Board，DAB)裁决。

(2)争端裁决委员会的委任

争端裁决委员会是根据投标书附录中的规定由合同双方共同设立的，由1人或者3人组成，具体情况按投标书附录中的规定，如果投标书附录中没有注明成员的数目，且合同双方没有其他协议，则争端裁决委员会应包含3名成员。若争端裁决委员会成员为3人，则由合同双方各提名1位成员供对方认可，双方共同确定第三位成员作为主席。如果合同中有争端裁决委员会成员的意向性名单，则必须从该名单中进行选择，除非被选择的成员不能或不愿接受争端裁决委员会的委任。合同双方应当共同商定对争端裁决委员会成员的支付条件，并由双方各支付酬金的一半。

在合同双方同意的任何时候，可以委任一个合格人选（或多个合格人选）替代（或备用人选替代）争端裁决委员会的任何一个或多个成员。除非合同双方另有协议，只要某一成员拒绝履行其职责或由于死亡、伤残、辞职或其委任终止而不能尽其职责，该委任即告生效。

任何成员的委任只有在合同双方同意的情况下才能终止，业主或承包方各自的行动将不能终止此类委任。

(3)争端裁决委员会对争端进行裁决

如果在合同双方之间产生起因于合同或实施过程或与之相关的任何争端(任何种类)，包括对工程师的任何证书的签发、决定、指示、意见或估价的任何争端，任何一方可以将此类争端事宜以书面形式提交争端裁决委员会，供其裁定，并将副本送交另一方和工程师。合同双方应立即向争端裁决委员会提供为对此类争端进行裁决而可能要求的所有附加资料、进一步的现场通道和适当的设施。

争端裁决委员会在收到书面报告后84天内对争端做出裁决，并说明理由。如果合同一方对争端裁决委员会的裁决不满，则应当在收到裁决后的28天内向合同对方发出表示不满的通知，并说明理由，表明准备提请仲裁。如果争端裁决委员会未在84天内对争端做出裁决，则双方中的任何一方均有权在84天的期满后的28天内向对方发出要求仲裁的通知。如果双方接受争端裁决委员会的裁决，或者没有按照规定发出表示不满的通知，则该裁决将成为最终的决定并对合同双方均具有约束力。

争端裁决委员会的裁决做出后，在未通过友好解决或者仲裁改变该裁决之前，双方应当执行该裁决。

(4)争端的友好解决

在合同发生争端时，如果双方能通过协商达成一致，比通过仲裁程序解决争端好得多。这样既能节省时间和费用，也不会伤害双方的感情，使双方的良好合作关系能够得以保持。事实上，在国际工程承包合同中产生的争端大都可以通过友好协商得到解决。

合同当事人一方或双方发出表示对裁决不满的通知后，合同双方在仲裁开始前应尽力以友好的方式解决争端。除非合同双方另有协议，否则，仲裁将在表示不满的通知发出后第56天或此后开始，即使双方未曾作过友好解决的努力。这56天的时间主要用于争端的友好解决。

(5)争端的仲裁

仲裁的规定，其意义不仅在于寻找一条解决争端的途径和方法，更重要的是仲裁条款的出现使当事人双方失去了通过诉讼程序解决合同争端的权利。因为当事人在仲裁与诉讼中只能选择一种解决方法，因此，该规定实际决定了合同当事人只能把提交仲裁作为解决争端的最后办法。

除非通过友好解决，否则如果争端裁决委员会有关争端的决定(如有时)未能成为最终决定并具有约束力，那么此类争端应由国际仲裁机构最终裁决。

仲裁人应有权公开、审查和修改工程师的任何证书的签发、决定、指示、意见或估价，以及任何争端裁决委员会有关争端事宜的裁决。工程师有权作为证人向仲裁人提供任何与争端有关的证据。

合同双方的任何一方在上述仲裁人的仲裁过程中均不受以前为取得争端裁决委员会的决定而提供的证据或论据或其不满意通知中提出的不满理由的限制。在仲裁过程中，可将争端裁决委员会的决定作为一项证据。

工程竣工之前或之后均可开始仲裁。但在工程进行过程中，合同双方、工程师以及争端裁决委员会的各自义务不得因任何仲裁正在进行而改变。

仲裁裁决具有法律效力。但仲裁机构无权强制执行，如一方当事人不履行裁决，另一方当事人可向法院申请强制执行。

## 11.2 FIDIC 土木工程施工合同(红皮书)

### 11.2.1 FIDIC 土木工程施工合同发展历程

1957 年，FIDIC 与国际房屋建筑和公共工程联合会(现在的欧洲国际建筑联合会即 FIEC)在英国咨询工程师联合会(ACE)颁布的《土木工程合同文件格式》的基础上出版了《土木工程施工合同条件(国际)》(俗称“红皮书”)，常称为 FIDIC 合同条件。该条件分为两部分，第一部分是通用合同条件，第二部分为专用合同条件。

1969 年，红皮书进行了再版。这版增加了第三部分，疏浚和填筑工程专用条件。

1977 年，FIDIC 和欧洲国际建筑联合会联合编写 Federation Internationale Europeenne de la Construction(巴黎)，这是红皮书的第三版。

1999 年 9 月，FIDIC 出版了一套 4 本全新的标准合同条件：《施工合同条件》(Condition of Contract for Construction)(新红皮书)：由业主设计的房屋和工程施工合同条件；《设备与设计-建造合同条件》(Conditions of Contract for Plant and Designed-Build)(新黄皮书)：由承包方设计的电气和机械设备安装与民用和工程合同条件。《EPC/交钥匙项目合同条件》(Conditions of Contract for EPC/Turnkey)(银皮书，Silver Book)。FIDIC 还编写了适合于小规模项目的《简明合同格式》(Short Form of Contract)(绿皮书，Green Book)。新版 FIDIC 合同条件更具有灵活性和易用性，如果通用合同条件中的某一条并不适用于实际项目，那么可以简单地将其删除而不需要在专用条件中特别说明。编写通用条件中子条款的内容时，也充分考虑了其适用范围，使其适用于大多数合同。(不过，子条款并不是 FIDIC 合同的必要部分，用户可根据需要选用。)新红皮书包括以下三部分：通用条件，专用条件编写指南，投标书、合同协议、争议评审协议。

### 11.2.2 FIDIC 土木工程施工合同适用范围

FIDIC 土木工程施工合同特别适合于传统的“设计—招标—建造”(Design－Bid－Construction)建设履行方式。该合同条件适用于建设项目规模大、复杂程度高、业主提供设计的项目。新红皮书基本继承了原红皮书的“风险分担”的原则，即业主愿意承担比较大的风险。因此，业主希望做几乎全部设计(可能不包括施工图、结构补强等)；雇用工程师作为其代理人管理合同，管理施工以及签证支付；希望在工程施工的全过程中持续得到全部信息，并能作变更等；希望支付根据工程量清单或通过的工作总价。而承包方仅根据业主提供的图纸资料进行施工。当然，承包方有时要根据要求承担结构、机械和电气部分的设计工作。而《施工合同条件》(新红皮书)正是此种类型业主所需的合同范本。

## 11.2.3　FIDIC 土木工程施工合同主要内容

FIDIC 土木工程施工合同的条款可按照性质分为七类，分别为：一般性条款、法律条款、商务条款、技术条款、权利与义务条款、违约惩罚与索赔条款、附件和补充条款。下面将分别介绍这几类条款包含的内容。

**1. 一般性条款**

一般性条款包括下述内容：

(1)招标程序。招标程序包括合同条件、规范、图纸、工程量表、投标书、投标者须知、评标、授予合同、合同协议、程序流程图、合同各方、监理工程师等。

(2)合同文件中的名词定义及解释；

(3)工程师及工程师代表和他们各自的职责与权力；

(4)合同文件的组成、优先顺序和有关图纸的规定；

(5)招投标及履约期间的通知形式与发往地址；

(6)有关证书的要求，

(7)合同使用语言；

(8)合同协议书。

**2. 法律条款**

法律条款主要涉及：

(1)合同适用法律；

(2)劳务人员及职员的聘用、工资标准、食宿条件和社会保险等方面的法规；

(3)合同的争议、仲裁和工程师的裁决；

(4)解除履约；

(5)保密要求；

(6)防止行贿；

(7)设备进口及出口。

(8)强制保险；

(9)专利权及特许权；

(10)合同的转让与工程分包；

(11)税收；

(12)提前竣工与延误工期；

(13)施工用材料的采购地。

**3. 商务条款**

商务条款系指与承包工程的一切财务、财产所有权密切相关的条款，主要包括：

(1)承包方的设备、临时工程和材料的归属，重新归属及撤离；

(2)设备材料的保管及损坏或损失责任；

(3)设备的租用条件；

(4)暂定金额；

(5)支付条款，特别是：①工程月报表；②每月的支付；③保留金的支付；④证书的修改；⑤竣工报表；⑥尾欠的结清；⑦支付时间；⑧付款地点。

(6)预付款的支付与扣回；

(7)保函，包括投标保函、预付款保函、履约保函等；

(8)合同终止时的工程及材料估价；

(9)解除履约时的付款；

(10)合同终止时的付款；

(11)提前竣工奖金的计算；

(12)误期罚款的计算；

(13)费用的增减条款；

(14)价格调整条款；

(15)支付的货币种类及比例；

(16)汇率及保值条款。

**4. 技术条款**

技术条款是针对承包工程的施工质量要求、材料检验及施工监督、检验测量及验收等环节而设立的条款，包括：

(1)对承包方的设施要求；

(2)施工应遵循的规范；

(3)现场作业和施工方法；

(4)现场视察；

(5)资料的查阅；

(6)投标书的完备性；

(7)施工制约；

(8)工程进度；

(9)放线要求；

(10)钻孔与勘探开挖；

(11)安全、保卫与环境保护；

(12)工地的照管；

(13)材料或工程设备的运输；

(14)保持现场的整洁；

(15)材料、设备的质量要求及检验；

(16)检查及检验的日期与检验费用的负担；

(17)工程覆盖前的检查；

(18)工程覆盖后的检查；

(19)进度控制；
(20)缺陷维修；
(21)工程量的计量和测量方法；
(22)紧急补救工作。

**5. 权利与义务条款**

权利与义务条款包括承包方、业主和监理工程师三者的权利和义务：
(1)承包方的权利和义务
①承包方的权利,包括：
a. 有权得到提前竣工奖金；
b. 收款权；
c. 索赔权；
d. 因工程变更超过合同规定的限值而享有补偿权；
e. 暂停施工或延缓工程进度；
f. 停工或终止受雇；
g. 不承担业主的风险；
h. 反对或拒不接受指定的分包商；
i. 特定情况下的合同转让与工程分包；
j. 特定情况下有权要求延长工期；
k. 特定情况下有权要求补偿损失；
l. 有权要求进行合同价格调整；
m. 有权要求工程师书面确认口头指示；
n. 有权反对业主随意更换监理工程师。
②承包方的义务,包括：
a. 遵守合同文件规定,保质保量、按时完成工程任务,并负责保修期内的各种维修；
b. 提交各种要求的担保；
c. 遵守各项投标规定；
d. 提交工程进度计划；
e. 提交现金流量估算；
f. 负责工地的安全和材料的看管；
g. 对其由承包方负责完成的设计图纸中的任何错误和遗漏负责；
h. 遵守有关法规；
i. 为其他承包方提供机会和方便；
j. 保持现场整洁；
k. 保证施工人员的安全和健康；
l. 执行工程师的指令；
m. 向业主偿付应付款项(包括归还预付款)；
n. 承担第三国的风险；

o. 为业主保守机密；

p. 按时缴纳税金；

q. 按时投保各种强制险；

r. 按时参加各种检查和验收。

(2)业主的权利和义务

①业主的权利

a. 业主有权不接受最低标；

b. 有权指定分包商；

c. 在一定条件下可直接付款给指定的分包商；

d. 有权决定工程暂停或复工；

e. 在承包方违约时，有权接管工程或没收各种保函或保留金；

f. 有权决定在一定的幅度内增减工程量；

g. 不承担承包方因发生在工程所在国以外的任何地方的不可抗力事件所遭受的损失(因炮弹、导弹等所造成的损失例外)。

h. 有权拒绝承包方分包或转让工程(应有充足理由)。

②业主的义务

a. 向承包方提供完整、准确、可靠的信息资料和图纸，并对这些资料的准确性负完全的责任；

b. 承担由业主风险所产生的损失或损坏；

c. 确保承包方免于承担属于承包方义务以外情况的损害赔偿费、诉讼费、指控费及其他费用；

d. 在多家独立的承包方受雇于同一工程或属于分阶段移交的工程情况下，业主负责办理保险；

e. 按时支付承包方应得的款项，包括预付款；

f. 为承包方办理各种许可，如现场占用许可、道路通行许可、材料设备进口许可、劳务进口许可等；

g. 承担疏浚工程竣工移交后的任何调查费用；

h. 支付超过一定限度的工程变更所增加的费用；

i. 承担在工程所在国发生的特殊风险以及任何其他地区因炮弹、导弹对承包方造成的损失的赔偿和补偿；

j. 承担因后继法规所导致的工程费用增加额。

(3)监理工程师的权利和义务

监理工程师虽然不是工程承包合同的当事人，但他受雇于业主，为业主代为管理工程建设，行使业主或 FIDIC 合同条件赋予他的权利，也相应承担义务。

①监理工程师的权利

监理工程师可以行使合同规定的或合同中必然隐含的权利，主要有：

a. 有权拒绝承包方的代表；

b. 有权要求承包方撤走不称职人员；

c. 有权决定工程量的增减及相关费用，有权决定增加工程成本或延长工期，有权确定费率；

d. 有权下达开工令、停工令、复工令（因业主违约而导致承包方停工情况除外）；

e. 有权对工程的各个阶段进行检查，包括已掩埋覆盖的隐蔽工程；

f. 如果发现施工不合格情况，监理工程师有权要求承包方如期修复缺陷或拒绝验收工程；

g. 承包方的设备、材料必须经监理工程师检查，监理工程师有权拒绝接受不符合规定标准的材料和设备；

h. 在紧急情况下，监理工程师有权要求承包方采取紧急措施；

i. 审核批准承包方的工程报表的权利属于监理工程师，付款证书由监理工程师开出；

j. 当业主与承包方发生争端时，监理工程师有权裁决，虽然其决定不是最终的。

②监理工程师的义务

监理工程师作为业主聘用的工程技术负责人，除了必须履行其与业主签订的服务协议书中规定的义务外，还必须履行其作为承包方的工程监理人而尽的职责，FIDIC合同条件针对监理工程师在建筑与安装施工合同中的职责规定了以下义务：

a. 必须根据服务协议书委托的权利进行工作；

b. 行为必须公正，处事公平合理，不能偏听偏信；

c. 应虚心听取业主和承包方两方面的意见，基于事实做出决定；

d. 发出的指示应该是书面的，特殊情况下来不及发出书面指示时，可以发出口头指示，但随后以书面形式予以确认；

e. 应认真履行职责，应根据承包方的要求及时对已完工程进行检查或验收，对承包方的工程报表及时进行审核；

f. 应及时审核承包方在履约期间所做的各种记录，特别是承包方提交的作为索赔依据的各种材料；

g. 应实事求是地确定工程费用的增减与工期的延长或压缩；

h. 如因技术问题需同分包商打交道时，须征得总承包方同意，并将处理结果告知总承包方；

**6. 违约惩罚与索赔条款**

违约惩罚与索赔条款是FIDIC条款中一项重要内容，也是国际承包工程得以圆满实施的有效手段。采用工程承发包制实施工程的效果之所以明显优于其他方法，根本原因就在于按照这种制度，当事人各方责任明确，赏罚分明。FIDIC合同条件中的违约条款包括两部分，即业主对承包方的惩罚措施和承包方对业主的索赔条款。

（1）惩罚措施

因承包方违约或履约不力，业主可采取以下惩罚措施：

①没收有关保函或保证金；

②误期罚款；

③由业主接管工程并终止对承包方的雇用。

(2)索赔条款

索赔条款是根据关于承包方享有的因业主履约不力或违约，或因意外因素(包括不可抗力情况)蒙受损失(时间和款项)而向业主要求赔偿或补偿权利的契约性条款。这方面的条款包括：

①索赔的前提条件或索赔动因；

②索赔程序、索赔通知、同期纪录、索赔的依据、索赔的时效和索赔款项的支付等。

**7. 附件和补充条款**

FIDIC 合同条件还规定了作为招标文件的文件内容和格式，以及在各种具体合同中可能出现的补充条款。

(1)附件条款

附件条款包括投标书及其附件、合同协议书。

(2)补充条款

补充条款包括防止贿赂、保密要求、支出限制、联合承包情况下的各承包人的各自责任及连带责任，关税和税收的特别规定等五个方面内容。

## 11.3 国际土木工程合同管理案例——小浪底工程

小浪底水利枢纽工程(简称“小浪底工程”)位于黄河干流，处在控制黄河水沙的关键位置，枢纽主要由大坝、泄洪系统和引水发电系统组成。其开发目标是以“防洪、防凌、减淤为主，兼顾供水、灌溉和发电，综合利用，除害兴利”。

小浪底工程部分利用世界银行的贷款。项目管理实行业主负责制、建设监理制、招标投标制，按照 FIDIC 土木工程施工合同条件，对工程实施严格的合同管理。业主根据世行所规定的采购程序，以世界范围内的竞争性招标方式，选择了三个土建国际承包方联营体(Joint-Venture)，分别承担大坝、泄洪系统和引水发电系统的施工和建设。小浪底工程咨询有限责任公司作为 FIDIC 意义上的“工程师单位”，承担小浪底工程监理任务，负责工程投资、进度、质量控制，工程建设各方的协调。此外，业主还聘请世界银行特别咨询专家团、加拿大国际工程管理咨询公司(CIPM)，并组建小浪底工程建设技术委员会作为业主的合同管理、技术管理决策方面的咨询机构。

小浪底前期工程于 1991 年开始，主体工程 1994 年开工，目前工程已按计划实现截流、蓄水和首台机组发电等里程碑目标，主体工程已在 2001 年底全部按计划完工，其中三个土建国际标比原合同工期分别提前 7 至 13 个月。工程顺利通过蓄水安全鉴定，工程质量总体优良。通过招标和严格合同管理等手段，以及在考虑外汇汇率和物价等因素影响的情况下，工程投资完全控制在概算范围内，并有较大的节余。从 2000 年开始，工程已初步发挥效益。

小浪底工程规模宏大，自然及地质条件复杂，技术和施工难度高，又加之小浪底建设期间正是我国改革开放和经济转轨的一个重要时期，经济改革不断深化，政策法规有许多调整，因此，在根据 FIDIC 进行合同管理的过程中，就经历了一个从摩擦、碰撞到适应和融合的过程，对 FIDIC 的有关条款也有了一些体会。现结合小浪底工程的情况，对 FIDIC 的有关条款在小浪底工程的实践应用中做初步的探讨。

## 11.3.1　对 FIDIC 合同条件有关特点和使用的认识

虽然 FIDIC 不断更新和修改，但 FIDIC《土木工程施工合同条件》的基本框架是不变的，因为其基本精神和原则源于英国的 ICE 合同条件。直到 1999 年，FIDIC 做了大幅度改版，出版了新版《施工合同条件》，即 1999 年第一版，又称为"新红皮书"。从原来的 72 条合并、浓缩为 20 条。与此同时，FIDIC 还出版了另外三种合同条件，即《EPC/交钥匙项目合同条件》《永久设备和设计-建造合同条件》和《简短合同格式》，其基本格式与"新红皮书"相仿。在这四类合同条件中，《施工合同条件》使用最为广泛，也就是一般所指的"FIDIC 合同条件"。

FIDIC 合同条件是在长期的国际工程实践中形成并逐渐发展和成熟起来的国际工程惯例。它是国际工程中通用的、规范化的、典型的合同条件。FIDIC 认为，随着项目的不断复杂化和项目融资渠道的多元化，为了在预定的时间和要求的预算内圆满完成项目，技术方面和管理方面的标准化是必不可少的。使用内容详尽的标准合同条件，可以平衡分配合同各方之间的风险和责任，降低投标者的投标风险和难度，并可能产生比较低的标价。另外，FIDIC 合同条件的广泛使用有利于合同管理人员的培训和经验积累。

**1. FIDIC 合同条件使用基础和主要特点**

(1)FIDIC 合同条件适用于那些采用竞争性招标的项目。

(2)FIDIC 合同条件要求由业主委托工程师管理合同，通常由工程师设计该项目并编制招标文件。工程师不属于合同的一方，但 FIDIC 在合同中对工程师给予了许多职权。

(3)FIDIC 应用于固定单价合同。工程量表中的工程量是估计的，要求投标者填写固定的单价。

(4)与上一条相对应，合同价是可以调整的。合同价调整主要包括四个方面：因通货膨胀或汇率波动引起的各项工程投入价格的变化；后继法规导致的承包方费用的增加或减少；变更带来的合同价的调整；对合理索赔的补偿。

(5)合同工期是可以改变的。因承包方原因导致的工期延误，承包方应自费加速施工或支付误期损害赔偿；由于业主原因引起的延误，工程师应给予工期延期。如果业主希望赶工并保证计划工期的实现，则应事先与承包方达成补充协议。

(6)合同争议通过调解方式解决。在新版 FIDIC 中，明确规定合同双方应设立"DAB"(争议裁决委员会)，负责对争议的调解和处理，尽可能避免仲裁。

**2. 对 FIDIC 的基本认识**

根据国内有关方面运用 FIDIC 的经验，并结合在小浪底工程使用的情况，对 FIDIC 有以下认识：

(1)FIDIC 已有几十年的历史。经过世界范围内的总结和发展，已形成一个严密的管理体系和成熟的管理模式。它内容完整、结构合理、逻辑严密、程序清晰，具有较大范围的适用性。它反映了国际工程中的一些普遍做法，也反映了最新的工程管理方法。不但为世界银行等机构认可，在中国的应用也取得了一定的效果。

(2)FIDIC 虽有广泛的通用性，但也要结合具体和实际的情况。许多国家，包括西方发达国家都有符合自己特点的合同范本。国内的经验和我们的实践也说明，FIDIC 不是完全适合我们的。我们应该结合自己的实际发展水平等情况，做出适当的修正。水利部、国家电力公司和国家工商行政管理局在 2000 年颁布的《水利水电土建工程施工合同条件》就是在借鉴国外标准的合同条件和 FIDIC 合同条件在国内应用实践的基础上，充分考虑了国内发展的现状所编写的具有中国特色的 FIDIC 合同条件。

(3)在管理方式上，FIDIC 由工程师代业主负责全面的合同管理。业主作为项目的筹资、建设、运行和还贷整个过程的总负责人，自然是居于项目管理的中心地位，对项目负最终责任。所以，业主既要负责项目筹资、协调，及时做出重大技术、设计和合同问题的决策，又要帮助建立适当规模、充足人员和丰富管理经验的工程师机构，并按照合同充分授权工程师，支持工程师独立地进行工作，维护工程师公正执行合同的形象。这是 FIDIC 要求由工程师作为合同管理人的最重要的基础。由于工程师受业主聘用，其公正地位一直遭到质疑和挑战。而针对工程师的怀疑对于各方的协作非常不利。因此，业主应通过竭力维护工程师的公正地位，加强合同各方之间的信任、紧密协作和配合，通过认真履行各自义务最终完成合同的目标。

(4)FIDIC 在分配业主和承包方风险方面应该说是公正、合理的，保证了双方权利和义务的基本平衡。但 FIDIC 条款是在西方市场经济条件下制订的，西方建筑业投标竞争激烈，且承包方的信誉意识很强，因此，FIDIC 更多地考虑如何维护承包方的利益，对业主的保护则不够具体和详细。

(5)FIDIC 是基于完善的市场机制而编制的。在我国经济从计划体制向市场经济转轨过程中，要考虑并预计各种可能的情况，根据项目的具体情况，在遵循 FIDIC 基本原则的前提下，结合实际，灵活运用，使合同条件既适用，又具备操作性。

(6)FIDIC 条款总的来说是全面和严密的。但有些条款缺乏操作性(如变更的估价)，有些则因词意笼统、含义广泛而容易引起争议(如“不可预见的外界条件”等，在新版 FIDIC 中，虽然加上了承包方没有预见到的“有利的外界条件”，但对其定性和定量依然十分困难)，这些往往为承包方利用。

(7)FIDIC 条件下，工期也是可以延长的。对于一般的建筑项目，延误的影响是有限的，风险也是可以控制的。但对大型水电项目，有许多因素可影响到工期，且由于水电项目的特殊性，工期的改变将带来严重的影响。然而业主没有任何权利不同意授予承包方延期，只能以赶工的方式要求确保原来的工期。赶工在合同中是没有专门规定的，只能以后以补充协议的形式重新确立双方权利和义务。在这种情况下，业主地位受到削弱，赶工协议的签订有很大的难度。

(8)FIDIC 的程序细致严格，但也复杂和漫长。这就要求业主在招标阶段必须选择一个优秀的和有准备的承包方。一旦后来发现承包方能力或准备不足，要解除合约是很困难的，或几乎就不可能。在这样的情况下，如何弥补原承包方的不足，是一个值得研究和讨论的课题。

(9)在 1999 年的新版 FIDIC 中，DAB(争端裁定委员会)已作为解决争议的主要机构，其中一个原因是基于对工程师公正立场的怀疑。DAB 作为合同规定的争议调解机构，将在合同争议的处理和解决中发挥重要的作用。但我们对 DAB 这种调解方式应该说还不熟悉。小浪底工程根据世界银行的建议，成立了“争议评审团”(DRB)。DRB 在提出建议时往往称其“依据合同的本意”，其本意涉及西方法律、仲裁案例、惯例和历史文化等各个方面，对这方面研究需加强。

## 11.3.2　FIDIC 有关条款在小浪底国际土建项目的应用

小浪底国际土建合同采用 FIDIC 施工合同条件第四版。小浪底国际封建项目的合同条件由三部分组成。除按 FIDIC 要求原样引用“通用合同条件”，并按照 FIDIC 提供的格式编制“专用合同条件”外，业主根据工程情况，将一些特殊和具体要求汇总编写了“特殊合同条件”，内容包括进现场设施、对施工计划的要求、环保、当地费用调价和外币调价等。下面对 FIDIC 中某些具体条款在小浪底国际土建项目中的运用情况做简要介绍。

**1. 关于变更的条款**

变更在工程项目中难以避免，对工程的影响又是最普遍的，它往往是引发索赔的主要原因。关于变更处理最容易发生争议，因此，对变更要首先尽可能地避免；如果不能避免，则在工程开始及变更实施的过程中，做好各项基础工作，以及时处理变更、减少对工程的影响。

按照 FIDIC“通用条款”第 51 条的规定，“变更”包括几个方面的含义：①合同实施范围的变更，包括原合同范围内工作量的增加或减少，增加合同以外的附加工作；②合同实施内容的变更，如改变工作类型或性质、提高质量标准或提高设计安全系数；③合同实施时间安排的变更，如改变原合同规定的施工顺序或时间安排。

变更的影响包括两方面，即费用和工期。变更的影响不仅仅是变更本身的，它还可能对在工作区域或计划安排上有关的项目产生影响。变更也往往成为承包方索赔的依据。因为，在任何类型的合同中，这一原则是普遍认可的：变更即意味着改变了原合同签订的基础，因此双方的权利和义务应该做出调整。譬如在地下开挖这一关键路线上的工作，工程师根据设计的要求指示承包方大量增加支护或提高支护标准，那么承包方就可以提出一系列要求：

(1)提高支护的单价和授予承包方延期。

(2)增加支护对相关区域的工作也产生了影响和干扰。

(3)支护强度或标准的提高证明承包方遇到了比招标文件所指示的更加不利的岩石条件,这是承包方所不能预见的。这个条件即"12.2款条件",而且其影响是普遍的。

支护设计取决于岩石条件,如果地下开挖又恰处于关键路线,则支护变更就将成为承包方索赔的有力借口。由此带来的影响和索赔,将远远超过支护工程本身。

对于变更影响的认定及评估,承包方和工程师很容易发生争议。关于单价的确定(工期将在下面讨论),首先是是否采用原合同单价;即使在双方同意以原合同单价为基础调整单价,或完全采用新单价,对于单价的确定,FIDIC中也并无明确的方法可循。

国内和国外对于单价确定方法是不一样的。在国际合同中,除采用类比合同单价法或按照日工计价外,对于新的施工项目也按照承包方投标时作价的方法确定单价。即按照现场实际投入资源(要按照投标时的效率水平进行核定)作为直接费,再按固定比例计算间接费和管理费。因此,在招标阶段,业主针对那些将来可能变化的项目,应要求承包方提供足够的单价分解,并就间接费和管理费达成固定比例。

为了使变更的费用控制在合理的程度,工程师首先要对承包方所报的施工方案仔细审查,充分利用现场现有设备,保证施工方案在经济和时间方面都是合理的。此外,在施工过程中,对施工情况做全面记录,确保记录的完整、详细和准确,并得到双方的确认。

**2. 关于费用和利润**

根据FIDIC中的词语解释,费用包括管理费和应分摊的其他费用,但不包括利润。在FIDIC中,因承包方责任以外原因导致承包方增加费用时,对承包方的补偿分为两种:一种是仅仅补偿"费用"而不包括利润,其表述为由工程师确定增加到合同价格上的"此类费用的数额"(The Amount of Such Costs)。这些条款包括6.4款(图纸延误)、12.2款(不利的外界障碍或条件)、27.1款(保护化石)、36.5款(对合同未要求的试验的费用)、40.2款(合同规定和承包方原因以外导致的暂停施工)、42.2款(业主未能及时提供现场和设施)、65.5款(特殊风险引起的费用增加)和70.2款(后继法规)等,这些补偿都排除了利润。

另外一种则按照合同52款,即按照变更进行估价。由工程师按照合同第52条确定:对合同价格的增加部分(An Addition to the Contract Price)。这些条款包括17.1款(重新放线)、20.3款(因业主风险造成的损失或损害)、31.2款(为其他承包方提供方便)、49.3款(修补缺陷)、58.2款(暂定金额的使用)和65.3款(特殊风险对工程的损害)等,都与变更一样,须按照52款确定单价给予合同价的增加。这些补偿应该包含利润,但FIDIC并未明确指出。至于FIDIC是如何做这样的分类的,FIDIC也未做出说明。新版FIDIC更为明确,要求按变更估价的要包括利润。

在具体对合同以外的工作和费用进行评估时,做出上述区分十分重要。

**3. 关于当地费用调整**

合同第70.1款规定,"应根据劳务费和(或)材料费或影响工程施工费用的任何其他事项的费用涨落对合同价格增加或扣除相应金额”。这部分主要指通货膨胀及汇率变化对工程成本的影响。

FIDIC 中建议了两种费用调整方式，即“基本价格”法（或称证据法）和“指数”法。FIDIC 推荐第二种方法，因为它既减轻了工作量，便于管理，又能使善于采购的承包方增加收益。但其前提是可以得到合适的指数。譬如对外币部分的调整，一般就采用了“指数”法，因为在国外可以得到能比较准确体现各项成本物价水平，由权威部门发布的指数。

由于目前在国内没有权威的指数，所以对于当地货币部分都采用“基本价格”法，或采取“基本价格”法和“指数”法相结合的混合方法。“基本价格”法工作量虽然很大，但只要能得到合适的“价格”，操作难度是不大的。但在目前经济条件和价格转轨过程中，采用“基本价格”法仍存在两方面的问题：一是数量难以控制，譬如材料和雇用工人的数量；二是很难得到现行的统一价格（基本价格可以双方提前确定），国家有关部门发布的价格（譬如劳务工资和运输服务的价格）又难以真正反映市场的水平。

如果采用“基本价格”法和“指数”法相结合的混合方法，譬如小浪底国际土建项目对当地劳务费用调整采用的方法，则应保证指数能真正反映市场水平，而且基础指数要与承包方投标中的基础工资相一致。

最根本的是促使市场发育逐步完善，由市场自身确定各项价格指标，并由权威部门发布与市场价格水平相一致的价格指数。

**4. 关于“不可预见的外界障碍或条件”**

FIDIC 合同一般条件 12.2 款，即所谓的“一个有经验承包方也不能预见的不利的外界条件或障碍”（以下简称“12.2 款条件”），是 FIDIC 最容易引起争议的条款，也是国际承包方在索赔时经常引用的。这可能有以下原因：

（1）该款包括了一个很大的范围，即“现场气候条件以外”的“外界障碍或条件”，但却没有提及任何可以参照的内容，这为承包方提出“12.2 款条件”提供了很大的选择余地。

（2）这些“外界障碍或条件”是否可以预见，首先是根据一个“有经验承包方”的判断，什么是“有经验”的本身就是一个根据个人经验判断的问题：其次是工程师的判断，如果工程师认为这类外界障碍或条件是一个“有经验的承包方无法合理预见到的”，那么工程师就应该确定给予承包方工期和费用。工程师与承包方关于“有经验”肯定有不同的看法，而什么是“合理预见”又是容易引起争议的问题，工程师认为可以“合理预见”的，承包方可能说自己完全无法预见。

（3）如果确定承包方确实遇到了“12.2 款条件”，那么工程师应该给予承包方工期延期的权力，并确定“承包方发生的任何费用”。这里实际上是指承包方的实际费用。

因此，根据这一条款，承包方可以根据自己的判断，将任何实际遇到的与招标条件有所不同的条件，特别是地下条件归为不可预见的“外界障碍或条件”，要求给予延期并补偿实际费用。合同允许以实际费用方式进行计算，可以最大限度地对承包方予以补偿。这为承包方的索赔提供了非常有利的合同依据。

确定不可预见的基础是业主招标时提供的资料（主要是勘察资料）和承包方现场视察

所得。这就是合同 11.1 款的规定："应当认为承包方的投标书是以业主提供的可供利用的资料和承包方自己进行的现场视察和检查为依据的。"因此，在判定是否"不可预见"时，要确定两项责任：业主是否提供了所有的资料；承包方是否对现场进行了充分的考察。这两项即划分"可否预见"的界线。

从业主角度，为尽可能避免"不可预见"情况，首先，业主应提供自己所有的资料(也包括那些为本工程而做、但业主自己不拥有的资料)。如果资料太多，可提供场所供承包方查阅。第二，业主应提供充分的时间安排标前考察，保证各投标者到达与现场条件有关的各个地点，并对现场考察情况详细记录或录像。此外，业主对在项目进行之前或进行之中的各项科研研究工作要全面掌握，并避免其中的个别观点被承包方作为"不利条件"的证据。

**5. 关于延期和赶工**

在 FIDIC 条款中，工期延期是承包方的一种正常的和普遍的合同权利。根据合同，承包方在许多条件下都可以得到工期延期的权利，如：获得现场占有权的延误；颁发图纸或指示的延误；不利的外界障碍或条件；暂时停工；变更或额外的工作等等。对土建工程，特别是对大型水电项目而言，要完全避免这些延误的发生是不现实的，实际情况是所有这些因素都可能存在。所以工期延期在合同执行中是一种非常普遍的现象。

在项目的实际进展中，业主往往不会同意承包方将工程竣工日期延期。因为延期将给工程，尤其是大型水电项目带来严重的影响。如小浪底工程，即使授予承包方几十天的延期，那也可能导致工程截流延迟一年，不但带来其他承包方的巨额索赔，业主遭受晚发电的损失，对黄河防洪所带来的风险更是难以估量的。在这种情况下，业主所要求的赶工不但是必要的，也是必需的。但是，按照 FIDIC 条款的规定，承包方除了因自身原因而"加速施工"外，并没有为挽回业主的延误而进行"赶工"的合同义务。"赶工"已超出了原合同范围，"赶工"必须基于双方的自愿，即通过协议方式确定双方的权利和义务。

根据 FIDIC 的规定，一旦出现原合同范围以外的工作、且是非承包方原因造成的延误，则工程师应该授予承包方延期，赶工则必须基于业主和承包方双方事先达成的协议。即使是承包方自身造成的延误，承包方也有权选择工程延期——只要承包方愿意支付误期损害赔偿。这就给始终希望保证合同工期的业主和工程师执行合同带来了很大的难度。

为了克服这一困难，在小浪底土建二标 1995 年因各种原因出现延误、需要赶工以保证"97 截流"时，业主和承包方首先就区分赶工责任、实施赶工并保证截流进行了多次协商，虽因责任和费用问题未达成书面协议，但双方达成了"搁置争议、实施赶工"的共识。工程师则按照这一共识，并根据合同 51.1(f)款："改变工程任何部分的任何规定的施工顺序或时间安排"，以"变更"的方式指令承包方进行赶工。尽管这一方式遭到小浪底争议评审团的质疑，认为工程师无权根据合同 51.1 款指令承包方赶工，但不能否认，工程师的指令既考虑了业主和承包方作为合同双方所达成的"共识"，又有承包方所难以反驳的合同依据，因此，承包方不得不采取了赶工措施。

当然,最好的办法是及时确定双方对延误的责任,并就赶工的责任和费用事先达成一致。事实证明要做到这一点有很大的难度,因为确定承包方延期权力容易,但要确定延期的时间,双方却往往达不成一致;签署协议并非轻而易举,由于双方完全是自愿和平等的,已不存在招标时的竞争局面,因此很难就费用达成协议。

我国最近颁布的《水利水电土建工程施工合同条件》在延期和赶工方面做了较大的调整。一方面规定只有影响到“关键项目”才可以要求延长工期(但非关键项目的延期也可能导致关键路线的改变并相应改变工期),另外规定在进度延误时承包方应报送赶工措施和赶工计划。这些规定应该说解决了 FIDIC 中关于延期和赶工等方面对业主不利的规定,只是工程师仍负有评估延期和确定赶工费用的责任。

**6. 关于工程的分包**

在小浪底 1996、1997 年导流洞项目的赶工中,OTFF 发挥了关键的、不可替代的作用。由于承包方缺乏在中国施工和管理的经验,进场后雇用了大量零散、无组织和缺乏专业技能的劳务人员,承包方在国外的管理办法对这些劳务又难以奏效,因此,即使工程师通过指令要求承包方赶工,仅靠承包方的管理也无法完成导流洞的开挖和衬砌工作。因此,工程师和业主提出了引进成建制施工队伍的建议,并经水利部全面考虑和慎重决策,由国内优秀的专业施工队伍组成的 OTFF 进入了现场,并很快掌握了施工的主动。

工程师和业主在当时做出这样的选择时经历了一个艰难的过程。二标承包方在招标时是作为第二个最低标中标的。从进场设备及初期进场的人员看,应该说他们缺乏中标的准备。在突然中标后,才仓促安排施工设备进场,现场管理人员也是临时抽调组成的,对工程和中国情况并不十分了解,管理没有达到应有的效果。而且最重要的是,外方与中方的施工单位合作还不十分默契,并未及时地将中外双方的优势结合起来,没有充分发挥中方组织和人员的能力及提供临时设备。因此,业主最初的想法是换承包方。把这个想法告诉世界银行后,由于世界银行对现场的进展也十分担心,他们并不反对业主的想法。但是,他们要求业主应有充分的理由和合同依据,在重新选择承包方时也要按照世界银行的采购导则进行。考虑到重新招标所需要的繁琐和漫长的程序,业主只能另做选择。

关于工程师所提出的对工程进行分包,引入施工能力强、有组织的施工队伍,在合同的操作上有很大的难度。因为分包只能由主承包方自己提出来,而且由他自己选择分包商。虽然业主可以确定“指定分包商”,但业主必须在招标时就做出选择并指定分包的项目。在施工过程中,业主虽然还可以指定分包商,但指定分包商只能进行与暂定金额有关的工程施工或货物、服务的提供。对导流洞这样大的、合同内的项目,业主无权指定分包商进行分包。因此,唯一的办法是说服承包方选择由业主推荐的施工队伍作为分包商。通过工程师与承包方长时间地、艰苦地协商,承包方终于接受的工程师的观点,认识到引入成建制的分包商是追赶工期和保证按期截流的最好选择。事实证明,OTFF 的引入对成功截流起到了关键作用。

由于 FIDIC 中的严格规定,在工程进展过程中,业主或工程师无权干预原合同范围内的承包方的工作。因此,业主在招标时,既要选择优秀的、有能力的承包方,还要保证该承包方对工程有比较深入的了解，其投标书也是在充分了解和完备的准备工作基础上编写的。此外，由于目前国际承包方一般都与国内施工单位组成优势互补的联营体（这也是业主所鼓励的），所以国际承包方要获得成功，仅靠自己的管理经验和资金实力是不够的。如果能在充分了解情况，并根据工程需要选择一些具有专业施工经验的当地分包商，这对各个方面都是十分有利的。

在FIDIC这样严格的合同条件下，OTFF的引入在工程上是成功的，在合同处理上应该说也是非常成功的。在FIDIC条件下，面对合同观念很强的国际承包方，如果合同问题处理得不好，那么很难保证工程的顺利进行。遵守合同是处理一切问题、保证工程顺利进行的前提，这一方式不但为承包方接受，也得到了业主的咨询专家和世界银行专家的肯定。

在《水利水电土建工程施工合同条件》中，扩大了业主关于指定分包商的权力。在实施过程中，业主出于更有效保证某项工程的质量或进度，在得到承包人同意后划出承包人的部分工作由指定分包商承担。该指定分包商视同承包人雇用的分包人，但这样的分包应不增加主承包方的费用。这一规定对于保证工程和合同各方的最大利益是有益的。

**7. 关于常见的工程索赔的处理方法**

无论工程索赔的原因是什么，如变更、不可预见的地质条件或赶工等，承包方的补偿要求不外两个方面，一是工期，二是费用。在工期和费用的计算方法中，承包方最常用的是“总时间法”和“总费用法”。譬如对于按合同“12.2款条件”提出的索赔，承包方一般采用“总费用法”和“总时间法”提出索赔要求：即在该项工作（或整个工程项目）结束时，将承包方所谓的实际花费全部累加起来，扣除承包方根据原合同已经得到的该项工作（或整个工程项目）的支付，其差值即承包方认为由于“12.2款条件”影响造成的、应予补偿的额外费用；对于“12.2款条件”引起的工期延期，承包方将网络计划内每个项目的实际延误（其计算方法是该项目的实际完工时间，减去承包方在投标时提交的基线计划中该项目的计划时间），加载到承包方的基线计划中，经网络计算后最终完工时间与基线计划相比的延期，即承包方认为应该得到的工期延期。

对于业主所要求的赶工，承包方采用的方法往往也是这种“总费用法”。其与上述方法的不同只是在于，由于赶工费的主要组成是资源，如设备、材料和人员，所以承包方从实际总资源数量/总费用中扣除的部分，是承包方基线计划已考虑的资源数量/总费用，但其实质是一致的。

这些索赔的计算方法也是业主最反对的，因为“总费用法”的基本假设是：

（1）承包方对所有实际发生的额外费用都没有责任，或者说，业主对所有的额外费用都应承担责任；

（2）实际发生的费用是合理的；

（3）承包方的投标价是现实的、合理的。

以此类推，“总时间法”的前提是：

（1）承包方对所有实际发生的延误都没有责任，或者说，业主对所有的延误都应承担责任；

(2)实际发生的延误并不是不合理的(即与业主责任是符合的);

(3)承包方在投标基线计划中的进度安排是现实的、合理的。

对于这些假设,业主肯定不能接受。

在小浪底的导流洞和赶工索赔中,承包方就采取了这种方法,但遭到了工程师和业主的坚决拒绝。为了解决双方之间的争议,小浪底的 DRB 提出了"But-For"(要不是)的基本处理原则,即考虑假如没有业主责任(如没有不可预见条件或要求赶工)情况下,承包方所能达到的实际进度和实际成本,以此作为确定业主应补偿的延期和/或费用的基础。这一方法比较好地解决了"总时间法"和"总费用法"中存在的问题,消除了双方之间主要的争议。

"总时间法"和"总费用法"的主要问题在于,在实际中,由一方负全部负责的情况是很少的。即使业主承担全部责任,但仍要扣除实际费用中的不合理部分,以及承包方的低标价因素,或承包方基线计划过于乐观所带来的风险。但是,扣除实际费用中的不合理部分较为容易,然而核定承包方的低于合理标价部分,或确定其基线计划过于乐观以至于不切实际,却不是容易做到的事情。根据"But-For"的原则,DRB 为解决上述问题提出了一种具体的核定方法,称为"Measured-Mile"法(英文可直译为"标准尺度"),即根据承包方实际的进度或费用来确立一个标准(而不是承包方的基线计划或投标价),以此为基础衡量承包方的额外费用或延期。具体来说,在确定符合"12.2 款条件"索赔的"实际合理费用"时,可以按以下步骤:

(1)将工程划分为施工内容和工序基本类似的小的单元,如果是开挖直径一致的隧洞,那么就可以"每米"或"每 10 米"为一个单元。

(2)确定那些未受"12.2 款条件"影响、承包方正常施工的所有"单元"施工过程中,承包方所发生的实际费用。根据这一费用,得到每个单元的平均费用,可称为"典型单元费用"(即"MM")。

(3)将此"典型单元费用",乘以受到"12.2 款条件"影响的所有的单元数,可以得到假如承包方没有受到"12.2 款条件"影响时,承包方应该发生多少费用。

(4)根据现场记录,统计承包方在受到"12.2 款条件"影响的所有的单元中发生的实际费用。

(5)上述第(4)项费用扣除第(3)项费用,就是承包方由于受到"12.2 款条件"影响所引起的额外费用,或称为"实际合理费用"。

这一方法,既否定了"总费用法",又补偿了"实际合理费用";它首先将总实际费用界定在"12.2 款条件"适用的部位,而不是整个工程或项目,然后又剔除了"总费用"中不合理的或不应该由业主承担的费用,包括承包方的低标价风险,以及承包方实际效率未达到计划效率所产生的额外费用。这些应扣除的费用,已包含在上述第(2)条"典型单元费用"中。因此,业主和承包方之间的主要分歧得以解决,这一方法也得到了双方的认可。

对于"赶工"费用,同样可以采用这一方法进行分析。关于由"12.2 款条件"影响引起的工期延误(在合同中一般称为"可原谅延误",英文为 Excusable Delay,即由业主责任引起的延误),在采用这一方法时,需要将以上的"费用"单位改为"时间"单位。

“总费用法”和“总时间法”作为承包方通常采用的方法，也是最易引起争议的方法，这往往致使索赔迟迟得不到解决。这对业主和承包方双方都是极其不利的。DRB 所建议的上述方法为解决业主和承包方之间的争议找出了一条合理的途径。

## 复习题

1. 简述国际通用合同条件的内容。
2. FIDIC 合同条件的构成及各自的内容各是什么?
3. 简述 FIDIC 合同条件下合同文件的组成及优先次序。
4. 简述 FIDIC 合同条件下一般分包与指定分包的相同点与不同点。
5. 简述 FIDIC 合同条件下工程进度款的支付程序。
6. 简述 FIDIC 土木工程施工合同适用范围。
7. FIDIC 土木工程施工合同主要内容有哪些?
8. 谈一谈 FIDIC 条款在小浪底项目的应用给你带来的启示。

# 参考文献


［1］ 柯洪. 建设工程计价[M]. 北京:中国计划出版社，2013

［2］ 刘伊生. 建设工程造价管理[M]. 北京:中国计划出版社，2013

［3］ 齐宝库. 建设工程造价案例分析[M]. 北京:中国城市出版社，2013

［4］ 刘宁,李丽红. 工程量清单计价与投标技巧[M]. 北京:化学工业出版社，2012

［5］ 浅谈建筑施工企业市场营销的几点体会，2011.11.26，http://www.studa.net/guojimaoyi/111226/11531945.html

［6］ 王潇洲. 工程招投标与合同管理[M]. 广州:华南理工大学出版社，2009

［7］ 刘黎虹. 工程招投标与合同管理[M]. 北京:机械工业出版社，2012

［8］ 武育秦. 建设工程招投标与合同管理[M]. 3版. 重庆:重庆大学出版社，2012

［9］ 王秀燕,李锦华. 工程招投标与合同管理[M]. 北京:机械工业出版社，2009

［10］ 刘志杰. 工程招投标与合同管理[M]. 大连:大连理工大学出版社，2009